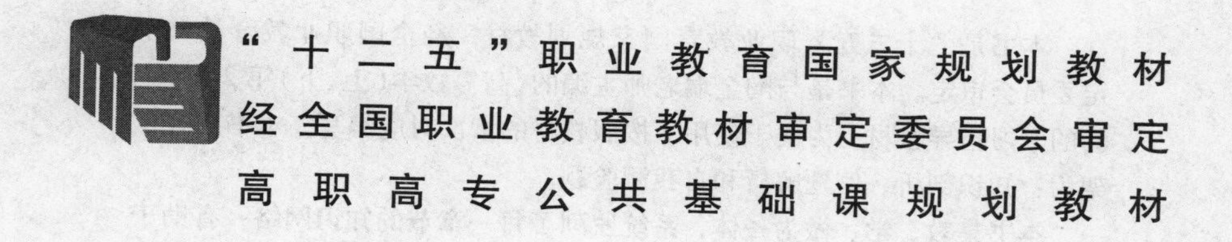

"十二五"职业教育国家规划教材
经全国职业教育教材审定委员会审定
高职高专公共基础课规划教材

高等数学导学

第2版

主　编　胡跃强　安雪梅
副主编　陶金瑞　韩启汉
参　编　王庆报　杨　瑞　周世兴
　　　　胡文娟　程锋利　邢晓儒
　　　　郭花蕾
主　审　花　强

机械工业出版社

本书是“十二五”职业教育国家规划教材，经全国职业教育教材审定委员会审定。本书是与陶金瑞老师主编的《高等数学(上、下)第2版》配套的学习指导教材，为便于使用，按照教材的章次对应编写。本书内容框架为：知识剖析、例题解析和自我测验题。

本书集教、学、做为一体，系统罗列了每一章节的知识网络，有助于学生掌握教材中的主要概念、定理和方法；同时指明每章的“基本要求”和“考试要点”，便于学生有目的地学习。

本书既适合作为高职高专院校的教学辅导书，又可作为参加“专接本”考试学生的自学用书。

图书在版编目(CIP)数据

高等数学导学/胡跃强，安雪梅主编. —2版. —北京：机械工业出版社，2015.5

“十二五”职业教育国家规划教材　高职高专公共基础课规划教材

ISBN 978-7-111-49901-5

Ⅰ.①高…　Ⅱ.①胡…②安…　Ⅲ.①高等数学—高等职业教育—教学参考资料　Ⅳ.①O13

中国版本图书馆CIP数据核字(2015)第071802号

机械工业出版社(北京市百万庄大街22号　邮政编码100037)
策划编辑：刘子峰　责任编辑：刘子峰
责任校对：樊钟英　封面设计：张　静
责任印制：乔　宇
北京铭成印刷有限公司印刷
2015年6月第2版第1次印刷
169mm×239mm·13.5印张·261千字
0001—4000册
标准书号：ISBN 978-7-111-49901-5
定价：23.00元

凡购本书，如有缺页、倒页、脱页，由本社发行部调换

电话服务　网络服务
服务咨询热线：010-88379833　机 工 官 网：www.cmpbook.com
读者购书热线：010-88379649　机 工 官 博：weibo.com/cmp1952
教育服务网：www.cmpedu.com
封面无防伪标均为盗版　金 书 网：www.golden-book.com

前　言

教育部《国家中长期教育改革和发展规划纲要（2010—2020年）》中指出："职业教育把提高质量作为重点"。刘延东在2011年全国教育工作会议上的讲话中指出："提高教育质量要有新突破。要在教师、教材、教法三大重点上下工夫。……加大教学投入，推进课程改革和教材建设，使教学水平有比较大的提升。"我们以此为指导，在深入研究多种同类教材和广泛吸取同行意见的基础上，结合当前高职教育的特点，组织一批具有丰富教学经验的一线教师，编写了这本《高等数学导学》。

本书是与陶金瑞老师主编的《高等数学（上、下）第2版》配套的学习指导教材，为便于使用，按照教材的章次对应编写。本书内容框架为：知识剖析、例题解析和自我测验题。本书集教、学、做为一体，系统罗列了每一章节的知识网络，有助于学生全面、系统地了解教材中的主要概念、定理和方法；同时列出了每章的"基本要求"和"考试要点"，便于学生有目的地学习。

"知识剖析"可以帮助学生理解重要的数学概念和数学思想，掌握基本的计算方法；"例题解析"是对所学知识的运用，所选例题大部分涉及重要的知识点和容易出错的题目，有利于学生加深对重要的数学概念和思想的理解，以及对重要数学方法的掌握和正确运用，从而提高学生的知识运用能力；每章有两套"自我测验题"，分为基础层次和提高层次，以满足学生的不同需求。

本书的编写意在提高学生的自学能力，帮助学生更好地理解教材，它既是教学同步的学习指导书，又是学生不见面的辅导教师，对提高教学质量起到辅助作用，也弥补了教师辅导时间有限的不足。

本书由胡跃强、安雪梅任主编，陶金瑞、韩启汉任副主编，参加编写的还有王庆报、杨瑞、周世兴、胡文娟、程锋利、邢晓儒、郭花蕾。河北大学数学与计算机学院花强教授审阅了全部内容，并提出了宝贵意见；河北机电职业技术学院教务处的领导对本书的编写工作给予了大力支持，在此一并致以诚挚的谢意！

由于编者水平所限，书中难免存在不当之处，恳请广大读者批评指正！

编　者

目　录

前言

（教材上册部分）

第一章　函数的极限与连续 …… 1
一、知识剖析 …… 1
二、例题解析 …… 10
三、自我测验题 …… 20
（一）基础层次 …… 20
（二）提高层次 …… 21
参考答案 …… 23
第二章　导数与微分 …… 25
一、知识剖析 …… 25
二、例题解析 …… 30
三、自我测验题 …… 36
（一）基础层次 …… 36
（二）提高层次 …… 37
参考答案 …… 39
第三章　导数的应用 …… 41
一、知识剖析 …… 41
二、例题解析 …… 47
三、自我测验题 …… 53
（一）基础层次 …… 53
（二）提高层次 …… 54
参考答案 …… 55
第四章　不定积分 …… 56
一、知识剖析 …… 56
二、例题解析 …… 59
三、自我测验题 …… 69
（一）基础层次 …… 69
（二）提高层次 …… 70

参考答案 …… 71
第五章 定积分及其应用 …… 73
一、知识剖析 …… 73
二、例题解析 …… 78
三、自我测验题 …… 89
（一）基础层次 …… 89
（二）提高层次 …… 92
参考答案 …… 94
第六章 常微分方程 …… 96
一、知识剖析 …… 96
二、例题解析 …… 100
三、自我测验题 …… 106
（一）基础层次 …… 106
（二）提高层次 …… 107
参考答案 …… 109

（教材下册部分）

第八章 多元函数微积分 …… 111
一、知识剖析 …… 111
二、例题解析 …… 124
三、自我测验题 …… 138
（一）基础层次 …… 138
（二）提高层次 …… 139
参考答案 …… 140
第九章 无穷级数 …… 142
一、知识剖析 …… 142
二、例题解析 …… 153
三、自我测验题 …… 158
（一）基础层次 …… 158
（二）提高层次 …… 160
参考答案 …… 162
第十章 拉普拉斯变换 …… 164
一、知识剖析 …… 164
二、例题解析 …… 168
三、自我测验题 …… 170

（一）基础层次 …… 170
（二）提高层次 …… 171
参考答案 …… 172
第十一章　线性代数 …… 174
一、知识剖析 …… 174
二、例题解析 …… 179
三、自我测验题 …… 189
（一）基础层次 …… 189
（二）提高层次 …… 191
参考答案 …… 193
第十二章　概率与数理统计 …… 195
一、知识剖析 …… 195
二、例题解析 …… 200
三、自我测验题 …… 205
（一）基础层次 …… 205
（二）提高层次 …… 206
参考答案 …… 207
参考文献 …… 209

（教材上册部分）

第一章　函数的极限与连续

一、知识剖析

（一）知识网络

- 函数的极限与连续
  - 函数
    - 函数的概念
      - 函数的定义域、对应关系、值域
      - 函数的表示法
        - 表格法
        - 图像法
        - 公式法（解析式法）
    - 函数的性质
      - 奇偶性
      - 单调性
      - 有界性
      - 周期性
    - 反函数
    - 初等函数
      - 基本初等函数：5 种函数，注意其图像与性质
      - 复合函数
      - 由基本初等函数和常数经过有限次四则运算和复合得到的函数
  - 极限
    - 极限的描述性概念
      - 数列的极限
      - 当 $x\to\infty$ 时，函数的极限（单向极限与双向极限）
      - 当 $x\to x_0$ 时，函数的极限（左、右极限与双向极限）
    - 无穷递缩等比数列的和：$S=\dfrac{首项}{1-公比}=\dfrac{a_1}{1-q}$
    - 无穷小与无穷大
      - 无穷小与无穷大的概念
      - 无穷小的比较
      - 用等价无穷小求函数极限
      - 无穷小与无穷大的关系
      - 无穷小与函数极限的关系
    - 极限的计算方法（见概念理解与方法掌握）
  - 连续
    - 函数增量的概念
    - 函数在点 x_0 连续的概念
      - 用增量法定义
      - 用函数极限与函数值的关系定义
    - 初等函数在它的定义区间内连续
    - 间断点的定义及分类
      - 第一类间断点
      - 第二类间断点
    - 闭区间上连续函数的性质
      - 最值定理
      - 介值定理
      - 零点存在定理

(二) 知识重点与学习要求

1) 理解函数的概念，掌握函数定义域的求法；掌握基本初等函数的图像和性质；理解复合函数的概念，掌握其分解方法；了解分段函数.

2) 理解极限的描述性概念，数列极限、$x\to\infty$ 时函数的极限、单向极限、$x\to x_0$ 时函数的极限、左右极限.

3) 掌握求极限的方法(代入法，“$\frac{0}{0}$”型消去零因子法和分子(分母)有理化法，“$\frac{\infty}{\infty}$” 的分子、分母同除以自变量最高次幂的方法)，掌握用两个重要极限求极限的方法.

4) 理解无穷小和无穷大的概念；掌握无穷小的比较方法；掌握无穷小的性质，能用无穷小的性质求函数极限；了解用等价无穷小代换求极限的方法.

5) 理解函数在某点连续的定义；会判断分段函数在分界点处的连续性；了解间断点及间断点分类；了解闭区间上连续函数的性质.

(三) 概念理解与方法掌握

1. 函数

(1) 函数的概念　函数是表示每个输入值对应唯一输出值的一种对应关系. 函数f中对应输入值x的输出值的标准符号为$y=f(x)$或$f(x)$. 包含某个函数所有的输入值的集合称为这个函数的定义域；包含所有的输出值的集合称为值域. 实际问题中一个变量的变化引起另一个变量变化的规律，是高等数学研究的主要对象，如圆的半径与面积的关系、圆柱高与体积的关系、电流与电功率的关系、成本与利润的关系等.

1) 函数的两大要素：定义域与对应关系. 判断两个函数是否为同一函数，就是看它们的定义域和对应关系是否都相同. 如$f(x)=\ln x^2$与$g(x)=2\ln x$，它们的定义域分别为$(-\infty,0)\cup(0,+\infty)$和$(0,+\infty)$，由于定义域不同，所以它们不是同一函数；函数$f(x)=|x|$与函数$g(x)=\sqrt{x^2}$，$h(x)=\begin{cases}-x & x<0\\ x & x\geqslant 0\end{cases}$，由于它们的定义域与对应法则都相同，所以它们是同一函数.

2) 函数的记号$y=f(x)$的含义：x是自变量，f是对应法则，y是x对应的函数值. 例如，在式$y=f(x)=x^2+3x-5$中输入相应的x值，即可得到唯一的函数值y与它对应. 对应法则与自变量、因变量用什么字母表示无关，上式也可表示为$z=f(r)=r^2+3r-5$.

3）函数的定义域：函数的定义域是使函数有意义的自变量的取值范围. 求函数的定义域应注意以下几点：偶次方根，要求被开方数大于等于零；分式要求分母不等于零；对数的真数大于零；反正弦、反余弦函数的自变量范围为 $-1\leqslant x\leqslant 1$；$y=x^0$ 要求 $x\neq 0$. 求出的定义域用集合或区间的形式表示. 若是实际问题，函数的定义域除考虑解析式的意义外，还需考虑问题本身的实际意义.

（2）函数的性质　一般来讲，函数具有以下性质.

1）单调性：函数 $y=f(x)$ 的定义域为 $x\in(a,b)$（也可为其他任意区间），若对于定义域内任意两点 x_1，$x_2(x_1>x_2)$，总有 $f(x_1)>f(x_2)$，则称函数 $y=f(x)$ 在区间 (a,b) 上单调递增；若对于定义域内任意两点 x_1，$x_2(x_1>x_2)$，总有 $f(x_1)<f(x_2)$，则称函数 $y=f(x)$ 在区间 (a,b) 上单调递减. 单调递增函数的图像特点是从左向右逐渐上升；单调递减函数的图像特点是从左向右逐渐降低.

2）奇偶性：对于定义域关于原点对称的函数 $y=f(x)$，若有 $f(-x)=-f(x)$，则称函数在该定义域上为奇函数；若有 $f(-x)=f(x)$，则称函数在该定义域上为偶函数. 奇函数的图像特点是关于原点对称；偶函数的图像特点是关于 y 轴对称.

注意：奇函数加、减奇函数还是奇函数；偶函数加、减偶函数还是偶函数；奇函数乘奇函数是偶函数，偶函数乘偶函数是偶函数，奇函数乘偶函数是奇函数.

3）周期性：对于函数 $y=f(x)$ 的定义域内任意一点 x，若存在一常数 T，有 $f(x+T)=f(x)$（即自变量增加 T,函数值就会重复出现），则称函数 $y=f(x)$ 为周期函数. 若 T 为它的一个周期，则 $nT(n\in\mathbf{Z})$ 都是函数的周期，通常我们说的周期指函数的最小正周期. 周期函数的图像的特点是每个周期内图像相同. 三角函数为常用的周期函数.

4）有界性：对于函数 $y=f(x)$ 的定义域内任意一点 x，存在一常数 $N>0$，使得 $|f(x)|\leqslant N$（即不管自变量取什么值,函数值总在某个区间波动），即 $-N\leqslant y\leqslant N$，$-N$ 为函数的下界，N 为函数的上界. 有界性是指函数值有界，而不是自变量有界. 例如，函数 $y=\sin\dfrac{1}{x}$，不管 x 取什么数，函数值总在 $[-1,1]$ 内波动. 常用的有界函数还有 $y=\cos x$，$y=\arctan x$，$y=\operatorname{arccot}x$ 等.

（3）反函数　若函数 $y=f(x)$ 是一一对应的，用 y 表示 x，得到的以 y 为自变量的函数叫作原函数 $y=f(x)$ 的反函数，记作 $x=f^{-1}(y)$. 习惯上，以 x 表示自变量，y 表示函数，又记作 $y=f^{-1}(x)$. 反函数的定义域是原函数的值域，反函数的值域是原函数的定义域.

注意：不是所有的函数都有反函数，严格单调的函数一定有反函数；一一对应的函数一定有反函数. 原函数与反函数的图像关于直线 $y=x$ 对称. 本章主要介绍的反函数为反正弦函数、反余弦函数、反正切函数、反余切函数.

正弦函数在它的定义域内是否有反函数呢？没有，因为正弦函数在它的定义域内不是“一一对应”的. 但它在区间 $x\in\left[-\frac{\pi}{2},\frac{\pi}{2}\right]$上是单调递增(一一对应)的，我们就在这个区间定义正弦函数 $y=\sin x$ 的反函数，记作 $x=\arcsin y$，显然它的定义域为 $y=\sin x$ 在 $x\in\left[-\frac{\pi}{2},\frac{\pi}{2}\right]$上的值域 $y\in[-1,1]$；习惯上，我们记 $y=\sin x$ 的反函数为 $y=\arcsin x$，定义域为$[-1,1]$，值域为$\left[-\frac{\pi}{2},\frac{\pi}{2}\right]$. 需记住四个反三角函数的定义域和值域以及它们的图像，并知道它们都是有界函数：

$$|\arcsin x|\leqslant\frac{\pi}{2},\ 0\leqslant\arccos x\leqslant\pi,\ -\frac{\pi}{2}<\arctan x<\frac{\pi}{2},\ 0<\operatorname{arccot}x<\pi.$$

（4） 基本初等函数 基本初等函数有以下几种.

1） 幂函数：$y=x^a$（a 为常数）. 例如，$y=x^3$，$y=x^{-2}$，$y=x^{\frac{3}{4}}$等. 一定要掌握负指数幂化成正指数幂和分式指数幂化成根式的方法，$x^{-m}=\frac{1}{x^m}$，$x^{\frac{m}{n}}=\sqrt[n]{x^m}$（$n$，$m\in\mathbf{Z}$）.

2） 指数函数：$y=a^x$（a 为常数,$a>0$ 且 $a\neq1$）. 例如，$y=2^x$，$y=\left(\frac{1}{3}\right)^x$ 等.

注意：幂函数的指数是常数，指数函数的底是常数.

3） 对数函数：$y=\log_a x$（a 为常数,$a>0$ 且 $a\neq1$）. 一定要掌握指数式与对数式的互化. $a^b=c$ 为指数式，化为对数式为$\log_a c=b$，两式的底一样，都为 a. 引入对数式的目的是为了表示指数式中的指数，即表示 $a^b=c$ 中的 b.

4） 三角函数：$y=\sin x$，$y=\cos x$，$y=\tan x$，$y=\cot x$，$y=\sec x$，$y=\csc x$. 其中 $\sec x=\frac{1}{\cos x}$，$\csc x=\frac{1}{\sin x}$.

5） 反三角函数：$y=\arcsin x$，$y=\arccos x$，$y=\arctan x$，$y=\operatorname{arccot}x$.

（5） 复合函数 复合函数的概念主要在于对一个比较复杂的函数适当引入中间变量，把它分解为若干个基本初等函数或基本初等函数的和、差、积、商的形式，使对复杂函数的讨论转化为对基本初等函数的讨论.

复合函数的分解步骤是：由函数的最外层起逐层往里分解，分解完成后，前面几个函数是基本初等函数，最后一个函数为基本初等函数或基本初等函数与常数的和、差、积、商的形式. 例如 $y=\sqrt{\frac{1-x}{1+x}}$从外向里可以分解为 $y=\sqrt{u}$，$u=\frac{1-x}{1+x}$.

注意：复合函数的合成是有一定条件的，必须保证后一个函数值域的全部或部分在前一个函数的定义域内．例如，函数 $y=\arcsin u$ 与 $u=1+2^x$ 就不能合成一个复合函数，因为后一个函数的值域为 $(1,+\infty)$，前一个函数的定义域为 $[-1,1]$，两者没有交集，所以不能复合．

(6) 初等函数　由基本初等函数和常数经过有限次复合或有限次和、差、积、商构成并且能用一个解析式表示的函数称为初等函数．初等函数是微积分研究的主要对象．

(7) 分段函数　若对于自变量 x 的不同的取值范围有不同的对应法则，则这样的函数称为分段函数．它是一个函数，而不是几个函数．分段函数的定义域是各段函数定义域的并集，值域也是各段函数值域的并集．

例如，函数 $y=\begin{cases}x^2-1 & x\leqslant 1\\ 2x & 1<x\leqslant 5\end{cases}$，此函数的定义域是两段定义域的并集，即 $(-\infty,1]\cup(1,5]=(-\infty,5]$，值域为 $[-1,+\infty)$．

一般来说，分段函数不是初等函数，但有些函数，如 $y=\begin{cases}-x & x<0\\ x & x\geqslant 0\end{cases}$ 还可表示为 $y=\sqrt{x^2}$，它是初等函数．

2. 极限

极限的描述性概念：极限反映的是在自变量的变化趋势已知的情况下，因变量的变化趋势．极限思想是微积分的基本思想，高等数学中的一系列重要概念，如函数的连续性、导数以及定积分等都是借助于极限来定义的．极限概念在实际中的应用有求平面图形的面积，如圆的面积，就是用圆内接正多边形来逼近的，求旋转体的体积、瞬时变化率等也都用到极限的思想．

本章用描述法来定义极限，极限的概念主要分为：数列极限、$x\to\infty$ 时函数的极限、$x\to x_0$ 时函数的极限．

数列的极限：即 $n\to\infty$ 时(此处 ∞ 为 $+\infty$，数列的项数不能是负的)，数列的发展趋势．

数列是以其项数为自变量的函数，数列的项数不能出现负数，如 $\left\{\left(\frac{1}{2}\right)^n\right\}=\left\{\frac{1}{2},\frac{1}{4},\frac{1}{8},\cdots,\left(\frac{1}{2}\right)^n,\cdots\right\}$，项数分别为 $1,2,3,\cdots,n,\cdots$，因此数列极限可以看成当自变量 $n\to+\infty$ 时，函数 $f(n)$ 的变化趋势．

$x\to\infty$ 时函数的极限：即 $x\to-\infty$ 且 $x\to+\infty$ 时，函数的变化趋势．即

$$\lim_{x\to\infty}f(x)=A \text{ 的充分必要条件是 } \lim_{x\to-\infty}f(x)=\lim_{x\to+\infty}f(x)=A.$$

$x\to x_0$ 时函数的极限：即 $x\to x_0^+$ 且 $x\to x_0^-$ 时，函数的变化趋势．即

$$\lim_{x\to x_0} f(x)=A \text{ 的充分必要条件是 } \lim_{x\to x_0^+} f(x)=\lim_{x\to x_0^-} f(x)=A$$

或
$$f(x_0+0)=f(x_0-0).$$

注意：观察函数极限的关键是熟练掌握基本函数的图像，熟悉当自变量变化时，函数值随着它怎样变化.

3. 极限运算　两个重要极限

（1）函数极限的四则运算法则

设x在同一变化过程中$\lim f(x)$及$\lim g(x)$都存在(因两个极限自变量x的变化趋势一样,为简单起见,省略其变化过程).

法则1：$\lim[f(x)\pm g(x)]=\lim f(x)\pm\lim g(x)$.

法则2：$\lim[f(x)g(x)]=\lim f(x)\lim g(x)$.

法则3：$\lim\dfrac{f(x)}{g(x)}=\dfrac{\lim f(x)}{\lim g(x)}\ (\lim g(x)\neq 0)$.

例如，$\lim\limits_{x\to 2}\dfrac{x+2}{\sqrt{x^2-3}}=\dfrac{2+2}{\sqrt{2^2-3}}=4$.

注意：运用函数极限的四则运算法则时，必须注意只有各项极限存在(对商,还要求分母极限不为零)才能适用.

例如，求$\lim\limits_{x\to 1}\left(\dfrac{2}{x^2-1}-\dfrac{1}{x-1}\right)$.

错误做法：$\lim\limits_{x\to 1}\left(\dfrac{2}{x^2-1}-\dfrac{1}{x-1}\right)=\lim\limits_{x\to 1}\dfrac{2}{x^2-1}-\lim\limits_{x\to 1}\dfrac{1}{x-1}=\infty-\infty=0$.

错误原因：两个极限$\lim\limits_{x\to 1}\dfrac{2}{x^2-1}$，$\lim\limits_{x\to 1}\dfrac{1}{x-1}$都不存在，$\infty$不是一个确定的数.

正确做法：$\lim\limits_{x\to 1}\left(\dfrac{2}{x^2-1}-\dfrac{1}{x-1}\right)\xlongequal{\text{通分}}\lim\limits_{x\to 1}\dfrac{2-(x+1)}{x^2-1}=\lim\limits_{x\to 1}\dfrac{1-x}{x^2-1}\xlongequal{\text{约分}}\lim\limits_{x\to 1}\dfrac{-1}{x+1}=-\dfrac{1}{2}$.

（2）“$\dfrac{0}{0}$”，“$\dfrac{\infty}{\infty}$”，“$\infty-\infty$”类型的极限求法

“$\dfrac{0}{0}$”型用“消去零因子法(约分)；“$\dfrac{\infty}{\infty}$”型用分子、分母同时除以自变量的最高次幂(注意找分子、分母中自变量的最高次幂,开方时自变量的次数看作开方后的次数)；“$\infty-\infty$”型一般先通分，变成“$\dfrac{0}{0}$”或“$\dfrac{\infty}{\infty}$”型，若带“$\sqrt{\ }$”则先进行分母有理化，再变成“$\dfrac{0}{0}$”或“$\dfrac{\infty}{\infty}$”型.

（3）无穷递缩等比数列的和　等比数列$a_1,a_1q,a_1q^2,a_1q^3,\cdots,a_1q^n,\cdots$其中

$|q|<1$，称为无穷递缩等比数列. 数列中前 n 项和的极限叫作数列的和，记作 S，$S=\frac{a_1}{1-q}$.

（4）变量代换法求函数的极限　把一个变量代换成另一个变量后，经过变换后的式子的极限与原式极限相同.

例如，求 $\lim\limits_{x\to 0}\frac{\arcsin x}{x}$.

解析：设 $\arcsin x=t$，$x=\sin t$，$x\to 0$，$\arcsin x\to 0$，即 $t\to 0$.

式中变量 x 变换成 t，式中任何一处不再出现 x，否则题目不可解.

$$原式=\lim_{t\to 0}\frac{t}{\sin t}\xlongequal{分子、分母同除以 t}\lim_{t\to 0}\frac{1}{\frac{\sin t}{t}}=1.$$

（5）两个重要极限

① $\lim\limits_{x\to 0}\frac{\sin x}{x}=1$.

② $\lim\limits_{x\to\infty}\left(1+\frac{1}{x}\right)^x=\mathrm{e}$ 或 $\lim\limits_{t\to 0}(1+t)^{\frac{1}{t}}=\mathrm{e}$.

注意：式①可用 $\lim\limits_{\Delta\to 0}\frac{\sin\Delta}{\Delta}=1$ 来记忆，Δ 表示一个变量. 式②可用算式 $(1+无穷小)^{\frac{1}{无穷小}}=\mathrm{e}$ 来记忆. 对于 $\lim\limits_{x\to\infty}\left(1+\frac{1}{x}\right)^x=\mathrm{e}$，当 $x\to\infty$ 时，$\frac{1}{x}$ 是无穷小，指数 x 与 $\frac{1}{x}$ 互为倒数；对于 $\lim\limits_{t\to 0}(1+t)^{\frac{1}{t}}=\mathrm{e}$，当 $t\to 0$ 时，t 为无穷小，指数 $\frac{1}{t}$ 与 t 互为倒数.

例如：求 $\lim\limits_{x\to 0}(1-3x)^{\frac{1}{2x}}$.

解析：原式 $=\lim\limits_{x\to 0}[1+(-3x)]^{\frac{1}{-3x}\times\left(-\frac{3}{2}\right)}=\lim\limits_{x\to 0}\{[1+(-3x)]^{\frac{1}{-3x}}\}^{-\frac{3}{2}}=\mathrm{e}^{-\frac{3}{2}}$.

4. 无穷小与无穷大

（1）无穷小与无穷大的概念　在自变量的某一变化趋势下，趋于零的因变量，称为在此变化趋势下的无穷小；在自变量的某一变化趋势下，绝对值无限增大的因变量称为无穷大(包括正无穷大或负无穷大).

（2）极限与无穷小的关系

$$\lim f(x)=A\Leftrightarrow f(x)=A+\alpha(x)，其中 \lim\alpha(x)=0.$$

（3）无穷小的性质　特别注意：无穷小乘以有界函数仍是无穷小. 例如，$\lim\limits_{x\to\infty}\frac{\sin x}{x}$，当 $x\to\infty$ 时，$\frac{1}{x}$ 是无穷小，$|\sin x|\leqslant 1$ 是有界函数，所以

$$\lim_{x\to\infty}\frac{\sin x}{x}=0.$$

另外，必须注意性质1和性质2中的“有限个”是必不可少的条件，否则会出现错误运算．例如，求$\lim\limits_{n\to\infty}\left(\frac{1}{n^2}+\frac{2}{n^2}+\cdots+\frac{n}{n^2}\right)$．

错误解法：$\lim\limits_{n\to\infty}\left(\frac{1}{n^2}+\frac{2}{n^2}+\cdots+\frac{n}{n^2}\right)=\lim\limits_{n\to\infty}\frac{1}{n^2}+\lim\limits_{n\to\infty}\frac{2}{n^2}+\cdots+\lim\limits_{n\to\infty}\frac{n}{n^2}=0+0+\cdots+0=0$．

正确解法：先化简括号里面的，再求极限．

$$\lim_{n\to\infty}\left(\frac{1}{n^2}+\frac{2}{n^2}+\cdots+\frac{n}{n^2}\right)=\lim_{n\to\infty}\frac{(1+n)n}{2n^2}=\lim_{n\to\infty}\frac{1+n}{2n}\xlongequal{\text{分子、分母同除以 }n}\lim_{n\to\infty}\frac{\frac{1}{n}+1}{2}=\frac{1}{2}.$$

（4）无穷小的比较　在自变量同一变化趋势下的无穷小α，β，即$\lim\alpha=\lim\beta=0$（变化趋势因相同而省略）．

若$\lim\frac{\alpha}{\beta}=0$，即分子趋于零的速度比分母快，则称$\alpha$是比$\beta$高阶的无穷小，记作$\alpha=o(\beta)$．

若$\lim\frac{\alpha}{\beta}=\infty$，即分母趋于零的速度比分子快，则称$\alpha$是比$\beta$低阶的无穷小．

若$\lim\frac{\alpha}{\beta}=C$（$C$为常数且$C\neq0$），即分子趋于零的速度与分母趋于零的速度相差一个倍数C，则称α与β是同阶无穷小；特别地，若$C=1$，即分子趋于零的速度与分母趋于零的速度相同，则称α与β是等价无穷小，记作$\alpha\sim\beta$．

（5）等价无穷小代换中常用的几个等价无穷小（当$x\to0$时）：

$\sin x\sim x\sim\tan x$，$1-\cos x\sim\frac{x^2}{2}$，$e^x-1\sim x$，$\ln(1+x)\sim x$，$\arcsin x\sim x$，$\arctan x\sim x$．

用此方法必须注意：在求极限的过程中无穷小量的代换只能应用于乘除，不能应用于加减．

例如，求$\lim\limits_{x\to0}\frac{\tan x-\sin x}{x^3}$．

错误解法：当$x\to0$时，$\tan x\sim x$，$\sin x\sim x$．

$$\lim_{x\to0}\frac{\tan x-\sin x}{x^3}=\lim_{x\to0}\frac{x-x}{x^3}=0.$$

正确解法：当$x\to0$时，$\tan x\sim x$，$1-\cos x\sim\frac{x^2}{2}$，所以

$$\lim_{x\to0}\frac{\tan x-\sin x}{x^3}=\lim_{x\to0}\frac{\tan x}{x}\frac{1-\cos x}{x^2}=\lim_{x\to0}\frac{\tan x}{x}\lim_{x\to0}\frac{\frac{x^2}{2}}{x^2}=\frac{1}{2}.$$

5. 函数的连续性

由于微积分的研究对象是函数，且主要是连续函数，因此对函数连续性的讨论是高等数学的一个重要内容. 客观世界的许多现象和事物不仅是运动变化的，而且其运动变化的过程往往是连续不断的，这些连续不断发展变化的事物在量的方面的反映就是连续函数，连续函数就是刻画变量连续变化的数学模型. 一个函数在它的定义域上是一个“连续函数”的直观意义就是它的图像是一条连续不断的曲线. 例如，自由落体运动、生长过程、温度变化、“流”（电流、水流）等都是连续函数的实际例子.

（1）函数增量的概念　函数增量是指函数在自变量变化后，函数值的变化量，即：函数的增量 = 终值 − 起始值，记作 $\Delta y=f(x)-f(x_0)$.

（2）函数在某点连续的概念

1）用增量定义：若函数 $f(x)$ 在某点 x_0 处有定义，当 $\Delta x\to0$（即 $x-x_0\to0$）时，$\Delta y\to0$（即 $f(x)-f(x_0)\to0$），则称函数在点 x_0 处连续.

2）用函数极限与函数值的关系定义：若函数 $f(x)$ 在某点 x_0 处有定义，$\lim\limits_{x\to x_0}f(x)$ 极限存在（即左极限和右极限相等），且 $\lim\limits_{x\to x_0}f(x)=f(x_0)$（函数在点 x_0 处的极限等于它在这点的函数值），则称函数在点 x_0 处连续.

一般判断函数在某点连续，用 2）中的 3 个条件，缺少其一，函数在这点是不连续的，称这点为函数的间断点.

（3）间断点的分类　若函数在间断点 x_0 处的左、右极限都存在，则此间断点称为第一类间断点；若函数在间断点 x_0 的左、右极限至少有一个不存在，则称此间断点为第二类间断点.

间断点一般出现在函数值不存在的点或分段函数的分界点处. 判断间断点的类型就是看间断点处的左、右极限是否存在.

（4）闭区间上连续函数的性质　函数只有在闭区间上连续时，才会有最值定理、介值定理、零点存在定理.

6. 求函数极限方法总结

本章重点是求函数的极限，方法归纳如下.

1）根据极限的四则运算法则和函数在某点连续的性质（代数法）. 若函数在某点连续，函数在这点的极限等于它的函数值. 一般求函数极限时，可先代入自变量求函数值，若函数值存在，则其极限就等于它的函数值；若极限不存在，再改用其他方法.

2）“$\frac{0}{0}$”，“$\frac{\infty}{\infty}$”，“$\infty-\infty$”型的极限求法.

3）利用无穷小的性质来求极限.

4）两个重要极限.

5）变量代换法求函数的极限.

6）等价无穷小代换法.

*7）极限存在的准则（专接本增加内容）.

① 单调有界数列必有极限.

② 夹逼定理：若当 $x\in\{x\mid 0<|x-x_0|<\delta\}$ 时，有 $g(x)\leqslant f(x)\leqslant h(x)$，且 $\lim\limits_{x\to x_0}g(x)=A$，$\lim\limits_{x\to x_0}h(x)=A$，则 $\lim\limits_{x\to x_0}f(x)=A$.

例如，求 $\lim\limits_{n\to\infty}\left(\dfrac{1}{n^2+n+1}+\dfrac{2}{n^2+n+2}+\cdots+\dfrac{n}{n^2+n+n}\right)$.

解析：因为

$$\frac{1}{n^2+n+n}<\frac{1}{n^2+n+1}<\frac{1}{n^2+n} \quad (1)$$

$$\frac{2}{n^2+n+n}<\frac{2}{n^2+n+1}<\frac{2}{n^2+n} \quad (2)$$

$$\vdots \qquad\qquad \vdots$$

$$\frac{n}{n^2+n+n}<\frac{n}{n^2+n+1}<\frac{n}{n^2+n} \quad (n)$$

由(1)+(2)+⋯+(n)，得

$$\frac{(1+n)n}{2(n^2+n+n)}<\frac{1}{n^2+n+1}+\frac{2}{n^2+n+2}+\cdots+\frac{n}{n^2+n+n}<\frac{(1+n)n}{2(n^2+n)}.$$

又因为 $\lim\limits_{n\to\infty}\dfrac{(1+n)n}{2(n^2+n+n)}=\lim\limits_{n\to\infty}\dfrac{1+n}{2(n+2)}\xlongequal{\text{分子、分母同时除以}n}\lim\limits_{n\to\infty}\dfrac{\frac{1}{n}+1}{2\left(1+\frac{2}{n}\right)}=\dfrac{1}{2}$，

$$\lim_{n\to\infty}\frac{(1+n)n}{2(n^2+n)}=\frac{1}{2},$$

由夹逼定理得，$\lim\limits_{n\to\infty}\left(\dfrac{1}{n^2+n+1}+\dfrac{2}{n^2+n+2}+\cdots+\dfrac{n}{n^2+n+n}\right)=\dfrac{1}{2}$.

二、例题解析

例 1 下列各对函数是否为同一函数.

（1）$y=\mathrm{e}^{\ln x}$ 与 $y=x$；（2）$y=\sin x$ 与 $y=\sqrt{1-\cos^2x}$；（3）$y=x$ 与 $y=\sqrt[3]{x^3}$.

解 （1）由于 $y=\mathrm{e}^{\ln x}$ 的定义域为 $x>0$，而 $y=x$ 的定义域为 $\mathbf{R}$，所以它们不是同一函数.

（2）由于 $y=\sqrt{1-\cos^2x}=|\sin x|$，两函数的对应关系不同，所以它们不是

同一函数.

(3) 由于 $y=\sqrt[3]{x^3}=x$，因此两函数是同一函数.

注意：判断两函数是否是同一函数，是看它们的定义域和对应关系是否相同.

例 2　求下列函数的定义域.

(1) $y=\frac{\sqrt{x-1}}{\ln x}$；(2) $y=\arcsin\frac{4x-1}{3}$；(3) $f(x)=\begin{cases}x^2+1 & -1<x\leqslant 2\\ x & x>2\end{cases}$；

(4) 设 $f(x)$ 的定义域为 $[-4,4]$，求 $f(x^2)$ 的定义域.

解　(1) 为使上述函数有意义，必须满足

$$\begin{cases}x-1\geqslant 0\\ x>0\\ \ln x\neq 0\end{cases}.$$

解上述不等式组得 $x>1$，所以它的定义域为 $(1,+\infty)$.

(2) 为使上述函数有意义，必须满足 $-1\leqslant\frac{4x-1}{3}\leqslant 1$. 解此不等式得 $-\frac{1}{2}\leqslant x\leqslant 1$，所以它的定义域为 $\left[-\frac{1}{2},1\right]$.

(3) 分段函数的定义域为各段定义域的并集，即 $(-1,2]\cup(2,+\infty)$，所以它的定义域为 $(-1,+\infty)$.

(4) 原题可理解为 $f(u)$ 的定义域为 $[-4,4]$，$f(x^2)$ 可看作 $f(u)$，所以有 $-4\leqslant x^2\leqslant 4$，解不等式得 $-2\leqslant x\leqslant 2$，所以它的定义域为 $[-2,2]$.

例 3　判断下列函数的奇偶性.

(1) $f(x)=x\sin x$；　(2) $f(x)=\frac{e^x-e^{-x}}{2}$；　(3) $f(x)=\sqrt{x+2}$；

(4) $f(x)=\sin x+\cos x$；　(5) $y=f(x)=3$.

解　判断函数的奇偶性主要看两点：①函数的定义域是否关于原点对称；②是否有 $f(-x)=f(x)$ 或 $f(-x)=-f(x)$.

(1) 函数的定义域为 $(-\infty,+\infty)$，关于原点对称，且

$$f(-x)=-x\sin(-x)=x\sin x=f(x),$$

所以此函数是偶函数.

也可以根据两奇函数的乘积、两偶函数的乘积为偶函数，一个奇函数与一个偶函数的乘积为奇函数来判定. 此题中 x，$\sin x$ 为奇函数，它们的乘积为偶函数. 读者可自己总结一下在基本初等函数中，哪些是奇函数，哪些是偶函数.

(2) 函数的定义域为 $(-\infty,+\infty)$，关于原点对称，且

$$f(-x)=\frac{e^{-x}-e^x}{2}=-\frac{e^x-e^{-x}}{2}=-f(x),$$

所以此函数是奇函数.

(3) 由于此函数的定义域为$[-2,+\infty)$，不关于原点对称，所以此函数为非奇非偶函数.

(4) 函数的定义域为$(-\infty,+\infty)$，关于原点对称，且

$$f(-x)=\sin(-x)+\cos(-x)=-\sin x+\cos x,$$

所以此函数为非奇非偶函数.

(5) 函数的定义域为$(-\infty,+\infty)$，关于原点对称，且$f(-x)=3=f(x)$，所以此函数是偶函数.

例 4　作下列分段函数 $y=f(x)=\begin{cases}2^x & x<0\\ 1+\sin x & 0\leqslant x\leqslant\pi\\ 1 & x>\pi\end{cases}$ 的图像，并求$f(-3)$，$f(0)$，$f(8)$.

解　分段函数的作图要一段一段来画，用描点法，此题可列三个表：

x	…	-3	-2	-1	0^-（左极限）
$y=2^x\quad x<0$	…	$\frac{1}{8}$	$\frac{1}{4}$	$\frac{1}{2}$	1

x	0	$\frac{\pi}{2}$	π
$y=1+\sin x\quad 0\leqslant x\leqslant\pi$	1	2	1

x	π^+（右极限）	4	5	…
$y=1\quad x>\pi$	1	1	1	…

作图时注意，有等号的描成实心点，没等号的描成空心点，描出的函数图像如图 1-1 所示.

$$f(-3)=2^{-3}=\frac{1}{8},$$

$$f(0)=1+\sin 0=1,\ f(8)=1.$$

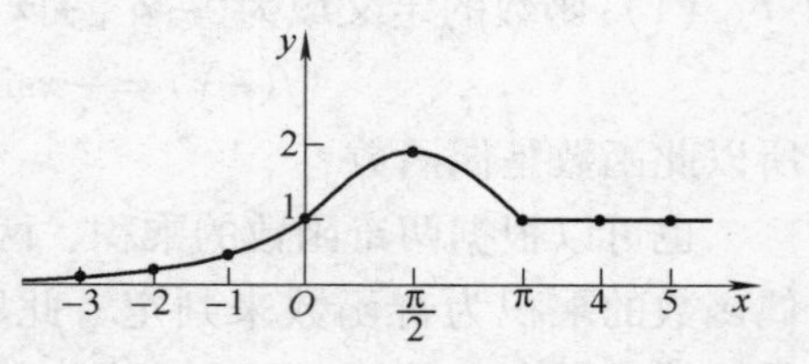

图 1-1

例 5　指出下列复合函数的分解过程.

(1) $y=\sin^3(5x+2)$；(2) $y=\sqrt{\ln x}$；

(3) $y=\mathrm{e}^{-3x^2}$.

解　(1) $y=[\sin(5x+2)]^3$，此函数是一层包含一层的，由外及里可以分解为

$$y=u^3,\ u=\sin v,\ v=5x+2.$$

（2）函数由外及里可以分解为 $y=\sqrt{u}$，$u=\ln x$.

（3）函数由外及里可以分解为 $y=e^u$，$u=-3x^2$.

注意：复合函数分解过程是由外及里逐层分解，分解到没有包含关系为止. 分解出来的函数，前面几个一定是基本初等函数，最后一个是基本初等函数与常数的和、差、积、商的形式.

例6　求下列函数的周期.

（1）$y=\sin\left(2x-\dfrac{\pi}{6}\right)$；（2）$y=\sin x+\cos x$；（3）$y=|\cos x|$；（4）$y=x\sin\dfrac{1}{x}$.

解　（1）因为 $y=\sin(ax+b)$ 的周期为 $T=\dfrac{2\pi}{a}$，所以此函数的周期为 $T=\dfrac{2\pi}{2}=\pi$.

（2）因为 $y=\sin x+\cos x=\sqrt{2}\left(\dfrac{\sqrt{2}}{2}\sin x+\dfrac{\sqrt{2}}{2}\cos x\right)=\sqrt{2}\left(\sin x\cos\dfrac{\pi}{4}+\cos x\sin\dfrac{\pi}{4}\right)$

$$=\sqrt{2}\sin\left(x+\frac{\pi}{4}\right),$$

所以此函数的周期为 $T=2\pi$.

（3）函数 $y=|\cos x|$ 的图像如图1-2所示. 从图中可以看出，该函数的周期为 $T=\pi$.

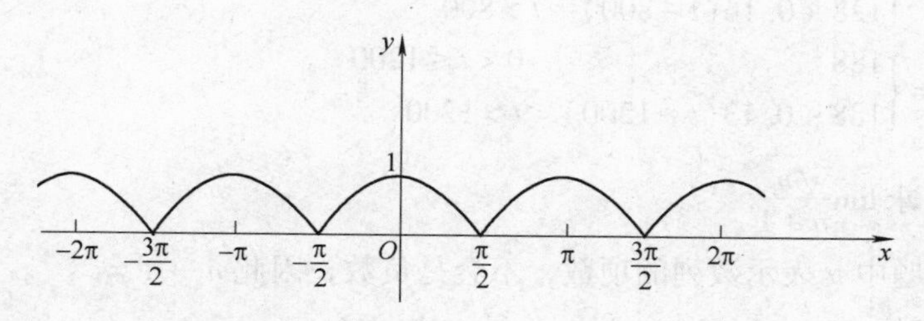

图 1-2

（4）$y=x\sin\dfrac{1}{x}$ 不是周期函数.

例7　下列哪些函数在其定义域内是有界函数.

（1）$y=\sin 3x$；（2）$y=\arctan x$；（3）$y=\tan x$；（4）$y=\cot x$；（5）$y=\operatorname{arccot} x$.

解　函数 $y=\sin 3x$，$y=\arctan x$，$y=\operatorname{arccot} x$ 为有界函数，是指其函数值有界；$y=\tan x$，$y=\cot x$ 为无界函数.

例8　某易拉罐厂要生产容积为 $V\text{cm}^3$ 的圆柱形易拉罐，将它的表面积表示成底面半径的函数，并确定此函数的定义域.

解　设易拉罐的底面半径为 R，高为 H，表面积为 S. 由题意有 $V=\pi R^2H$，所以 $H=\dfrac{V}{\pi R^2}$. 因为 $S=2\pi R^2+2\pi RH$，将 $H=\dfrac{V}{\pi R^2}$代入得

$$S=2\pi R^2+2\pi R\frac{V}{\pi R^2},$$

化简得

$$S=2\pi R^2+\frac{2V}{R},\ R\in(0,+\infty).$$

例9　根据下表写出2007年上海的"全球通套餐"方案的资费计算方法.

月基本费/元	包含本地通话时间/min	超出后本地通话资费/(元/min)	
		主叫通话	被叫通话
68	360	0.18	0
128	800	0.16	0
188	1200	0.13	0

解　由上表可得三个资费计算公式。设总资费为 y(元)，通话时间为 t(min).

(1) $y=\begin{cases}68 & 0<t\leqslant 360\\ 68+0.18(t-360) & t>360\end{cases}$；

(2) $y=\begin{cases}128 & 0<t\leqslant 800\\ 128+0.16(t-800) & t>800\end{cases}$；

(3) $y=\begin{cases}188 & 0<t\leqslant 1200\\ 188+0.13(t-1200) & t>1200\end{cases}$.

例10　求$\lim\limits_{n\to\infty}\dfrac{\sqrt{n^2}}{n+1}$.

解　本题中 n 表示数列的项数，不会是负数，因此$n\to+\infty$.

$$\lim_{n\to\infty}\frac{\sqrt{n^2}}{n+1}=\lim_{n\to+\infty}\frac{n}{n+1}\xlongequal{\text{分子、分母同除以}n}\lim_{n\to\infty}\frac{1}{1+\frac{1}{n}}=1.$$

例11　求$\lim\limits_{x\to\infty}\dfrac{\sqrt{x^2}}{x+1}$.

解　此极限与上题不同，函数的定义域为$(-\infty,-1)\cup(-1,+\infty)$. $x\to\infty$包含$x\to+\infty$和$x\to-\infty$两种情形.

当$x\to+\infty$时，原式$=\lim\limits_{x\to+\infty}\dfrac{x}{x+1}=1$；当$x\to-\infty$时，原式$=\lim\limits_{x\to-\infty}\dfrac{-x}{x+1}=-1$，

所以$\lim\limits_{x\to\infty}\dfrac{\sqrt{x^2}}{x+1}$不存在.

注意：$\lim\limits_{x\to\infty}f(x)=A$的充分必要条件是$\lim\limits_{x\to+\infty}f(x)=A$且$\lim\limits_{x\to-\infty}f(x)=A$.

例 12　求$\lim\limits_{x\to-\infty}\dfrac{|x+1|}{x}$.

解　$\lim\limits_{x\to-\infty}\dfrac{|x+1|}{x}=\lim\limits_{x\to-\infty}\dfrac{-(x+1)}{x}\overset{\text{分子、分母同除以 }x}{=\!=\!=\!=}\lim\limits_{x\to-\infty}-\left(1+\dfrac{1}{x}\right)=-1$.

例 13　分别作出函数$f(x)=\dfrac{x}{x}$，$\varphi(x)=\dfrac{|x|}{x}$的图像，并求$f(0-0)$，$f(0+0)$，$\varphi(0-0)$，$\varphi(0+0)$；判断$f(x)$和$\varphi(x)$当$x\to0$时的极限是否存在.

解　$f(x)=\dfrac{x}{x}\Leftrightarrow f(x)=1$且$x\neq0$，函数图像如图 1-3 所示.
从图中可以看出，$f(0-0)=f(0+0)=1$，所以$\lim\limits_{x\to0}f(x)=1$.

$\varphi(x)=\dfrac{|x|}{x}=\begin{cases}-1 & x<0\\ 1 & x>0\end{cases}$，函数图像如图 1-4 所示.

从图中可以看出，$\varphi(0-0)=-1$，$\varphi(0+0)=1$，所以$\lim\limits_{x\to0}\varphi(x)$不存在.

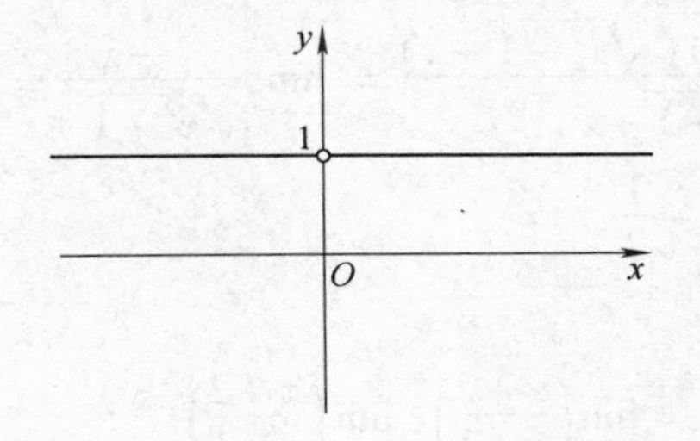

图 1-3

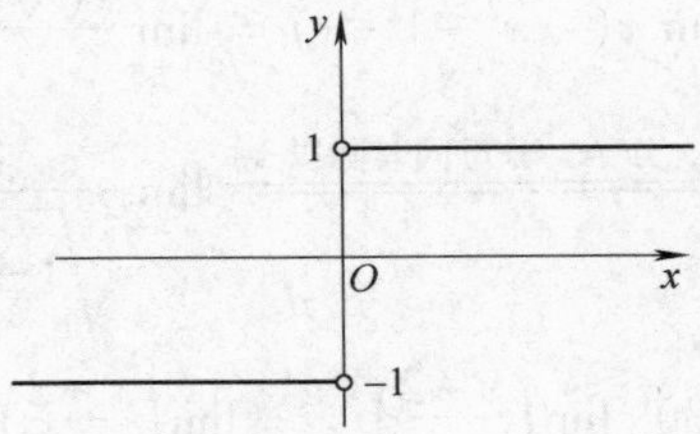

图 1-4

例 14　求下列极限.

(1) $\lim\limits_{x\to+\infty}\dfrac{\sqrt[3]{27x^3+5}}{\sqrt{4x^2-1}}$；　(2) $\lim\limits_{x\to+\infty}x(\sqrt{x^2-1}-x)$；

(3) $\lim\limits_{x\to\infty}\left(\dfrac{x+2}{x+1}\right)^{x+3}$；　(4) $\lim\limits_{x\to\pi}\dfrac{\sin x}{\pi-x}$；

(5) $\lim\limits_{x\to1}\dfrac{\sqrt[3]{x}-1}{\sqrt{x}-1}$；　(6) $\lim\limits_{x\to0}\dfrac{\ln(1+x)}{x}$；

(7) $\lim\limits_{x\to0^+}\dfrac{e^x-1}{x}$；　(8) $\lim\limits_{x\to0}x^2\arctan\dfrac{1}{x^2}$；

(9) $\lim\limits_{x\to0^-}\dfrac{|x|}{\sqrt{a+x}-\sqrt{a-x}}\ (a>0)$；　(10) $\lim\limits_{x\to\infty}\dfrac{(3x+5)^{30}(2x-6)^{50}}{(x+3)^{80}}$.

解　(1) 此极限为“$\frac{\infty}{\infty}$”型极限，分子、分母同除以自变量的最高次幂 x，所以有

$$\lim_{x\to+\infty}\frac{\sqrt[3]{27x^3+5}}{\sqrt{4x^2-1}}\xlongequal{\text{分子、分母同时除以 }x}\lim_{x\to+\infty}\frac{\frac{\sqrt[3]{27x^3+5}}{x}}{\frac{\sqrt{4x^2-1}}{x}}=\lim_{x\to+\infty}\frac{\sqrt[3]{\frac{27x^3+5}{x^3}}}{\sqrt{\frac{4x^2-1}{x^2}}}$$

$$=\lim_{x\to+\infty}\frac{\sqrt[3]{27+\frac{5}{x^3}}}{\sqrt{4-\frac{1}{x^2}}}=\frac{3}{2}.$$

注意：
$$\lim_{x\to\infty}\frac{a_0x^n+a_1x^{n-1}+\cdots+a_n}{b_0x^m+b_1x^{m-1}+\cdots+b_n}=\begin{cases}\frac{a_0}{b_0} & m=n\\ 0 & m>n.\\ \infty & m<n\end{cases}$$

(2) 含有根式的，采取根式有理化法.

$$\lim_{x\to+\infty}x(\sqrt{x^2-1}-x)=\lim_{x\to+\infty}\frac{x(\sqrt{x^2-1}-x)(\sqrt{x^2-1}+x)}{\sqrt{x^2-1}+x}=\lim_{x\to+\infty}\frac{-x}{\sqrt{x^2-1}+x}$$

$$\xlongequal{\text{分子、分母同时除以 }x}\lim_{x\to+\infty}\frac{-1}{\sqrt{1-\frac{1}{x^2}}+1}=-\frac{1}{2}.$$

(3) $$\lim_{x\to\infty}\left(\frac{x+2}{x+1}\right)^{x+3}=\lim_{x\to\infty}\left(\frac{x+2}{x+1}\right)^{x}\left(\frac{x+2}{x+1}\right)^{3}=\lim_{x\to\infty}\left(\frac{x+2}{x+1}\right)^{x}\lim_{x\to\infty}\left(\frac{x+2}{x+1}\right)^{3}$$

$$\xlongequal{\text{括号内分子、分母同除以 }x}\lim_{x\to\infty}\left(\frac{1+\frac{2}{x}}{1+\frac{1}{x}}\right)^{x}\lim_{x\to\infty}\left(\frac{1+\frac{2}{x}}{1+\frac{1}{x}}\right)^{3}$$

$$=\frac{\lim\limits_{x\to\infty}\left(1+\frac{2}{x}\right)^{x}}{\lim\limits_{x\to\infty}\left(1+\frac{1}{x}\right)^{x}}=\frac{\lim\limits_{x\to\infty}\left(1+\frac{2}{x}\right)^{\frac{x}{2}\times 2}}{\mathrm{e}}=\mathrm{e}.$$

(4) 此题利用重要极限 $\lim\limits_{x\to0}\frac{\sin x}{x}=1$ 及变量代换法. 因为 $\sin x=\sin(\pi-x)$，当 $x\to\pi$ 时 $\pi-x\to0$，所以

$$\lim_{x\to\pi}\frac{\sin x}{\pi-x}=\lim_{\pi-x\to0}\frac{\sin(\pi-x)}{\pi-x}\xlongequal{\text{令 }\pi-x=u}\lim_{u\to0}\frac{\sin u}{u}=1.$$

(5) 此极限利用根式有理化.

$$\lim_{x\to1}\frac{\sqrt[3]{x}-1}{\sqrt{x}-1}=\lim_{x\to1}\frac{(\sqrt[3]{x}-1)(\sqrt{x}+1)}{(\sqrt{x}-1)(\sqrt{x}+1)}=\lim_{x\to1}\frac{(\sqrt[3]{x}-1)(\sqrt{x}+1)}{x-1}$$

$$=\lim_{x\to1}\frac{(\sqrt[3]{x}-1)(\sqrt{x}+1)}{(\sqrt[3]{x}-1)(\sqrt[3]{x^2}+\sqrt[3]{x}+1)}=\frac{2}{3}.$$

（6）$\lim\limits_{x\to0}\frac{\ln(1+x)}{x}=\lim\limits_{x\to0}\frac{1}{x}\ln(1+x)=\lim\limits_{x\to0}\ln(1+x)^{\frac{1}{x}}=\ln[\lim\limits_{x\to0}(1+x)^{\frac{1}{x}}]=\ln e=1.$

所以 $x\to0$ 时，$\ln(1+x)\sim x$.

（7）此极限使用变量代换法. 设 $e^x-1=t$，所以 $x=\ln(t+1)$，$x\to0^+$ 时，$t\to0$.

$$\lim_{x\to0^+}\frac{e^x-1}{x}=\lim_{t\to0}\frac{t}{\ln(t+1)}\xlongequal{\text{分子、分母同除以 }t}\lim_{t\to0}\frac{1}{\frac{\ln(t+1)}{t}}=1.$$

所以 $x\to0$ 时，$e^x-1\sim x$.

（8）求此极限利用性质：无穷小乘有界函数还是无穷小.

在 $\lim\limits_{x\to0}x^2\arctan\frac{1}{x^2}$ 中，由于当 $x\to0$ 时，x^2 是无穷小；$\left|\arctan\frac{1}{x^2}\right|<\frac{\pi}{2}$，即 $\arctan\frac{1}{x^2}$ 为有界函数，所以

$$\lim_{x\to0}x^2\arctan\frac{1}{x^2}=0.$$

（9）求此极限采用去绝对值和分母有理化.

$$\lim_{x\to0^-}\frac{|x|}{\sqrt{a+x}-\sqrt{a-x}}=\lim_{x\to0^-}\frac{-x(\sqrt{a+x}+\sqrt{a-x})}{(\sqrt{a+x}-\sqrt{a-x})(\sqrt{a+x}+\sqrt{a-x})}=-\sqrt{a}.$$

（10）本题是当 $x\to\infty$ 时，“$\frac{\infty}{\infty}$”型极限，分子、分母同除以自变量的最高次幂 x^{80}.

$$\lim_{x\to\infty}\frac{(3x+5)^{30}(2x-6)^{50}}{(x+3)^{80}}\xlongequal{\text{分子、分母同除以 }x^{80}}\lim_{x\to\infty}\frac{\frac{(3x+5)^{30}}{x^{30}}\cdot\frac{(2x-6)^{50}}{x^{50}}}{\frac{(x+3)^{80}}{x^{80}}}$$

$$=\lim_{x\to\infty}\frac{\left(3+\frac{5}{x}\right)^{30}\left(2-\frac{6}{x}\right)^{50}}{\left(1+\frac{3}{x}\right)^{80}}=3^{30}\times2^{50}.$$

例 15　判断下列函数在变量 x 怎样的变化趋势下是无穷大，在 x 怎样的变化趋势下是无穷小.

（1）2^x；（2）$\ln(1-x)$.

解　（1）从 $y=a^x$（$a>1$）图像上观察得：当 $x\to-\infty$ 时，2^x 是无穷小；当

$x \to +\infty$ 时，2^x 是无穷大.

（2）从 $y=\log_a x$（$a>1$）图像上观察得：令 $1-x=u$，得 $u\to 1$，即当 $x\to 0$ 时，$\ln(1-x)$ 是无穷小；当 $u\to 0^+$ 或 $u\to +\infty$，即 $x\to 1^-$（x 要小于 1）或 $x\to -\infty$ 时，$\ln(1-x)$ 是无穷大.

例 16　当 $x\to 0$ 时，比较下列无穷小.

（1）$2x+7x^2$ 与 $x\sin x$；　（2）$\sqrt{a+x^4}-\sqrt{a}$（$a>0$）与 x；　（3）$1-\cos x$ 与 x^3.

解　（1）因为 $\lim\limits_{x\to 0}\dfrac{2x+7x^2}{x\sin x}=\lim\limits_{x\to 0}\dfrac{2+7x}{\sin x}=\lim\limits_{x\to 0}\dfrac{2+7x}{x}=\infty$，所以 $2x+7x^2$ 是比 $x\sin x$ 低阶的无穷小.

（2）因为 $\lim\limits_{x\to 0}\dfrac{\sqrt{a+x^4}-\sqrt{a}}{x}\xlongequal{\text{分子有理化}}\lim\limits_{x\to 0}\dfrac{(\sqrt{a+x^4}-\sqrt{a})(\sqrt{a+x^4}+\sqrt{a})}{x(\sqrt{a+x^4}+\sqrt{a})}=$

$\lim\limits_{x\to 0}\dfrac{x^3}{\sqrt{a+x^4}+\sqrt{a}}=0$，所以 $\sqrt{a+x^4}-\sqrt{a}$（$a>0$）是比 x 高阶的无穷小.

（3）因为当 $x\to 0$ 时，$1-\cos x\sim\dfrac{x^2}{2}$，所以 $\lim\limits_{x\to 0}\dfrac{1-\cos x}{x^3}=\lim\limits_{x\to 0}\dfrac{\frac{x^2}{2}}{x^3}=\lim\limits_{x\to 0}\dfrac{1}{2x}=\infty$，所以 $1-\cos x$ 是比 x^3 低阶的无穷小.

例 17　已知当 $x\to 0$ 时，$\sqrt{1+ax^2}-1\sim\sin^2 x$，求常数 a 的值.

解　因为 $\sqrt{1+ax^2}-1\sim\sin^2 x$，所以 $\lim\limits_{x\to 0}\dfrac{\sqrt{1+ax^2}-1}{\sin^2 x}=1$. 又因为 $x\to 0$ 时，$\sin^2 x\sim x^2$，所以

$$\lim_{x\to 0}\frac{\sqrt{1+ax^2}-1}{\sin^2 x}\xlongequal{\text{分子有理化}}\lim_{x\to 0}\frac{(\sqrt{1+ax^2}-1)(\sqrt{1+ax^2}+1)}{x^2(\sqrt{1+ax^2}+1)}=\lim_{x\to 0}\frac{a}{\sqrt{1+ax^2}+1}=\frac{a}{2}=1,$$

即 $a=2$.

例 18　已知 $\lim\limits_{x\to 1}\dfrac{x^2+ax+b}{x-1}=-5$，求常数 a，b 的值.

解　因为此商式分母的极限为零，分子的极限若不为零，则上式极限不存在，所以 $\lim\limits_{x\to 1}(x^2+ax+b)=0$，即 $1+a+b=0$，$b=-1-a$，因此 $\lim\limits_{x\to 1}\dfrac{x^2+ax-1-a}{x-1}=-5$.

$$\lim_{x\to 1}\frac{x^2+ax-1-a}{x-1}=\lim_{x\to 1}\frac{(x+1)(x-1)+a(x-1)}{x-1}=\lim_{x\to 1}(x+1+a)=2+a=-5,$$

所以 $a=-7$，$b=6$.

例 19　证明方程 $x=a\sin x+b$（$a>0,b>0$）至少有一个正根，并且它不超过 $a+b$.

证　设 $f(x)=a\sin x+b-x$，则 $f(0)=b>0$，

$$f(a+b)=a\sin(a+b)+b-(a+b)=a[\sin(a+b)-1],$$

若 $\sin(a+b)=1$，有 $f(a+b)=0$，即 $x=a+b$ 是 $x=a\sin x+b$ 的根. 若 $\sin(a+b)<1$，有 $f(a+b)<0$，则至少存在 $\xi\in(0,a+b)$，使 $f(\xi)=0$，故结论成立.

例 20　设 $f(x)=\begin{cases}\dfrac{\cos x}{x+2} & x\geqslant 0\\ \dfrac{\sqrt{a}-\sqrt{a-x}}{x} & x<0\end{cases}$ $(a>0)$，求(1) 当 a 为何值时，$x=0$ 是 $f(x)$ 的连续点？(2) 当 a 为何值时，$x=0$ 是 $f(x)$ 的间断点？(3) 当 $a=2$ 时，函数的连续区间.

解　(1) 函数在点 $x=0$ 连续，则在点 $x=0$ 左、右极限相等且等于 $f(0)$.

$$\lim_{x\to 0^-}f(x)=\lim_{x\to 0^-}\frac{\sqrt{a}-\sqrt{a-x}}{x}=\lim_{x\to 0^-}\frac{(\sqrt{a}-\sqrt{a-x})\ (\sqrt{a}+\sqrt{a-x})}{x(\sqrt{a}+\sqrt{a-x})}$$

$$=\lim_{x\to 0^-}\frac{1}{\sqrt{a}+\sqrt{a-x}}=\frac{1}{2\sqrt{a}},$$

$$\lim_{x\to 0^+}\frac{\cos x}{x+2}=\frac{1}{2}.$$

所以 $\dfrac{1}{2\sqrt{a}}=\dfrac{1}{2}$，$a=1$. 即当 $a=1$ 时，$x=0$ 是 $f(x)$ 的连续点.

(2) 当 $a\neq 1$ 时，$x=0$ 是 $f(x)$ 的间断点.

(3) 当 $a=2$ 时，原式变为 $f(x)=\begin{cases}\dfrac{\cos x}{x+2} & x\geqslant 0\\ \dfrac{\sqrt{2}-\sqrt{2-x}}{x} & x<0\end{cases}$. 函数 $f(x)=\dfrac{\cos x}{x+2}$ 当 $x\geqslant 0$ 时有定义；$f(x)=\dfrac{\sqrt{2}-\sqrt{2-x}}{x}$ 在 $x<0$ 时有定义. 因为初等函数在它的定义区间内连续，所以函数在 $(-\infty,0)\cup(0,+\infty)$ 内连续. 我们只需讨论此分段函数在它的分界点处是否连续. 由(2)知，当 $a\neq 1$ 时，$x=0$ 是 $f(x)$ 的间断点，所以当 $a=2$ 时，函数的连续区间为 $(-\infty,0)$ 和 $(0,+\infty)$.

例 21　若 $\lim\limits_{x\to\infty}\left(\dfrac{x^2+1}{x+1}-ax-b\right)=0$，求 a，b 的值.

解　$\lim\limits_{x\to\infty}\left(\dfrac{x^2+1}{x+1}-ax-b\right)=\lim\limits_{x\to\infty}\dfrac{x^2+1-ax^2-ax-bx-b}{x+1}$，此商式分母极限为 ∞，当分子的最高次数低于分母的最高次数时，商式极限为零. 所以分子为常

数，因此 $a=1$，且 $-a-b=0$，即 $a=1$，$b=-1$.

三、自我测验题

（一）基础层次

（时间：110 分钟，分数：100 分）

1. 填空题（每空 2 分，共 30 分）

（1）函数 $f(x)=\dfrac{x-1}{\ln x}$ 的定义域为________.

（2）$\lim\limits_{x\to 0}x\sin\dfrac{1}{x^2}=$________；$\lim\limits_{x\to\infty}x\sin\dfrac{1}{x}=$________.

（3）函数 $y=\tan^2(5x+3)$ 的复合过程为________.

（4）函数 $f(x)=2x^2\sin x$ 是（奇或偶）________函数.

（5）已知 $\lim\limits_{x\to 1}\dfrac{3x^2+ax-2}{x^2-1}$ 存在，那么 $a=$________，该极限等于________.

（6）$\lim\limits_{x\to\frac{1}{2}}\dfrac{\arcsin x}{x^2+1}=$________.

（7）设 $f(x)=\dfrac{1-\sqrt{1+x}}{x}$，试定义 $f(x)$ 在 $x=0$ 处的值，使 $f(x)$ 在 $x=0$ 处连续，则 $f(0)=$________.

（8）当 $x\to 1$ 时，$\sqrt{x}-1$ 与 $k(x-1)$ 等价，则 $k=$________.

（9）函数 $f(x)$ 当 $x\to x_0$ 时极限存在的充分条件是________.

（10）设 $f(x)=\sin(x+5)$，$g(x)=2^x$，则 $f(g(x))=$________；$g(f(x))=$________.

（11）$x\to$________，函数 e^x 是无穷小；$x\to$________，函数 e^x 是无穷大.

2. 选择题（每小题 3 分，共 15 分）

（1）下列数列中极限存在的是（　　）.

A. $\left\{(-1)^n\dfrac{n+1}{n}\right\}$　　B. $\{n\}$　　C. $\left\{\dfrac{1+(-1)^n}{2^n}\right\}$　　D. $\{5^n\}$

（2）函数 $y=\dfrac{1}{\sqrt{x^2-x-2}}+\ln(x-1)$ 的定义域为（　　）.

A. $(2,+\infty)$　　B. $(-\infty,-1)\cup(2,+\infty)$

C. $(1,+\infty)$　　D. $(1,2)$

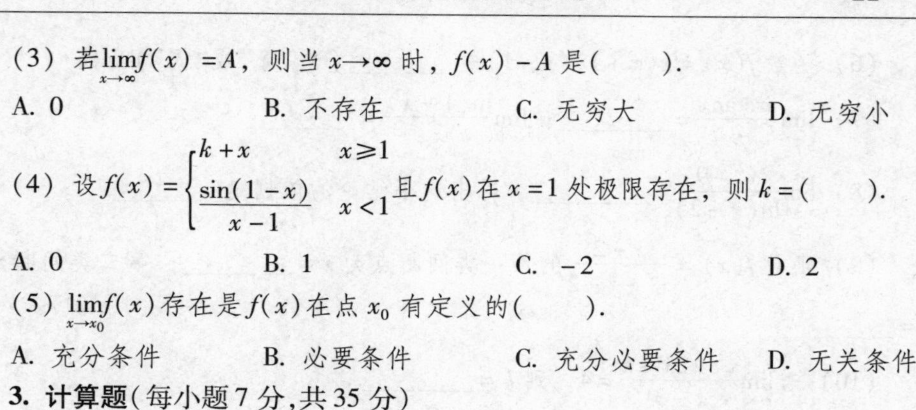

(3) 若$\lim\limits_{x\to\infty}f(x)=A$，则当$x\to\infty$时，$f(x)-A$是(　　).

A. 0　　B. 不存在　　C. 无穷大　　D. 无穷小

(4) 设$f(x)=\begin{cases}k+x & x\geqslant 1\\ \dfrac{\sin(1-x)}{x-1} & x<1\end{cases}$且$f(x)$在$x=1$处极限存在，则$k=$(　　).

A. 0　　B. 1　　C. -2　　D. 2

(5) $\lim\limits_{x\to x_0}f(x)$存在是$f(x)$在点$x_0$有定义的(　　).

A. 充分条件　　B. 必要条件　　C. 充分必要条件　　D. 无关条件

3. 计算题(每小题7分,共35分)

(1) $\lim\limits_{x\to 1}\dfrac{x^2-1}{x^2-3x+2}$；　　(2) $\lim\limits_{x\to 0}\dfrac{1-\cos x}{\sin^2 x}$；　　(3) $\lim\limits_{x\to\infty}\dfrac{2x^3+3x+1}{5x^3-2x}$；

(4) $\lim\limits_{x\to\infty}\left(\dfrac{x-2}{x}\right)^x$；　　(5) $\lim\limits_{x\to 0}\dfrac{2-\sqrt{4-x}}{x}$.

4. 解答题(每小题7分,共14分)

(1) 已知a，b为常数，$\lim\limits_{x\to 2}\dfrac{ax+b}{x-2}=3$，求$a$，$b$的值.

(2) 设函数$f(x)=\begin{cases}1+2^x & x>0\\ 3x+a & x\leqslant 0\end{cases}$在$x=0$处连续，求$a$.

5. 证明题(6分)

证明方程$\ln x=\dfrac{2}{x}$在$(1,\mathrm{e})$内至少有一个实数根.

(二) 提高层次

(时间：110分钟，分数：100分)

1. 填空题(每空2分,共30分)

(1) 函数$y=\sqrt{1-x}+\arcsin\dfrac{x+1}{2}$的定义域是________.

(2) $\lim\limits_{x\to\frac{\pi}{4}}\left(x-\dfrac{\pi}{4}\right)\tan x=$________.

(3) $\lim\limits_{x\to 0}(1-3x)^{\frac{1}{2x}}=$________.

(4) $\lim\limits_{x\to\infty}x\sin\dfrac{1}{2x}=$________.

(5) 设函数$f(x)=\begin{cases}\dfrac{\sin 2x}{x} & x>0\\ x^2+a & x\leqslant 0\end{cases}$在$x=0$处连续，则$a=$________.

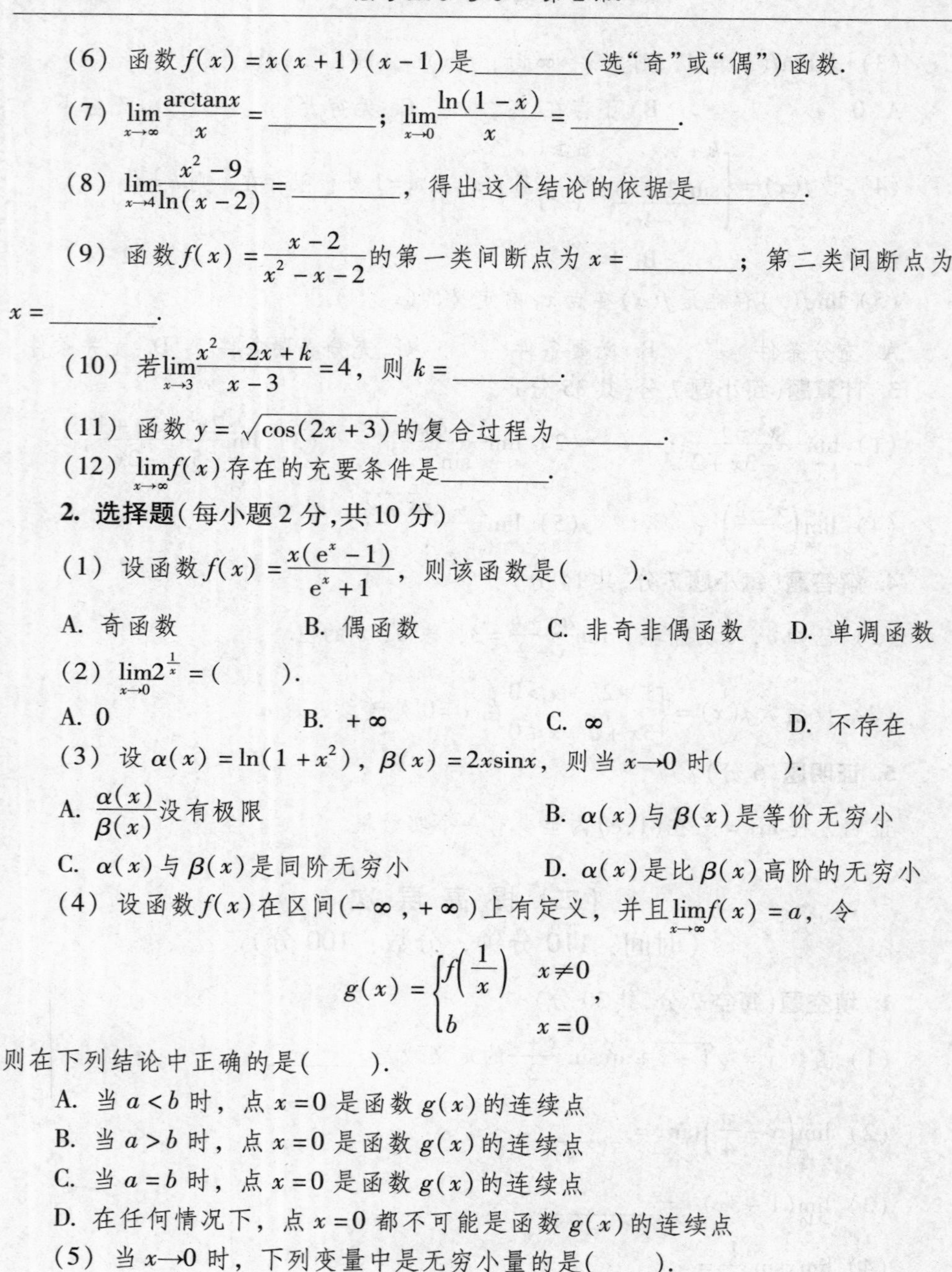

(6) 函数 $f(x)=x(x+1)(x-1)$ 是______(选"奇"或"偶")函数.

(7) $\lim\limits_{x\to\infty}\dfrac{\arctan x}{x}=$______；$\lim\limits_{x\to 0}\dfrac{\ln(1-x)}{x}=$______.

(8) $\lim\limits_{x\to 4}\dfrac{x^2-9}{\ln(x-2)}=$______，得出这个结论的依据是______.

(9) 函数 $f(x)=\dfrac{x-2}{x^2-x-2}$ 的第一类间断点为 $x=$______；第二类间断点为 $x=$______.

(10) 若 $\lim\limits_{x\to 3}\dfrac{x^2-2x+k}{x-3}=4$，则 $k=$______.

(11) 函数 $y=\sqrt{\cos(2x+3)}$ 的复合过程为______.

(12) $\lim\limits_{x\to\infty}f(x)$ 存在的充要条件是______.

2. 选择题(每小题 2 分,共 10 分)

(1) 设函数 $f(x)=\dfrac{x(e^x-1)}{e^x+1}$，则该函数是(　　).

A. 奇函数　　B. 偶函数　　C. 非奇非偶函数　　D. 单调函数

(2) $\lim\limits_{x\to 0}2^{\frac{1}{x}}=$(　　).

A. 0　　B. $+\infty$　　C. ∞　　D. 不存在

(3) 设 $\alpha(x)=\ln(1+x^2)$，$\beta(x)=2x\sin x$，则当 $x\to 0$ 时(　　).

A. $\dfrac{\alpha(x)}{\beta(x)}$ 没有极限　　B. $\alpha(x)$ 与 $\beta(x)$ 是等价无穷小

C. $\alpha(x)$ 与 $\beta(x)$ 是同阶无穷小　　D. $\alpha(x)$ 是比 $\beta(x)$ 高阶的无穷小

(4) 设函数 $f(x)$ 在区间 $(-\infty,+\infty)$ 上有定义，并且 $\lim\limits_{x\to\infty}f(x)=a$，令

$$g(x)=\begin{cases} f\left(\dfrac{1}{x}\right) & x\neq 0 \\ b & x=0 \end{cases},$$

则在下列结论中正确的是(　　).

A. 当 $a<b$ 时，点 $x=0$ 是函数 $g(x)$ 的连续点

B. 当 $a>b$ 时，点 $x=0$ 是函数 $g(x)$ 的连续点

C. 当 $a=b$ 时，点 $x=0$ 是函数 $g(x)$ 的连续点

D. 在任何情况下，点 $x=0$ 都不可能是函数 $g(x)$ 的连续点

(5) 当 $x\to 0$ 时，下列变量中是无穷小量的是(　　).

A. $x^2\cos\dfrac{1}{x}$　　B. $\dfrac{1}{x}\sin x$　　C. $\ln x^2$　　D. 2^x

3. 计算题(每小题 7 分,共 42 分)

(1) $\lim\limits_{x\to+\infty}\frac{x}{2}[\ln(1+x)-\ln x]$;

(2) $\lim\limits_{n\to\infty}\left(\frac{1}{\sqrt{n^2+1}}+\frac{1}{\sqrt{n^2+2}}+\cdots+\frac{1}{\sqrt{n^2+n}}\right)$;

(3) $\lim\limits_{x\to\infty}\left(\frac{2x+1}{2x-1}\right)^x$;

(4) $\lim\limits_{x\to 0}\frac{\sqrt{1+\tan x}-\sqrt{\sin x+1}}{x^3}$;

(5) $\lim\limits_{x\to 0}\frac{e^{3x^2}-1}{x\ln(1+x)}$;

(6) $\lim\limits_{n\to\infty}\sqrt{n}(\sqrt{n+1}-\sqrt{n-1})$.

4. 解答题(每小题 6 分,共 12 分)

(1) 设 $f(x)=\begin{cases}2^{\frac{1}{x}}-1 & x<0\\ \frac{x}{\tan x} & x>0\end{cases}$,讨论$\lim\limits_{x\to 0}f(x)$.

(2) 若$\lim\limits_{x\to\infty}\left(\frac{x^2-2}{x-1}-ax-b\right)=0$,求常数 a, b 的值.

5. 证明题(6 分)

证明方程 $2^x=4x$ 在$\left(0,\frac{1}{2}\right)$内至少有一个实根.

参考答案

(一) 基础层次

1. (1) $(0,1)\cup(1,+\infty)$; (2) 0, 1; (3) $y=u^2$, $u=\tan v$, $v=5x+3$; (4) 奇; (5) -1, $\frac{5}{2}$; (6) $\frac{2\pi}{15}$; (7) $-\frac{1}{2}$; (8) $\frac{1}{2}$; (9) $f(x_0-0)=f(x_0+0)=A$; (10) $\sin(2^x+5)$, $2^{\sin(x+5)}$; (11) $-\infty$, $+\infty$.

2. (1) C; (2) A; (3) D; (4) C; (5) D.

3. (1) -2; (2) $\frac{1}{2}$; (3) $\frac{2}{5}$; (4) e^{-2}; (5) $\frac{1}{4}$.

4. (1) $a=3$, $b=-6$; (2) $a=2$.

5. 略.

(二) 提高层次

1. (1) $[-3,1]$; (2) 0; (3) $e^{-\frac{3}{2}}$; (4) $\frac{1}{2}$; (5) 2; (6) 奇; (7) 0, -1; (8) $\frac{7}{\ln 2}$,连续函数在连续点极限等于它在这点的函数值; (9) 2, -1;

(10) -3；(11) $y=\sqrt{u}$，$u=\cos v$，$v=2x+3$；(12) $\lim\limits_{x\to-\infty}f(x)=\lim\limits_{x\to+\infty}f(x)=A$.

2. (1) B；(2) D；(3) C；(4) C；(5) A.

3. (1) $\frac{1}{2}$；(2) 1；(3) e；(4) $\frac{1}{4}$；(5) 3；(6) 1.

4. (1) 不存在；(2) $a=1$，$b=1$.

5. 略.

第二章　导数与微分

一、知识剖析

（一）知识网络

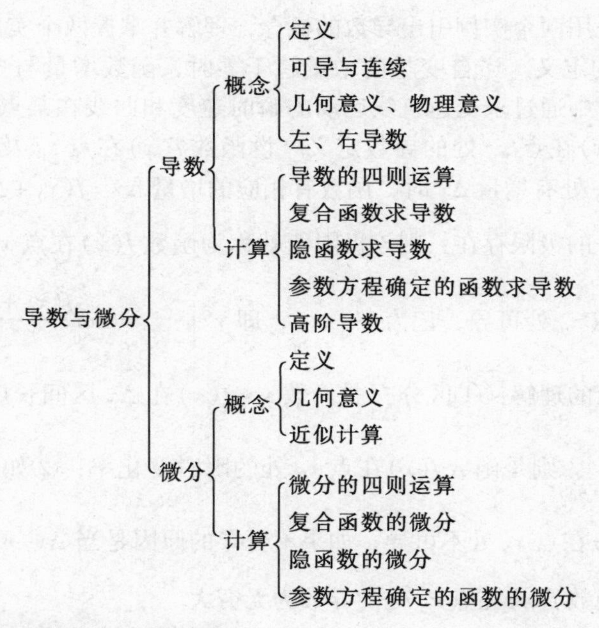

（二）知识重点与学习要求

1）理解导数和导函数的概念，会用导数的定义求常用函数的导数；理解导数的物理意义和几何意义，并掌握利用它求物体在任意时刻的瞬时速度和曲线的切线与法线方程；了解可导与连续的关系；了解左、右导数的概念并会计算.

2）熟练掌握求导基本公式和基本求导法则；理解并掌握复合函数的求导公式，这是本章难点.

3）理解函数微分的概念，掌握函数微分的表示形式；了解可导与可微的关系；熟练掌握函数微分的基本公式、四则运算法则和复合函数微分的计算；了解利用微分进行近似计算的方法.

4）掌握隐函数求导的方法及对数求导法；掌握参数方程所确定函数的求导方法.

5）理解高阶导数的概念；熟练掌握函数的二阶导数的计算；理解二阶导数的物理意义；会求一些函数的 n 阶导数(特指导数有规律的函数的 n 阶导数).

（三）概念理解与方法掌握

导数和微分是微分学中两个最基本的概念. 导数反映了函数值随着自变量变化的快慢程度，即函数的瞬时变化率. 微分反映了当自变量有微小改变时，相应的函数值变化量的近似值.

1. 导数的概念

教材中首先用两个实例引出导数的概念，理解并掌握两个实例的本质含义.

（1）导数的定义　当自变量的增量趋于零时，函数增量与自变量增量的比值的极限. 教材中通过求变速直线运动的瞬时速度和曲线在某点处切线的斜率，引出函数 $y=f(x)$ 在点 x_0 处的导数定义. 设函数 $f(x)$ 在点 x_0 及其近旁有定义，当自变量 x 在 x_0 处有增量 Δx 时，函数有相应的增量 $\Delta y=f(x_0+\Delta x)-f(x_0)$. 当 $\Delta x\to 0$ 时，若 $\frac{\Delta y}{\Delta x}$ 的极限存在，则该极限值就称为函数 $f(x)$ 在点 x_0 处的导数，并称函数 $f(x)$ 在点 x_0 处可导，记为 $y'\Big|_{x=x_0}$，即 $y'\Big|_{x=x_0}=\lim\limits_{\Delta x\to 0}\frac{f(x_0+\Delta x)-f(x_0)}{\Delta x}$.

对导数概念的理解：①区分 $\frac{\Delta y}{\Delta x}$ 是函数 $y=f(x)$ 在 Δx 区间长度上的平均变化率，而导数 $y'\Big|_{x=x_0}$ 则是函数 $f(x)$ 在点 x_0 处的瞬时变化率；②如果极限 $\lim\limits_{\Delta x\to 0}\frac{\Delta y}{\Delta x}$ 不存在，则称 $f(x)$ 在点 x_0 处不可导；如果不可导的原因是当 $\Delta x\to 0$ 时，$\frac{\Delta y}{\Delta x}\to\infty$ 所引起的，则称函数 $f(x)$ 在点 x_0 处的导数为无穷大.

世界上万事万物都在不断地变化，只要有变化就有变化率，所以说导数无处不在. 例如，电工学中的电流，管理学中的边际成本、边际收益、边际利润等概念都会涉及导数.

紧接着讨论函数在某个区间内可导的问题，给出导函数 y' 的概念. 如果函数 $y=f(x)$ 在区间 (a,b) 内的每一点都可导，则称函数 $y=f(x)$ 在区间 (a,b) 内可导. 这时，对于区间 (a,b) 内的每一个确定的 x 值，都有唯一的导数值 $f'(x)$ 与之对应，即 $f'(x)=\lim\limits_{\Delta x\to 0}\frac{f(x+\Delta x)-f(x)}{\Delta x}$，所以 $f'(x)$ 也是 x 的函数，称为 $f(x)$ 在 (a,b) 内的导函数，记作 y'.

（2）函数可导性与连续性的关系　如果函数在某一点 x_0 处可导，则它在点

x_0 处连续. 需要注意的是，可导必连续，反之不一定成立.

(3) 基本初等函数的导数公式

$(C)'=0$，$(x^{\mu})'=\mu x^{\mu-1}$ $(\mu\in\mathbf{R})$，$(\sin x)'=\cos x$，$(\cos x)'=-\sin x$，$(\log_a x)'=\frac{1}{x\ln a}$，$(\ln x)'=\frac{1}{x}$，$(a^x)'=a^x\ln a$ $(a>0, a\neq 1)$，$(e^x)'=e^x$.

在运算中可以直接使用这些公式，无须推导.

(4) 左、右导数的概念　如果当 $\Delta x\to 0^+$(或 $\Delta x\to 0^-$)时，$\frac{\Delta y}{\Delta x}$的极限存在，那么就称此极限为 $f(x)$ 在点 x_0 处的右导数(或左导数)，记作 $f'_+(x_0)$(或 $f'_-(x_0)$).

$f(x)$在点 x_0 处可导的充分必要条件是：$f(x)$在点 x_0 处左、右导数存在且相等，即 $f'(x_0)=A\Leftrightarrow f'_+(x_0)=f'_-(x_0)=A$.（计算中经常用到此性质）

此处涉及分段函数在分界点处的导数值是否存在的问题，因为分段函数在分界点处的左、右导数值可能不同.

(5) 导数的物理意义和几何意义　利用导数可以解决很多实际问题，如利用导数定义可以求变速直线运动的瞬时速度和曲线在某点处切线的斜率. 我们将求瞬时速度称为导数的物理意义，将求切线的斜率称为导数的几何意义.

如果函数 $y=f(x)$ 表示一条曲线，则导数 $y'=f'(x)$ 就等于该曲线在点$(x, f(x))$处的切线斜率，这就是导数的几何意义. 例如，曲线 $y=f(x)$ 在点 $M(x_0, f(x_0))$处的切线斜率 $k=f'(x_0)$，根据直线的点斜式方程，得到曲线在点 $M(x_0, f(x_0))$处的切线方程为 $y-f(x_0)=f'(x_0)(x-x_0)$，法线方程为 $y-f(x_0)=-\frac{1}{f'(x_0)}(x-x_0)$.

如果函数 $s=f(t)$ 表示某一变速直线运动的运动规律，那么导数 $s'(t)=f'(t)$ 就是质点在时刻 t 的瞬时速度，这就是导数的物理意义.

2. 求导法则和基本求导公式

(1) 函数的四则运算求导法则　当 $u=u(x)$，$v=v(x)$ 都是 x 的可导函数时，法则成立.

(2) 基本初等函数的导数公式　共 16 个公式，见教材第 52 页，一定要熟记.

(3) 复合函数求导法则(链式法则)　可理解为对于复合函数 $y=f(g(x))$ 求导，首先看它能分解为几个初等函数，然后对这几个初等函数分别求导后再相乘，即为此复合函数的导数. 如 $y=f(g(x))$ 可分解为 $y=f(u)$，$u=g(x)$，则 $y'=f'_u(u)g'(x)$，再把 u 代换为 $g(x)$ 即可.

例如，$y=e^{-x}$，求导公式中找不到它，它为复合函数，可分解为：$y=e^u$，

$u=-x$. 所以，它的导数为 $y'=(e^u)'_u(-x)'_x=e^u(-1)=-e^{-x}$.

注意：$(e^u)'_u$ 的意思是以 u 为自变量求导.

3. 函数的微分

（1）微分的概念　微分研究的是当自变量有微小变化时，相应的函数值变化的问题. 教材中由金属薄板受热膨胀面积的变化为例，引出函数在某点处微分的概念.

1）函数在某一点处的微分. 设函数 $y=f(x)$ 在点 x_0 处可导，则称 $f'(x_0)\Delta x$ 为函数 $y=f(x)$ 在点 x_0 处的微分，记为 $\mathrm{d}y\Big|_{x=x_0}$ 或 $\mathrm{d}f(x)\Big|_{x=x_0}$，此时称函数 $y=f(x)$ 在点 x_0 处可微. 如果函数在区间 (a,b) 内每一点都可微，则称函数在区间 (a,b) 内可微.

2）函数的微分. 函数在任一点 x 的微分，称为函数的微分，记为：$\mathrm{d}y=f'(x)\Delta x$ 或 $\mathrm{d}f(x)=f'(x)\Delta x$.

3）导数与微分的区别与联系. 由微分定义可以看出，导数与微分存在着某种联系，通过计算可知，自变量的微分 $\mathrm{d}x=\Delta x$，则微分表达式中可用 $\mathrm{d}x$ 代替 Δx，即 $\mathrm{d}y=f'(x)\mathrm{d}x$. 由此可见，$f'(x)=\dfrac{\mathrm{d}y}{\mathrm{d}x}$，即函数的导数等于函数微分 $\mathrm{d}y$ 与自变量微分 $\mathrm{d}x$ 的商，所以导数又称为微商.

但是导数与微分本质不同，导数是讨论变化率问题，而微分是讨论函数值的变化问题，两者只是在计算上有联系.

（2）微分的几何意义　从图 2-1 中很容易看出，自变量的改变量 Δx 越小，函数值的改变量 Δy 与函数的微分 $\mathrm{d}y$ 越接近. 所以当 Δx 很小时，可以用函数的微分代替函数值的改变量，即在小范围内“以直代曲”. 这种方法应该掌握，在定积分概念的推导过程中还要用到.

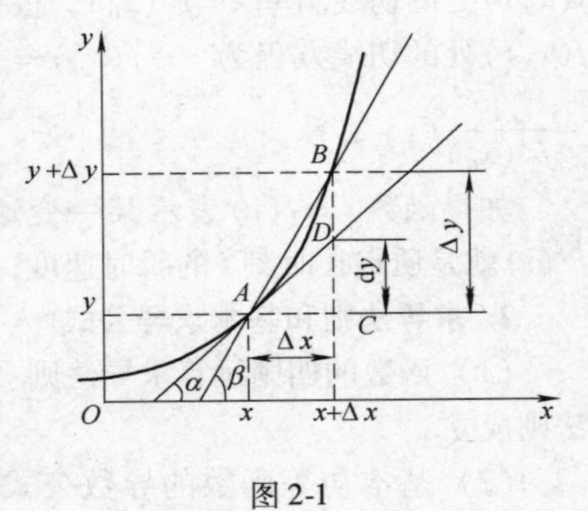

图 2-1

（3）微分的基本公式　与导数公式类似，记住了导数公式，此公式就自然记住了.

（4）微分的四则运算法则　注意观察它与导数公式的相似之处，可仿照导数的四则运算法则记住它.

（5）复合函数的微分

1）利用微分的定义 $\mathrm{d}y=f'(x)\mathrm{d}x$ 来计算.

2）设 $y=f(u)$，$u=\varphi(x)$，则复合函数 $y=f(\varphi(x))$ 的微分为

$$dy = f'(\varphi(x))d\varphi(x).$$

（6）微分在近似计算中的应用　微分的引入就是为了解决函数微小变化的，故常用微分公式计算函数值的近似值.

设函数 $y=f(x)$，当自变量 x 在点 x_0 处有微小变化 Δx 时，相应的函数值的改变量 Δy 可以用函数的微分 dy 来近似代替，即 $\Delta y \approx dy$，也即 $f(x_0+\Delta x)-f(x_0)\approx f'(x_0)\Delta x$（此式常用来计算函数改变量的近似值）. 将上式变形得 $f(x_0+\Delta x)\approx f(x_0)+f'(x_0)\Delta x$（此式常用来计算函数在点 x_0 附近的函数值的近似值）.

了解一些工程上常用的近似公式（当 $|x|$ 很小时）：①$e^x \approx 1+x$；②$\ln(1+x)\approx x$；③$\sin x\approx x$；④$\tan x\approx x$；⑤$\sqrt[n]{1+x}\approx 1+\frac{x}{n}$；⑥$\arcsin x\approx x$.

4. 隐函数的导数和由参数方程所确定函数的导数

（1）隐函数的定义　若因变量 y 与自变量 x 的关系是由一个含有 x，y 的方程 $F(x,y)=0$ 所确定的，则这种由方程 $F(x,y)=0$ 所确定的 y 与 x 之间的函数关系叫作隐函数. 隐函数是相对于显函数而言的，前面学习的因变量 y 与自变量 x 的关系由函数式 $y=f(x)$ 所确定的函数称为显函数.

（2）隐函数求导法则　隐函数与显函数只是在表现形式上不同，有的隐函数可以化成显函数，所以可以将其化成显函数后再求导，但是有的隐函数则不可以化成显函数. 所以我们给出隐函数特有的求导法则如下：

1）在给定的方程两边分别对 x 求导数，遇到 y 时看成 x 的函数，y 的函数看成 x 的复合函数；

2）从1)所得式中解出 y' 即可.

（3）对数求导法　若所给函数是幂指函数的形式，即 $y=f(x)^{g(x)}$，或是幂、积、商等很复杂的式子，这些函数虽是显函数，但直接求导很麻烦，可先用两边取对数的方法化为隐函数，然后按隐函数求导法则求出原函数的导数.

（4）由参数方程所确定函数的导数　设参数方程 $\begin{cases}x=\varphi(t)\\y=\psi(t)\end{cases}$ 可以确定 y 与 x 之间的函数关系，其求导方法既可以通过将中间变量 t 消去，化成一般的函数 $y=f(x)$ 求解，也可以通过以下方法求解

$$\frac{dy}{dx}=\frac{\psi'(t)}{\varphi'(t)}.$$

5. 高阶导数

（1）高阶导数的定义及求法

1）定义：若函数 $y=f(x)$ 的导数 $y'=f'(x)$ 仍是 x 的可导函数，则可继续求它的导数，这相当于对函数 $y=f(x)$ 求了两次导数，称为 $y=f(x)$ 的二阶导数，记作 y'' 或 $f''(x)$ 或 $\frac{d^2y}{dx^2}$. 以此类推，函数的三阶导数为 y''' 或 $f'''(x)$ 或 $\frac{d^3y}{dx^3}$……一般

地，$y=f(x)$的 n 阶导数记作 $y^{(n)}$ 或 $f^{(n)}(x)$ 或 $\frac{d^n y}{dx^n}$. 二阶及二阶以上的导数称为高阶导数.

2）求函数的高阶导数，只需对函数进行多次求导即可.

（2）二阶导数的物理意义　速度是路程对时间的变化率，而加速度是速度对时间的变化率，即路程对时间的一阶导数是速度，速度对时间的一阶导数是加速度，所以路程对时间的二阶导数就是加速度. 这就是二阶导数的物理意义.

6. 本章用到的计算方法总结

本章涉及的计算主要是求函数的导数和函数的微分.

（1）求导数需要牢记：①函数的四则运算求导法则和基本函数求导公式（16个）；②隐函数求导法则和由参数方程确定的函数的求导法则；③复合函数的链式求导法则.

（2）求微分　在求函数的导数的基础上，记住 $dy=f'(x)dx$ 即可. 对于复合函数求微分除上述方法外，还可以使用一阶微分形式不变性解决. 例如，求 $y=\sin(5x+3)$ 的微分.

解法 1：根据微分定义 $dy=[\sin(5x+3)]'dx=5\cos(5x+3)dx$.

解法 2：根据微分的基本法则和一阶微分形式不变性

$$dy=d\sin(5x+3)=\cos(5x+3)d(5x+3)=5\cos(5x+3)dx.$$

（3）高阶导数　求几阶导数就是求几次导数，主要掌握求二阶导数（包括隐函数和参数方程确定的函数的二阶导数）和 n 阶导数（特指可以归纳出规律的 n 阶导数）.

二、例题解析

例 1　判断题.

（1）$\left(\sin\frac{\pi}{3}\right)'=\cos\frac{\pi}{3}$.　（　）

（2）$(a^x)'=xa^{x-1}$.　（　）

（3）函数 $y=f(x)$ 在点 x_0 处可导，则曲线在 x_0 处的切线存在.　（　）

（4）函数 $y=f(x)$ 在点 x_0 处不可导，则曲线在 x_0 处的切线不存在.　（　）

（5）连续函数的导数必存在.　（　）

（6）函数在一点不连续，则在这点不可导.　（　）

解　（1）×，因为 $\left(\sin\frac{\pi}{3}\right)'=0$；（2）×，因为 $(a^x)'=a^x\ln a$；（3）√；（4）×，如 $y=x^{\frac{2}{3}}$，其导数为 $y'=\frac{2}{3\sqrt[3]{x}}$，在 $x=0$ 点处不可导，在 $x=0$ 处切线为

y 轴；（5）×，如 $y=\sqrt[3]{x}$ 在 $x=0$ 处连续，但不可导（自己求一下 y' 即可看出）；（6）√.

例 2　求下列函数的导数.

（1）$y=x^{\frac{2}{3}}$；　（2）$y=\frac{1}{\sqrt[3]{x}}$；

（3）$y=\frac{3^x}{2^x}$；　（4）$y=5^x\cdot 2^x$；

（5）$y=6x^2+\frac{2}{x^3}-2^x+4\cos x$　（6）$y=(1+2x)(5x^2-4x+1)$；

（7）$y=x^5\sin x$；　（8）$y=3x\ln x\sin x$；

（9）$y=\frac{5x^3-2x+7}{\sqrt{x}}$.

解　分析：利用基本初等函数的求导公式，个别习题要进行必要的变形后再用公式.

（1）$y'=\frac{2}{3}x^{\frac{2}{3}-1}=\frac{2}{3}x^{-\frac{1}{3}}=\frac{2}{3\sqrt[3]{x}}$.

（2）因为 $y=\frac{1}{\sqrt[3]{x}}=x^{-\frac{1}{3}}$，所以 $y'=-\frac{1}{3}x^{-\frac{4}{3}}=-\frac{1}{3x\sqrt[3]{x}}$.

（3）因为 $y=\frac{3^x}{2^x}=\left(\frac{3}{2}\right)^x$，所以 $y'=\left(\frac{3}{2}\right)^x\ln\frac{3}{2}$.

（4）因为 $y=5^x\cdot 2^x=10^x$，所以 $y'=10^x\ln 10$.

（5）因为 $y=6x^2+\frac{2}{x^3}-2^x+4\cos x=6x^2+2x^{-3}-2^x+4\cos x$，所以

$$y'=12x-6x^{-4}-2^x\ln 2-4\sin x=12x-\frac{6}{x^4}-2^x\ln 2-4\sin x.$$

（6）$y'=(1+2x)'(5x^2-4x+1)+(1+2x)(5x^2-4x+1)'$
$=2(5x^2-4x+1)+(1+2x)(10x-4)=30x^2-6x-2$.

（7）$y'=5x^4\sin x+x^5\cos x$.

（8）$y'=3\ln x\sin x+3x\frac{1}{x}\sin x+3x\ln x\cos x$
$=3\ln x\sin x+3\sin x+3x\ln x\cos x$.

（9）因为 $y=\frac{5x^3-2x+7}{\sqrt{x}}=5x^{\frac{5}{2}}-2x^{\frac{1}{2}}+7x^{-\frac{1}{2}}$，所以

$$y'=\frac{25}{2}x^{\frac{3}{2}}-x^{-\frac{1}{2}}-\frac{7}{2}x^{-\frac{3}{2}}=\frac{25}{2}x\sqrt{x}-\frac{1}{\sqrt{x}}-\frac{7}{2x\sqrt{x}}.$$

例 3　若函数 $f(x)=\begin{cases}x^2 & x\leqslant 1\\ ax+b & x>1\end{cases}$ 在点 $x=1$ 处可导，试确定 a，b 的值.

解　分析：本题涉及分段函数，分段函数在分界点处是否可导，需要分别求出函数在该点处的左、右导数，并要求左、右导数相等.

因为由已知函数在点 $x=1$ 处可导，所以在点 $x=1$ 处的左、右导数相等.

右导数：

$$f'_{+}(1)=\lim_{\Delta x\to 0^{+}}\frac{f(1+\Delta x)-f(1)}{\Delta x}=\lim_{\Delta x\to 0^{+}}\frac{a(1+\Delta x)+b-a-b}{\Delta x}=\lim_{\Delta x\to 0^{+}}\frac{a\Delta x}{\Delta x}=a.$$

左导数：

$$f'_{-}(1)=\lim_{\Delta x\to 0^{-}}\frac{f(1+\Delta x)-f(1)}{\Delta x}=\lim_{\Delta x\to 0^{-}}\frac{(1+\Delta x)^2-1}{\Delta x}=\lim_{\Delta x\to 0^{-}}(2+\Delta x)=2.$$

所以，$a=2$.

又因为可导必连续，所以函数在该点也连续，即函数在该点的左极限等于右极限. 左极限 $\lim\limits_{x\to 1^{-}}f(1)=1$，右极限 $\lim\limits_{x\to 1^{+}}f(1)=a+b=2+b$，由 $1=2+b$ 得，$b=-1$.

例 4　求下列复合函数的导数和微分.

（1）$y=(x^2-3x+5)^4$；（2）$y=\dfrac{1}{1+2x}$；（3）$y=\sqrt{5-4x^2}$；

（4）$y=\ln\sin x$；（5）$y=\cos^3(3-5x)$；（6）$y=2^{\sin x}$；

（7）$y=\ln(x^2+\sqrt{x})$；（8）$y=\mathrm{e}^{-x}\tan 3x$；（9）$y=x\arccos x-\sqrt{1-x^2}$.

解　分析：本题利用复合函数的链式求导法则及函数微分与导数的关系.

（1）因为 $y'=4(x^2-3x+5)^3(x^2-3x+5)'=4(x^2-3x+5)^3(2x-3)$，所以 $\mathrm{d}y=4(x^2-3x+5)^3(2x-3)\mathrm{d}x$.

（2）此题可先将原式变形，得

$$y=\frac{1}{1+2x}=(1+2x)^{-1}.$$

因为 $y'=-2(1+2x)^{-2}=-\dfrac{2}{(1+2x)^2}$，所以 $\mathrm{d}y=-\dfrac{2}{(1+2x)^2}\mathrm{d}x$.

（3）原式变形为 $y=\sqrt{5-4x^2}=(5-4x^2)^{\frac{1}{2}}$.

因为 $y'=\dfrac{1}{2}(5-4x^2)^{-\frac{1}{2}}(5-4x^2)'=\dfrac{1}{2}(5-4x^2)^{-\frac{1}{2}}(-8x)=-\dfrac{4x}{\sqrt{5-4x^2}}$，所以 $\mathrm{d}y=-\dfrac{4x}{\sqrt{5-4x^2}}\mathrm{d}x$

（4）因为 $y'=\dfrac{1}{\sin x}(\sin x)'=\dfrac{\cos x}{\sin x}=\cot x$，所以 $\mathrm{d}y=\cot x\mathrm{d}x$.

（5）因为 $y'=3\cos^2(3-5x)[\cos(3-5x)]'$

$$=[-3\cos^2(3-5x)\sin(3-5x)](3-5x)'$$
$$=15\cos^2(3-5x)\sin(3-5x),$$

所以 $dy=15\cos^2(3-5x)\sin(3-5x)dx$.

（6）因为 $y'=2^{\sin x}\ln2(\sin x)'=2^{\sin x}\cos x\ln2$，所以 $dy=2^{\sin x}\cos x\ln2dx$.

（7）因为 $y'=\dfrac{1}{x^2+\sqrt{x}}(x^2+\sqrt{x})'=\dfrac{1}{x^2+\sqrt{x}}\left(2x+\dfrac{1}{2\sqrt{x}}\right)$

$$=\frac{1}{x^2+\sqrt{x}}\left(\frac{4x\sqrt{x}+1}{2\sqrt{x}}\right)=\frac{4x\sqrt{x}+1}{2x^2\sqrt{x}+2x},$$

所以 $dy=\dfrac{4x\sqrt{x}+1}{2x^2\sqrt{x}+2x}dx$.

（8）因为 $y'=-e^{-x}\tan3x+3e^{-x}\sec^23x$，所以

$$dy=(-e^{-x}\tan3x+3e^{-x}\sec^23x)dx.$$

（9）因为 $y'=\arccos x-\dfrac{x}{\sqrt{1-x^2}}-\dfrac{-2x}{2\sqrt{1-x^2}}=\arccos x$，所以 $dy=\arccos xdx$.

例5　求函数在指定点处的导数值.

（1）$f(x)=\dfrac{1-\sqrt{x}}{1+\sqrt{x}}$，求 $f'(4)$；　（2）$y=\ln\tan x$，求 $y'\left(\dfrac{\pi}{6}\right)$.

分析：本题应求出函数的导函数，再求导函数在某点处的导数值. 个别例题可对原题进行变形后再求导比较方便，如(1).

解　（1）将原式变形为 $f(x)=\dfrac{1-\sqrt{x}}{1+\sqrt{x}}=\dfrac{1-2\sqrt{x}+x}{1-x}$. 因为

$$f'(x)=\frac{(1-2\sqrt{x}+x)'(1-x)-(1-2\sqrt{x}+x)(1-x)'}{(1-x)^2}$$
$$=\frac{\left(-\frac{1}{\sqrt{x}}+1\right)(1-x)+(1-2\sqrt{x}+x)}{(1-x)^2},$$

所以 $f'(4)=\dfrac{\left(-\frac{1}{\sqrt{4}}+1\right)(1-4)+(1-2\sqrt{4}+4)}{(1-4)^2}=-\dfrac{1}{18}$.

（2）因为 $y'=\dfrac{1}{\tan x}\sec^2x$，所以 $y'\left(\dfrac{\pi}{6}\right)=\dfrac{1}{\tan\frac{\pi}{6}}\sec^2\dfrac{\pi}{6}=\dfrac{4\sqrt{3}}{3}$.

例6　求曲线 $y=\dfrac{3x^3-2x+1}{x^2+2}$ 在点 $(-1,0)$ 处的切线方程和法线方程.

分析：由导数的几何意义可知

$$f'(x_0)=\tan\alpha=k \quad \left(\alpha\neq\frac{\pi}{2}\right),$$

由直线的点斜式方程可得，过曲线 $y=f(x)$ 上点 (x_0,y_0) 处的切线方程为

$$y-y_0=f'(x_0)(x-x_0),$$

法线方程为

$$y-y_0=-\frac{1}{f'(x_0)}(x-x_0) \quad (f'(x_0)\neq 0).$$

解　因为 $y'=\dfrac{(3x^3-2x+1)'(x^2+2)-(3x^3-2x+1)(x^2+2)'}{(x^2+2)^2}$

$$=\frac{(9x^2-2)(x^2+2)-(3x^3-2x+1)(2x)}{(x^2+2)^2}=\frac{3x^4+20x^2-2x-4}{(x^2+2)^2},$$

所以 $y'\big|_{x=-1}=\dfrac{7}{3}$. 于是，曲线在点 $(-1,0)$ 的切线方程为

$$y-0=\frac{7}{3}[x-(-1)]，\text{即}\quad 7x-3y+7=0.$$

曲线在点 $(-1,0)$ 的法线方程为

$$y-0=-\frac{3}{7}[x-(-1)]，\text{即}\quad 3x+7y+3=0.$$

例 7　求由下列方程所确定的隐函数的导数 $\dfrac{dy}{dx}$.

(1) $y=x\ln y$；(2) $e^y=xy$；(3) $x\sin y=\cos(x+y)$；(4) $e^y-y\sin x=e$，求 $y'\big|_{x=0}$.

分析：本题利用隐函数的求导法则.

解　(1) 方程两边对 x 求导数，得 $y'=\ln y+\dfrac{x}{y}y'$，解得 $y'=\dfrac{y\ln y}{y-x}$.

(2) 方程两边对 x 求导数，得 $e^y y'=y+xy'$，解得 $y'=\dfrac{y}{e^y-x}$.

(3) 方程两边对 x 求导数，得

$$\sin y+x\cos y\cdot y'=-\sin(x+y)\cdot(1+y'),$$

解得 $y'=-\dfrac{\sin y+\sin(x+y)}{x\cos y+\sin(x+y)}$.

(4) 当 $x=0$ 时，得 $y=1$. 方程两边对 x 求导数，得

$$e^y y'-y'\sin x-y\cos x=0,$$

解得 $y'=\dfrac{y\cos x}{e^y-\sin x}$，所以 $y'\Big|_{x=0,y=1}=\dfrac{1}{e}$.

例 8　求下列函数的导数.

（1）$y=(\ln x)^{\sin x}(x>1)$；　　　（2）$y=\sqrt[3]{\dfrac{x(x^2+1)}{(x^2-1)^2}}$.

分析：本题涉及幂指函数和含有幂、积、商等非常复杂的函数表达式，可利用“对数求导法”求解.

解　（1）两边取自然对数化为隐函数，得

$$\ln y=\sin x\ln(\ln x).$$

上式两边对 x 求导数，得

$$\frac{1}{y}y'=\cos x\ln(\ln x)+\sin x\frac{1}{\ln x}\frac{1}{x},$$

$$y'=y\cos x\ln(\ln x)+\frac{y\sin x}{x\ln x}，即\ y'=(\ln x)^{\sin x}\left[\cos x\ln(\ln x)+\frac{\sin x}{x\ln x}\right].$$

（2）两边取自然对数化为隐函数并化简，得

$$\ln y=\frac{1}{3}\ln[x(x^2+1)]-\frac{2}{3}\ln(x^2-1).$$

两边对 x 求导数，得

$$\frac{1}{y}y'=\frac{1}{3}\frac{1}{x(x^2+1)}(3x^2+1)-\frac{2}{3}\frac{1}{x^2-1}\cdot 2x=\frac{3x^2+1}{3x(x^2+1)}-\frac{4x}{3(x^2-1)},$$

所以

$$y'=\sqrt[3]{\frac{x(x^2+1)}{(x^2-1)^2}}\left[\frac{3x^2+1}{3x(x^2+1)}-\frac{4x}{3(x^2-1)}\right].$$

例 9　求由下列参数方程所确定函数的导数 $\dfrac{dy}{dx}$.

（1）$\begin{cases}x=1-t^2\\y=t-t^3\end{cases}$（$t$ 为参数）；（2）$\begin{cases}x=\ln(1+\theta^2)\\y=\theta-\arctan\theta\end{cases}$（$\theta$ 为参数）.

解

（1）因为 $\dfrac{dy}{dt}=1-3t^2$，$\dfrac{dx}{dt}=-2t$，所以 $\dfrac{dy}{dx}=\dfrac{1-3t^2}{-2t}=\dfrac{3t^2-1}{2t}$.

（2）因为 $\dfrac{dy}{d\theta}=1-\dfrac{1}{1+\theta^2}=\dfrac{\theta^2}{1+\theta^2}$，$\dfrac{dx}{d\theta}=\dfrac{2\theta}{1+\theta^2}$，所以 $\dfrac{dy}{dx}=\dfrac{\theta}{2}$.

例 10　利用微分计算 $\sqrt[5]{0.99}$ 的近似值.

解　方法 1：根据微分求近似值的公式

$$f(x+\Delta x)\approx f(x)+f'(x)\Delta x.$$

本题中 $f(x)=\sqrt[5]{x}$，$x=1$，$\Delta x=-0.01$，$f'(x)=\dfrac{1}{5}x^{-\frac{4}{5}}$，将以上取值代入上式得

$$\begin{aligned}f(0.99)&\approx f(1)+f'(1)\times(-0.01)\\&=1-0.002=0.998.\end{aligned}$$

方法2：利用公式$(1+x)^{\alpha}\approx 1+\alpha x$. 本题中$x=-0.01$，$\alpha=\frac{1}{5}$，将以上取值代入公式中得

$$\sqrt[5]{0.99}\approx 1-\frac{1}{5}\times 0.01=0.998.$$

三、自我测验题

(一) 基础层次

（时间：110分钟，分数：100分）

1. 填空题（每空2分，共20分）

（1）$f(x)$在$x=x_0$处可导，即$f'(x_0)$存在，则$\lim\limits_{\Delta x\to 0}\frac{f(x_0+\Delta x)-f(x_0)}{\Delta x}=$______.

（2）已知物体的运动规律为$s=t^2$（单位：m），则该物体在$t=2$ s时的速度为______.

（3）设$y_1(x)=\sqrt{x^3}$，$y_2(x)=\frac{1}{\sqrt[3]{x}}$，则它们的导数分别为$\frac{dy_1}{dx}=$______，$\frac{dy_2}{dx}=$______.

（4）曲线$y=\sin x$在$x=\frac{2\pi}{3}$处的切线的斜率为______.

（5）设$y=\ln\cos x$，则$y'=$______.

（6）设$f(x)=(x+1)^6$，则$f'''(1)=$______.

（7）设$x^3-2x^2y+5xy^2-5y+1=0$确定了y是x的函数，则$\left.\frac{dy}{dx}\right|_{(1,1)}=$______.

（8）已知$\begin{cases}x=e^t\cos t\\ y=e^t\sin t\end{cases}$，则$\left.\frac{dy}{dx}\right|_{t=\frac{\pi}{3}}=$______.

（9）若$y=f(x)$是可微函数，则当$\Delta x\to 0$时，$\Delta y-dy$是关于Δx的______无穷小.

2. 选择题（每小题2分，共10分）

（1）设函数$y=f(x)$在点x_0处可导，且$f'(x_0)<0$，则曲线$y=f(x)$在点$(x_0,f(x_0))$处的切线的倾斜角是（　　）.

A. 0°　　B. 90°　　C. 锐角　　D. 钝角

（2）已知$f(x)=\sin(ax^2)$，则$f'(a)=$（　　）.

A. $\cos ax^2$　　B. $2a^2\cos a^3$　　C. $a^2\cos ax^2$　　D. $a^2\cos a^3$

(3) 设 $y=\sin x+\cos\frac{\pi}{6}$，则 $y'=($　　$)$.

A. $\sin x$　　B. $\cos x$　　C. $\cos x-\sin\frac{\pi}{6}$　　D. $\cos x+\sin\frac{\pi}{6}$

(4) 下列导函数中正确的是(　　).

A. $(\tan 2x)'=\sec^2 2x$　　B. $(a^x)'=xa^{x-1}$

C. $\left(\cos\frac{1}{x}\right)'=\frac{1}{x^2}\sin\frac{1}{x}$　　D. $(\cot\sqrt{x})'=-\frac{1}{x+1}$

(5) 若 $s=a\cos(2\omega t+\varphi)$，那么 $s'_t=($　　$)$.

A. $-a\sin(2\omega t+\varphi)$　　B. $-2a\omega\sin(2\omega t+\varphi)$

C. $a\sin(2\omega t+\varphi)$　　D. $2a\omega\sin(2\omega t+\varphi)$

3. 计算题(每小题6分,共48分)

(1) $y=x^2\sin x+\cos x$，求 y'；　　(2) $y=a^x x^a$，求 y'；

(3) $y=\sqrt{3+4x}$，求 y'；　　(4) $y=\ln(\tan x)$，求 y'；

(5) $y=(\sin x)^{\frac{1}{x}}$，求 y'；

(6) $x^3-2x^2y^2+5x+y-5=0$，求 $\left.\frac{dy}{dx}\right|_{x=1,y=1}$；

(7) $\begin{cases}x=\sqrt{t^2+1}\\y=t-1\end{cases}$，求 $\frac{dy}{dx}$；　　(8) $y=e^{2x}\sin 3x$，求 y''.

4. 求下列函数的 n 阶导数(每小题5分,共10分)

(1) $y=\ln(x-2)$；　　(2) $y=xe^x$.

5. 计算题(12分)

如果半径为15cm的球的半径伸长2mm，球的体积约扩大多少？

(二) 提高层次

(时间：110分钟，分数：100分)

1. 填空题(每空2分,共20分)

(1) 若函数 $y=f(x)$ 在点 x_0 处的导数 $f'(x_0)=0$，则曲线 $y=f(x)$ 在点 $(x_0,f(x_0))$ 处有________的切线；若 $f'(x_0)=\infty$，则曲线 $y=f(x)$ 在 $(x_0,f(x_0))$ 有________的切线.

(2) 已知曲线 $y=f(x)$ 在 $x=2$ 处的切线的倾斜角为 $\frac{3\pi}{4}$，则 $f'(2)=$________.

(3) 由方程 $2y-x=\sin y$ 确定了 y 是 x 的隐函数，则 $dy=$________.

（4）设 $y=x\ln x$，则 $y''=$ ________.

（5）设物体的运动方程为 $s(t)=at^2+bt+c$（a,b,c 为常数，且 $a\neq0$），当 $t=-\dfrac{b}{2a}$时，物体的速度为________，加速度为________.

（6）设 $f(x)$ 是可导的偶函数，已知 $f'(x_0)=3$，则 $f'(-x_0)=$ ________.

（7）设 $f(\mathrm{e}^x)=\mathrm{e}^{3x}+5\mathrm{e}^x$，则 $\dfrac{\mathrm{d}f(\ln x)}{\mathrm{d}x}=$ ________.

（8）d ________ $=\dfrac{\mathrm{d}x}{\sqrt{1-x}}$.

2. 选择题（每小题2分，共10分）

（1）设 $f(0)=0$ 且极限 $\lim\limits_{x\to0}\dfrac{f(x)}{x}$ 存在，则 $\lim\limits_{x\to0}\dfrac{f(x)}{x}=$（ ）.

A. $f(0)$ B. $f'(0)$ C. $f'(x)$ D. 0

（2）函数 $y=f(x)$ 在 x_0 连续是函数在该点可导的（ ）.

A. 充分条件但不是必要条件 B. 必要条件但不是充分条件

C. 充分必要条件 D. 既非充分又非必要条件

（3）设 $f(x)=\begin{cases}\ln x & x\geqslant1\\ x-1 & x<1\end{cases}$，则 $f(x)$ 在点 $x=1$ 处（ ）.

A. 不连续 B. 连续但不可导 C. $f'(1)=0$ D. $f'(1)=1$

（4）曲线 $y=x\ln x$ 的平行于直线 $x-y+1=0$ 的切线方程是（ ）.

A. $y=-(x+1)$ B. $y=x-1$

C. $y=(\ln x-1)(x-1)$ D. $y=x$

（5）设曲线 $y=x^2-x$ 上点 M 处的切线斜率为1，则 M 点的坐标为（ ）.

A. $(0,1)$ B. $(1,0)$ C. $(1,1)$ D. $(0,0)$

3. 求下列函数的导数和微分（每小题5分，共30分）

（1）$y=x^5+3\log_2x+8$； （2）$y=\dfrac{x^2+2\sqrt{x}+5x\sqrt[3]{x}}{x}$；

（3）$y=3\tan x+\arccos x$； （4）$y=\sin^2x\sin x^2$；

（5）$y=\ln(x-\cos3x)$； （6）$\mathrm{e}^{x+y}-xy=1$.

4. 求下列函数的高阶导数（每小题5分，共10分）

（1）$y=x^3\ln x$，求 y''； （2）$y=\dfrac{1}{x^2-3x+2}$，求 $y^{(n)}$.

5. 解答题（每小10分，共30分）

（1）求曲线 $y=x^3-x+2$ 在点 $(1,2)$ 处的切线和法线方程.

（2）设一质点按运动规律 $s(t)=\sin^2(\omega t+\varphi)$ 做直线运动，求质点在 t 时刻的速度 $v(t)$ 和加速度 $a(t)$.

（3）求函数 $y=5x+x^2$ 当 $x_0=2$，$\Delta x=0.001$ 时的改变量 Δy 和微分 dy.

参考答案

（一）基础层次

1.（1）$f'(x_0)$；（2）4m/s；（3）$\frac{3}{2}\sqrt{x}$，$-\frac{1}{3}x^{-\frac{4}{3}}$；（4）$-\frac{1}{2}$；

（5）$-\tan x$；（6）960；（7）$-\frac{4}{3}$；（8）$-2-\sqrt{3}$；（9）高阶.

2.（1）D；（2）B；（3）B；（4）C；（5）B.

3.（1）$y'=2x\sin x+x^2\cos x-\sin x$；（2）$y'=a^x x^a\ln a+a^{x+1}x^{a-1}$；（3）$y'=\frac{2}{\sqrt{3+4x}}$；（4）$y'=\frac{1}{\tan x}\sec^2 x=\frac{1}{\sin x\cos x}$；（5）$y'=(\sin x)^{\frac{1}{x}}\left(-\frac{1}{x^2}\ln\sin x+\frac{\cos x}{x\sin x}\right)$；

（6）$\left.\frac{dy}{dx}\right|_{x=1,y=1}=\frac{4}{3}$；（7）$\frac{dy}{dx}=\frac{\sqrt{t^2+1}}{t}$；（8）$y''=e^{2x}(12\cos 3x-5\sin 3x)$.

4.（1）$y^{(n)}=(-1)^{(n-1)}(n-1)!\,(x-2)^{-n}$；（2）$y^{(n)}=(n+x)e^x$.

5. 体积约扩大了 565.2cm^3.

（二）提高层次

1.（1）水平，垂直；（2）-1；（3）$\frac{1}{2-\cos y}dx$；（4）$\frac{1}{x}$；（5）0，$2a$；

（6）-3；（7）$\frac{3(\ln x)^2+5}{x}$；（8）$-2\sqrt{1-x}$.

2.（1）B；（2）B；（3）D；（4）B；（5）B.

3.（1）$y'=5x^4+\frac{3}{x\ln 2}$，$dy=\left(5x^4+\frac{3}{x\ln 2}\right)dx$；

（2）$y'=1-\frac{1}{x\sqrt{x}}+\frac{5}{3\sqrt[3]{x^2}}$，$dy=\left(1-\frac{1}{x\sqrt{x}}+\frac{5}{3\sqrt[3]{x^2}}\right)dx$；

（3）$y'=3\sec^2 x-\frac{1}{\sqrt{1-x^2}}$，$dy=\left(3\sec^2 x-\frac{1}{\sqrt{1-x^2}}\right)dx$；

（4）$y'=2\sin x\cos x\sin x^2+2x\sin^2 x\cos x^2$，

$dy=(2\sin x\cos x\sin x^2+2x\sin^2 x\cos x^2)dx$；

（5）$y'=\frac{1}{x-\cos 3x}(1+3\sin 3x)$，$dy=\left[\frac{1}{x-\cos 3x}(1+3\sin 3x)\right]dx$；

（6）$y'=\frac{y-e^{x+y}}{e^{x+y}-x}$，$dy=\frac{y-e^{x+y}}{e^{x+y}-x}dx$；

4.（1）$y''=6x\ln x+5x$；

（2）$y^{(n)}=(-1)^{n}n!\ [\frac{1}{(x-2)^{n+1}}-\frac{1}{(x-1)^{n-1}}]$.

5.（1）切线方程：$y=2x$，法线方程：$x+2y-5=0$.

（2）$v(t)=2\omega\sin(\omega t+\varphi)\cos(\omega t+\varphi)$，$a(t)=2\omega^{2}\cos[2(\omega t+\varphi)]$.

（3）$\Delta y=0.009001$，$dy=0.009$.

第三章　导数的应用

一、知识剖析

（一）知识网络

- 导数的应用
  - 中值定理
    - 罗尔定理
    - 拉格朗日中值定理
  - 洛必达法则
    - 用于求“$\frac{0}{0}$”型未定式极限
    - 用于求“$\frac{\infty}{\infty}$”型未定式极限
    - 其他未定式极限
  - 函数单调性与极值
    - 函数单调性判别定理
    - 函数单调区间与极值的求法
  - 函数最值的求法
    - 函数在闭区间上连续时最值的求法
    - 函数在开区间上连续时最值的求法
    - 应用题中最值的求法
  - 曲线的凹凸与拐点
    - 曲线凹凸性判别定理
    - 函数凹凸区间与拐点的求法
  - 函数图像的描绘
    - 函数水平与垂直渐近线
    - 图像描绘的步骤
  - *曲线的曲率
    - 曲率的计算公式
    - 曲率圆和曲率半径

（二）知识重点与学习要求

1）了解罗尔定理与拉格朗日中值定理；掌握用洛必达法则求“$\frac{0}{0}$”型和“$\frac{\infty}{\infty}$”型未定式的极限，了解其他未定式极限的求法.

2）理解函数极值和驻点的定义；掌握函数单调区间与极值的求法.

3）掌握函数最值的求法，并会利用它来解应用题.

4）理解曲线凹凸和拐点的定义；掌握函数凹凸区间和拐点的求法.

5）掌握函数水平与垂直渐近线的求法；了解函数作图.

6）了解曲率圆、曲率计算公式及曲率在综合题中的应用.

（三）概念理解与方法掌握

1. 罗尔定理、拉格朗日中值定理

名　称	定理内容	几何意义
罗尔定理	如果函数 $f(x)$ 满足： 1）在闭区间 $[a,b]$ 上连续； 2）在开区间 (a,b) 内可导； 3）$f(a)=f(b)$， 那么在 (a,b) 内至少存在一点 ξ（$a<\xi<b$），使得 $f'(\xi)=0$	若连接曲线端点的弦是水平的，则曲线上必有一点，该点的切线是水平的
拉格朗日中值定理	如果函数 $f(x)$ 满足： 1）在闭区间 $[a,b]$ 上连续； 2）在开区间 (a,b) 内可导， 那么在 (a,b) 内至少存在一点 ξ（$a<\xi<b$），使得 $f'(\xi)=\dfrac{f(b)-f(a)}{b-a}$，即 $f(b)-f(a)=f'(\xi)(b-a)$	曲线上总存在一点，该点的切线与连接曲线端点的弦平行

用图例说明两个定理

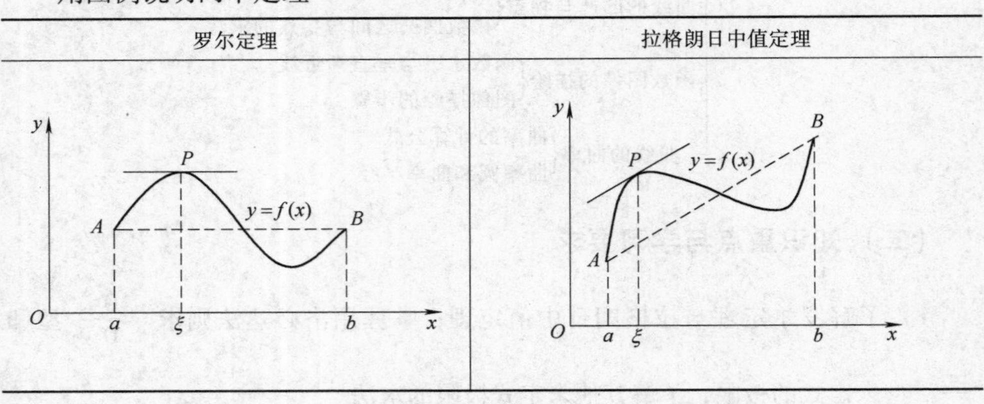

2. 洛必达法则

（1）“$\dfrac{0}{0}$”型和“$\dfrac{\infty}{\infty}$”型未定式

类　型	条　件	结　论
“$\frac{0}{0}$”型	设$f(x)$，$g(x)$在点x_0的左、右近旁有定义，若有： 1）$\lim\limits_{x\to x_0}f(x)=\lim\limits_{x\to x_0}g(x)=0$； 2）$f(x)$，$g(x)$在点$x_0$的左、右近旁可导，且$g'(x)\neq0$； 3）$\lim\limits_{x\to x_0}\frac{f'(x)}{g'(x)}=A$(或无穷大)	$\lim\limits_{x\to x_0}\frac{f(x)}{g(x)}=\lim\limits_{x\to x_0}\frac{f'(x)}{g'(x)}=A$(或无穷大)
“$\frac{\infty}{\infty}$”型	设$f(x)$，$g(x)$在点x_0的左、右近旁有定义，若有： 1）$\lim\limits_{x\to x_0}f(x)=\lim\limits_{x\to x_0}g(x)=\infty$； 2）$f(x)$，$g(x)$在点$x_0$的左、右近旁可导，且$g'(x)\neq0$； 3）$\lim\limits_{x\to x_0}\frac{f'(x)}{g'(x)}=A$(或无穷大)	$\lim\limits_{x\to x_0}\frac{f(x)}{g(x)}=\lim\limits_{x\to x_0}\frac{f'(x)}{g'(x)}=A$(或无穷大)

（2）其他未定式

类　型	方　法
“$0\cdot\infty$”型	把其中一个因子的倒数放在分母上，化成“$\frac{0}{0}$”型或者“$\frac{\infty}{\infty}$”型
“$\infty-\infty$”型	通分成“$\frac{0}{0}$”型或“$\frac{\infty}{\infty}$”型
“1^∞”“0^0”“∞^0”型	$\lim f(x)^{g(x)}=\lim e^{g(x)\ln f(x)}$，其中指数部分为“$0\cdot\infty$”型，利用上述方法可求出其极限

3. 函数的单调性和曲线的凹凸性

（1）可导函数单调性的判别法

定　理	图　例
$y=f(x)$在闭区间$[a,b]$上连续，在开区间(a,b)内可导， 1）$f'(x)>0$，$x\in(a,b)$，则$f(x)$在$[a,b]$上单调增加	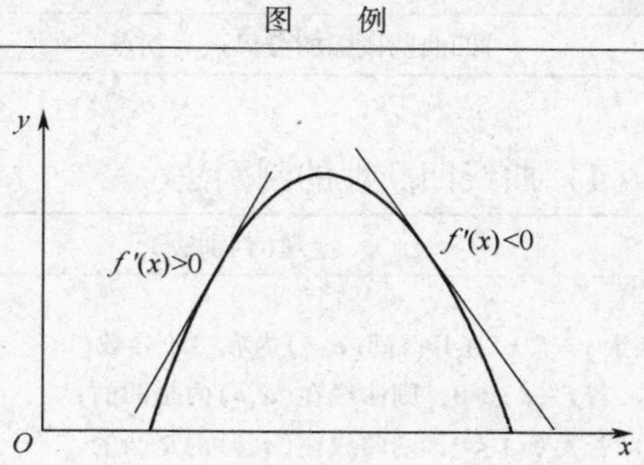 y $f'(x)>0$ $f'(x)<0$ O　x

（续）

定　理	图　例
2）$f'(x)<0$，$x\in(a,b)$，则$f(x)$在$[a,b]$上单调减少 定理中的闭区间$[a,b]$可以换成开区间、半开半闭、无穷区间等任意区间	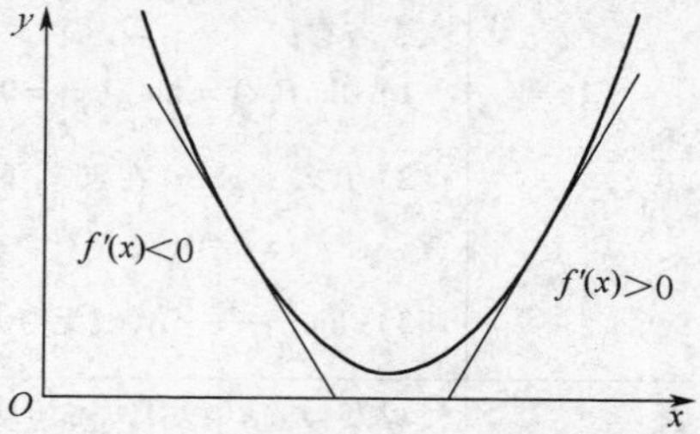 $f'(x)<0$　$f'(x)>0$

（2）讨论函数$f(x)$单调区间的一般步骤

1）确定函数$f(x)$的定义域；

2）在定义域内求$f'(x)$，求出驻点（$f'(x)=0$的点）及$f'(x)$不存在的点，用这些点把定义域分成若干个小区间；

3）列表讨论$f'(x)$在各个区间的符号，判断出$f(x)$的单调区间；

4）写出结论.

（3）曲线凹凸性的描述性定义

定　义	图　例
曲线在开区间(a,b)内各点都有切线. 若曲线弧都在切线的下方，则称曲线在(a,b)内是凸的，区间(a,b)为凸区间	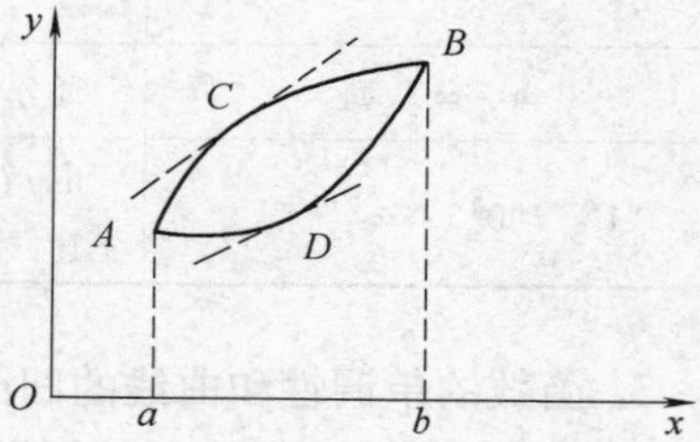 y　B　C　A　D　O　a　b　x
曲线在开区间(a,b)内各点都有切线. 若曲线弧都在切线的上方，则称曲线在(a,b)内是凹的，区间(a,b)为凹区间	
凹凸两段弧的分界点为拐点	

（4）曲线凹凸性的判别法

定理（判别法）	说　明
函数$y=f(x)$在开区间(a,b)内有二阶导数， 1）若$f''(x)>0$，则曲线在(a,b)内是凹的； 2）若$f''(x)<0$，则曲线在(a,b)内是凸的	曲线凹⇔切线斜率单增 曲线凸⇔切线斜率单减

（5）讨论曲线$f(x)$凹凸性和拐点的一般步骤

1）确定函数$f(x)$的定义域；

2）在定义域内求出$f''(x)=0$及$f''(x)$不存在的点，用这些点将定义域分成若干个小区间；

3）列表讨论$f''(x)$在各个区间的符号，判断曲线的凹凸性；

4）写出结论. 注意：拐点要写点的坐标$(x_0,f(x_0))$.

4. 函数的极值与最值

（1）极值和极值点

定　义	说　明
设函数$y=f(x)$在点x_0及其近旁有定义，若对于点x_0近旁任意点$x\ (x\neq x_0)$，都有 1）$f(x)<f(x_0)$成立，则称$f(x_0)$为函数的一个极大值，点x_0叫作函数的一个极大值点； 2）$f(x)>f(x_0)$成立，则称$f(x_0)$为函数的一个极小值，点x_0叫作函数的一个极小值点	1）极值是一个局部性概念 2）函数在指定区间内可能没有极值，也可能有一个或者多个极值，且某处的极大值可能小于另一处的极小值 3）极值一定在区间内部取得

（2）最大值、最小值

定　义	说　明
设函数$y=f(x)$是$[a,b]$上的连续函数，点x_0处的函数值$f(x_0)$与区间上其余各点$x\ (x\neq x_0)$的函数值$f(x)$相比较，都有 1）$f(x)\leqslant f(x_0)$成立，则称$f(x_0)$为函数在$[a,b]$上的最大值，称点x_0为此函数在$[a,b]$上的最大值点； 2）$f(x)\geqslant f(x_0)$成立，则称$f(x_0)$为函数在$[a,b]$上的最小值，称点x_0为此函数在$[a,b]$上的最小值点	1）最值是一个整体性概念 2）闭区间上连续函数一定有最值，且最大值一定大于最小值 3）最值可以在区间内部取得，也可以在端点处取得

（3）极值判别法

判别定理		注　意
必要条件	如果函数$f(x)$在点x_0处有极值，则在点x_0处$f'(x_0)=0$或者不可导	导数为0的点不一定是极值点. 例如：$y=x^3$，$y'\|_{x=0}=0$，但点$(0,0)$不是极值点

（续）

	判别定理	注　意
充分条件	函数 $f(x)$ 在点 x_0 处连续，在点 x_0 的近旁可导（点 x_0 除外） 1）若在点 x_0 的左侧近旁有 $f'(x)>0$，右侧近旁有 $f'(x)<0$，则 $f(x_0)$ 是 $f(x)$ 的极大值，$x=x_0$ 是 $f(x)$ 的极大值点 2）若在点 x_0 的左侧近旁有 $f'(x)<0$，右侧近旁有 $f'(x)>0$，则 $f(x_0)$ 是 $f(x)$ 的极小值，$x=x_0$ 是 $f(x)$ 的极小值点 3）若在点 x_0 的左、右近旁（点 x_0 除外）$f'(x)$ 同号，则 $f(x)$ 在点 x_0 处没有极值	求函数 $f(x)$ 的极值： 先找到极值点 x_0，可能的极值点 x_0 是驻点或使得 $f'(x)$ 不存在的点. 然后再利用 $f'(x)$ 在点 x_0 两边的符号判断极值点

（4）最值判别法

步　骤	理论依据
1）求出函数在 $[a,b]$ 上的所有驻点、不可导点 2）求出驻点、不可导点、两端点 a，b 处的函数值 3）把上述函数值作比较，找出最大值和最小值	闭区间上连续函数一定存在最值
函数 $y=f(x)$ 在开区间 (a,b) 连续且只有一个极值点， 1）求导，找出驻点或不可导点（只有一个），此点即为极值点 2）判断此点左、右导数符号，求出函数最值	开区间上连续的函数，只有一个极值点，若此点为极大值点即为最大值点；若此点为极小值点，即为最小值点
应用题 1）列函数关系式 $y=f(x)$，确定定义域 D 2）求出 $f(x)$ 在定义域内的可能极值点 x_0（驻点或不可导点） 3）$f(x_0)$ 即为所求最大（小）值	若函数 $f(x)$ 在 D 内是可导的且只有一个可能极值点 x_0，又据实际问题，函数最大（小）值一定存在，则 $f(x_0)$ 即为所求最大（小）值

5. 函数的图像

（1）曲线渐近线的定义

名　称	定　义
水平渐近线	若 $\lim\limits_{\substack{x\to+\infty \\ (x\to-\infty)}} f(x)=b$，则称直线 $y=b$ 为曲线 $y=f(x)$ 的水平渐近线
垂直渐近线	若 $\lim\limits_{\substack{x\to x_0^+ \\ (x\to x_0^-)}} f(x)=\infty$，则称直线 $x=x_0$ 为曲线 $y=f(x)$ 的垂直渐近线

（2）“微分法”作函数 $y=f(x)$ 图像的一般步骤

1）写出 $f(x)$ 的定义域，讨论函数的奇偶性、周期性；

2）在定义域内求出使 $y'=0$ 及使 y' 不存在的点，求出使 $y''=0$ 及使 y'' 不存在的点，并用这些点将定义域分成若干个小区间；

3）列表分别讨论函数的 y' 和 y'' 在各个区间的符号，判断出函数 $f(x)$ 的单调区间和极值，曲线的凹凸区间和拐点；

4）求曲线的水平渐近线、垂直渐近线；

5）补充必要的辅助点；

6）根据以上讨论描点连线，作出函数的图像.

***6. 曲线的曲率**

定　义	计算公式
函数图形的弯曲程度称为曲率	曲线 $y=f(x)$，则曲率 $k=\dfrac{\vert y''\vert}{(1+y'^2)^{\frac{3}{2}}}$
曲率半径 R	$R=1/k$
在曲线凹方的一侧，半径为曲率半径的圆称为曲率圆	曲率圆心坐标 (α,β) $\alpha=x-\dfrac{y'(1+y'^2)}{y''}\Bigg\vert_{x=x_0,y=y_0}$， $\beta=y+\dfrac{1+y'^2}{y''}\Bigg\vert_{x=x_0,y=y_0}$ 曲率圆方程 $(\xi-\alpha)^2+(\eta+\beta)^2=R^2$ 其中，ξ，η 为常量

二、例题解析

例 1　求下列函数的极限.

（1）$\lim\limits_{x\to\pi}\dfrac{\sin3x}{\tan5x}$；　（2）$\lim\limits_{x\to0^+}\dfrac{\frac{\pi}{2}-\arctan\frac{1}{x}}{x}$；　（3）$\lim\limits_{x\to0}\dfrac{\ln(1+x^2)}{\sec x-\cos x}$；

（4）$\lim\limits_{x\to\frac{\pi}{4}}(\tan x)^{\tan2x}$；　（5）$\lim\limits_{x\to0^+}\left(\dfrac{1}{x}\right)^{\tan x}$；　（6）$\lim\limits_{x\to+\infty}\dfrac{e^x+e^{-x}}{e^x-e^{-x}}$.

解　（1）这是“$\dfrac{0}{0}$”型未定式，应用洛必达法则得

$$\lim_{x\to\pi}\frac{\sin3x}{\tan5x}=\lim_{x\to\pi}\frac{3\cos3x}{5\sec^2 5x}=\lim_{x\to\pi}\frac{3}{5}\cos3x\cdot\cos^2 5x=-\frac{3}{5}.$$

（2）这是“$\dfrac{0}{0}$”型未定式，应用洛必达法则得

$$\lim_{x\to0^+}\frac{\frac{\pi}{2}-\arctan\frac{1}{x}}{x}=\lim_{x\to0^+}\frac{-\frac{1}{1+\left(\frac{1}{x}\right)^2}\cdot\left(-\frac{1}{x^2}\right)}{1}=\lim_{x\to0^+}\frac{1}{1+x^2}=1.$$

（3）这是“$\frac{\infty}{\infty}$”型未定式，应用洛必达法则得

$$\lim_{x\to0}\frac{\ln(1+x^2)}{\sec x-\cos x}=\lim_{x\to0}\frac{\frac{1}{1+x^2}\cdot2x}{\sec x\tan x+\sin x}=\lim_{x\to0}\frac{\frac{2(1+x^2)-2x\cdot2x}{(1+x^2)^2}}{\sec x\tan^2x+\sec^3x+\cos x}=1.$$

注：在符合条件的情况下洛必达法则可重复使用.

（4）这是“1^∞”型未定式，利用对数恒等式 $e^{\ln N}=N$，有 $(\tan x)^{\tan2x}=e^{\tan2x\cdot\ln\tan x}$. 由于

$$\lim_{x\to\frac{\pi}{4}}\tan2x\cdot\ln\tan x=\lim_{x\to\frac{\pi}{4}}\frac{\ln\tan x}{\cot2x}=\lim_{x\to\frac{\pi}{4}}\frac{\cot x\cdot\sec^2x}{-2\csc^22x}$$

$$=-\frac{1}{2}\lim_{x\to\frac{\pi}{4}}\frac{\cos x\sin^22x}{\sin x\cos^2x}=-\frac{1}{2}\lim_{x\to\frac{\pi}{4}}2\sin2x=-1,$$

所以 $\lim\limits_{x\to\frac{\pi}{4}}(\tan x)^{\tan2x}=e^{-1}$.

（5）这是“∞^0”型未定式，利用对数恒等式 $e^{\ln N}=N$，有 $\left(\frac{1}{x}\right)^{\tan x}=e^{\tan x\ln\frac{1}{x}}$. 由于

$$\lim_{x\to0^+}\tan x\ln\frac{1}{x}=\lim_{x\to0^+}\frac{\ln\frac{1}{x}}{\cot x}=\lim_{x\to0^+}\frac{\frac{1}{x}}{\csc^2x}=\lim_{x\to0^+}\frac{\sin^2x}{x}=0,$$

所以 $\lim\limits_{x\to0^+}\left(\frac{1}{x}\right)^{\tan x}=e^0=1$.

（6）$\lim\limits_{x\to+\infty}\frac{e^x+e^{-x}}{e^x-e^{-x}}=\lim\limits_{x\to+\infty}\frac{(e^x+e^{-x})e^x}{(e^x-e^{-x})e^x}=\lim\limits_{x\to+\infty}\frac{e^{2x}+1}{e^{2x}-1}=\lim\limits_{x\to+\infty}\frac{2e^{2x}}{2e^{2x}}=1.$

注：该题不可直接用洛必达法则计算.

例2　验证拉格朗日中值定理对函数 $f(x)=\ln x$ 在区间 $[1,e]$ 上的正确性.

解　函数 $f(x)=\ln x$ 在 $[1,e]$ 上连续，在 $(1,e)$ 内可导，且 $f'(x)=\frac{1}{x}$. 依拉格朗日中值定理，至少存在一点 ξ，$\xi\in[1,e]$，使等式

$$f(e)-f(1)=f'(\xi)(e-1)$$

成立. 解方程，得 $\xi=e-1$. 即存在 $\xi=e-1$，且 $\xi\in[1,e]$，使得 $f(e)-f(1)=f'(\xi)(e-1)$ 成立.

例3　不用求出函数 $f(x)=(x-1)(x-2)(x-3)(x-4)$ 的导数，说明方程

$f'(x)=0$ 有几个实根，并指出它们所在的区间.

解　依初等函数连续性可知，$f(x)=(x-1)(x-2)(x-3)(x-4)$ 在闭区间 $[1,2]$，$[2,3]$，$[3,4]$ 上连续，在开区间 $(1,2)$，$(2,3)$，$(3,4)$ 内可导. 因为 $f(1)=f(2)=f(3)=f(4)=0$，所以在三个开区间内分别应用罗尔定理，都至少存在一点 ξ，使 $f'(\xi)=0$；又因 $f'(x)=0$ 是三次方程，仅有三个根，所以，$f(x)$ 有三个实根，分别在开区间 $(1,2)$，$(2,3)$，$(3,4)$ 内.

例 4　讨论函数 $f(x)=\dfrac{\ln x}{x}$ 的单调性.

解　$f(x)=\dfrac{\ln x}{x}$ 的定义域为 $(0,+\infty)$ 且 $f'(x)=\dfrac{1-\ln x}{x^2}$，即 $f'(x)$ 在 $(0,+\infty)$ 内为连续函数. 令 $f'(x)=0$，解得 $x=\mathrm{e}$. 当 $0<x<\mathrm{e}$ 时，有 $\ln x<1$，$f'(x)>0$，$f(x)$ 单调增加；当 $\mathrm{e}<x<+\infty$ 时，有 $\ln x>1$，$f'(x)<0$，$f(x)$ 单调减少.

注意：利用单调性可证明不等式. 其方法为：若求证当 $x>x_0$ 时，有 $f(x)\geqslant g(x)$，则可令 $F(x)=f(x)-g(x)$. 如果 $F(x)$ 满足下面的条件：①$F(x_0)=0$；②当 $x>x_0$ 时，有 $F'(x)\geqslant 0$，则由 $F(x)$ 为单调增加函数可知，当 $x>x_0$ 时，$F(x)\geqslant 0$，即 $f(x)\geqslant g(x)$.

例 5　证明不等式 $x>\ln(1+x)$.

证　令 $F(x)=x-\ln(1+x)$，$F(x)$ 在 $(-1,+\infty)$ 内连续，且 $F(0)=0$. 由 $F'(x)=1-\dfrac{1}{1+x}$ 可知：当 $-1<x<0$ 时，$F'(x)<0$，$F(x)$ 为 $(-1,0)$ 上的单调减少函数，所以 $F(x)>F(0)=0$；当 $0<x<+\infty$ 时，$F'(x)>0$，$F(x)$ 为 $(0,+\infty)$ 上的单调增加函数，所以 $F(x)>F(0)=0$，故对任意 $x\in(-1,+\infty)$，都有 $F(x)>0$，即 $x>\ln(1+x)$.

例 6　求 $y=\dfrac{3}{8}x^{\frac{8}{3}}-\dfrac{3}{2}x^{\frac{2}{3}}$ 的极值与极值点.

解　函数的定义域是 $(-\infty,+\infty)$.

$$y'=x^{\frac{5}{3}}-x^{-\frac{1}{3}}=x^{-\frac{1}{3}}(x^2-1)=\frac{(x+1)(x-1)}{\sqrt[3]{x}},$$

令 $y'=0$，可得 y 的驻点为 $x_1=-1$，$x_2=1$.

当 $x=0$ 时，y' 不存在. 列表讨论如下：

x	$(-\infty,-1)$	-1	$(-1,0)$	0	$(0,1)$	1	$(1,+\infty)$
y'	$-$	0	$+$	不存在	$-$	0	$+$
y	↘	极小值 $-\dfrac{9}{8}$	↗	极大值 0	↘	极小值 $-\dfrac{9}{8}$	↗

例7 求下列函数在给定区间上的最值.

(1) $f(x)=x+2\sqrt{x}$, $x\in[0,4]$; (2) $f(x)=\dfrac{x}{x^2+1}$, $x\in[0,+\infty)$.

解 (1) $f'(x)=1+\dfrac{1}{\sqrt{x}}$, 函数没有驻点，只有导数不存在的点 $x=0$, $f(0)=0$. 又端点处的函数值 $f(4)=8$, 所以函数 $f(x)=x+2\sqrt{x}$ 在区间 $[0,4]$ 上的最大值是 $f(4)=8$, 最小值是 $f(0)=0$.

(2) $f'(x)=\dfrac{1-x^2}{(x^2+1)^2}$, 令 $f'(x)=0$ 得驻点 $x=1$. 当 $0\leqslant x<1$ 时, $f'(x)>0$; 当 $x>1$ 时, $f'(x)<0$, 所以 $x=1$ 是函数的极大值点. 因为函数在 $[0,+\infty)$ 内只有一个极值点，所以函数的极大值就是函数的最大值. 最大值为 $f(1)=\dfrac{1}{2}$, 最小值为 $f(0)=0$.

例8 若两个正数之和为8，其中之一为 x，求这两个正数的立方和 $s(x)$，及其最小值与最小值点.

解 $s(x)=x^3+(8-x)^3$, $x\in(0,8)$, $s'(x)=3x^2-3(8-x)^2$. 令 $s'(x)=0$, 解得 $x=4$.

根据实际问题，该函数一定存在最小值，且函数只有一个驻点，因此所求驻点就是函数最小值点. 最小值 $s(4)=128$.

例9 在椭圆 $\dfrac{x^2}{a^2}+\dfrac{y^2}{b^2}=1$ 内作一内接矩形，试问其长、宽各为多少时，矩形面积最大？此时面积值等于多少？

解 设 x 表示内接矩形在第一象限顶点的横坐标，于是矩形的长为 $2x$，矩形的宽为 $2y=\dfrac{2b}{a}\sqrt{a^2-x^2}$, 矩形的面积

$$S=\frac{4bx}{a}\sqrt{a^2-x^2}\ (0<x<a),$$

$$S'=\frac{4b}{a}\sqrt{a^2-x^2}+\frac{4bx}{a}\,\frac{-2x}{2\sqrt{a^2-x^2}},$$

令 $S'=0$, 解得 $x=\dfrac{\sqrt{2}}{2}a$, 此时 $y=\dfrac{\sqrt{2}}{2}b$. 即当矩形的长为 $\sqrt{2}a$、宽为 $\sqrt{2}b$ 时，矩形面积最大.

根据实际问题，该矩形面积的最大值一定存在，而函数只有一个驻点，该驻点一定是函数最大值点. 面积最大值为 $S=2ab$.

例10 甲船以 6km/h 的速度向东航行，乙船在甲船北 16km 处，以 8km/h 的速度向南航行，问何时两船距离最近？

解　假设 t 时刻两船距离最近，此时两船距离

$$s=\sqrt{(16-8t)^2+(6t)^2}\quad t\in(0,+\infty),\ s'=\frac{2(16-8t)(-8)+2(6t)6}{2\sqrt{(16-8t)^2+(6t)^2}}.$$

令 $s'=0$，解得 $t=1.28$.

根据实际问题，两船一定有一个最近距离，且函数只有一个驻点，该驻点就是函数的最小值点，即当 $t=1.28\text{h}$ 时，两船距离最近.

例 11　讨论曲线弧 $y=x^4-6x^3+12x^2-10$ 的凹凸性，并求其拐点.

解　所给函数的定义域是$(-\infty,+\infty)$.

$y'=4x^3-18x^2+24x$，$y''=12x^2-36x+24=12(x-1)(x-2)$.

令 $y''=0$，解得 $x=1$，$x=2$.

列表讨论如下：

x	$(-\infty,1)$	1	$(1,2)$	2	$(2,+\infty)$
y''	+	0	−	0	+
y	凹	拐点$(1,-3)$	凸	拐点$(2,6)$	凹

可知，所给曲线弧在$(-\infty,1)$和$(2,+\infty)$内是凹的，在$(1,2)$内是凸的，拐点为$(1,-3)$和$(2,6)$.

例 12　求曲线 $y=\ln(x^2-1)$ 的凹凸区间及拐点.

解　函数定义域是$(-\infty,-1)\cup(1,+\infty)$.

$$y'=\frac{2x}{x^2-1},\ y''=-2\frac{1+x^2}{(x^2-1)^2}.$$

易知在$(-\infty,-1)\cup(1,+\infty)$内没有二阶导数等于零及二阶导数不存在的点，而且 $y''<0$，所以该曲线没有拐点，在$(-\infty,-1)\cup(1,+\infty)$内都是凸的.

例 13　设二次曲线 $y=x^3+3ax^2+3bx+c$ 在 $x=1$ 处有极值，点$(0,3)$是拐点，试确定 a，b，c 的值.

解　函数 $y=x^3+3ax^2+3bx+c$ 的定义域是$(-\infty,+\infty)$.

$$y'=3x^2+6ax+3b,\ y''=6x+6a.$$

令 $y''=0$，解得 $x=-a$. 所以$(-a,2a^3-3ab+c)$一定是拐点，可求得$\begin{cases}a=0\\c=3\end{cases}$.

再令 $y'=0$，解得 $x^2=-b$. 根据曲线在 $x=1$ 处有极值，易知 $b=-1$.

例 14　求曲线 $y=\dfrac{\ln x}{x}$的渐近线.

解　所给函数的定义域为$(0,+\infty)$. 由 $\lim\limits_{x\to+\infty}\dfrac{\ln x}{x}=\lim\limits_{x\to+\infty}\dfrac{\frac{1}{x}}{1}=0$ 可知，$y=0$ 为所给

曲线 $y=\frac{\ln x}{x}$ 的水平渐近线. 由 $\lim\limits_{x\to0^+}\frac{\ln x}{x}=-\infty$ 可知，$x=0$ 为曲线 $y=\frac{\ln x}{x}$ 的垂直渐近线.

例 15 研究函数 $y=\frac{(x-3)^2}{4(x-1)}$ 的性态，并绘出图像.

解 (1) 函数的定义域为 $(-\infty,1)\cup(1,+\infty)$，与 y 轴相交于 $\left(0,-\frac{9}{4}\right)$，与 x 轴相交于 $(3,0)$.

(2) $y'=\frac{(x-3)(x+1)}{4(x-1)^2}$，$y''=\frac{2}{(x-1)^3}$.

令 $y'=0$，解得 $x=-1$，3；$x=1$ 时 y'' 不存在.

(3) 列表判断曲线的单调性、凹凸性和极值拐点.

x	$(-\infty,-1)$	-1	$(-1,1)$	1	$(1,3)$	3	$(3,+\infty)$
y'	+	0	−	不存在	−	0	+
y''	−	−	−	不存在	+	+	+
y	↗	极大值	↘	无定义	↘	极小值	↗

极大值 $y(-1)=-2$，极小值 $y(3)=0$.

(4) 因为 $\lim\limits_{x\to1}y=\infty$，所以 $x=1$ 为垂直渐近线；又因为

$$k=\lim_{x\to\infty}\frac{y}{x}=\frac{1}{4},\ \lim_{x\to\infty}\left(y-\frac{1}{4}x\right)=\lim_{x\to\infty}\left(\frac{(x-3)^2}{4(x-1)}-\frac{1}{4}x\right)=-\frac{5}{4},$$

所以 $y=\frac{1}{4}x-\frac{5}{4}$ 为斜渐近线.

(5) 曲线过点 $(-1,-2)$，$(3,0)$.

(6) 绘制函数图像，如图 3-1 所示.

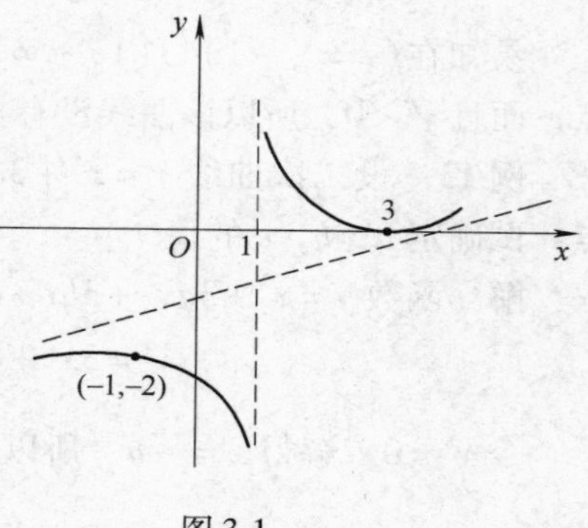

图 3-1

例 16 曲线 $y=\sin x$ 在区间 $[0,\pi]$ 上哪一点处的曲率最大?

解 将 $y'=\cos x$，$y''=-\sin x$ 代入曲率公式得

$$k=\frac{|y''|}{(1+y'^2)^{\frac{3}{2}}}=\frac{|\sin x|}{(1+\cos^2x)^{\frac{3}{2}}}$$

$$=\frac{\sin x}{(1+\cos^2x)^{\frac{3}{2}}}\ (0\leqslant x\leqslant\pi).$$

在 $x=0$ 及 $x=\pi$ 处，$k=0$，即在点 $(0,0)$ 及点 $(\pi,0)$ 的邻近处，正弦曲线接

近直线；而在 $x=\frac{\pi}{2}$ 处，$\cos x=0$，k 的分母最小且分子 $\sin x=1$ 取得最大值，所以，此时曲率 k 取得最大值 1，也就是正弦曲线在点 $\left(\frac{\pi}{2},0\right)$ 处弯曲程度最大.

三、自我测验题

（一）基础层次

（时间：110 分钟，分数：100 分）

1. 选择题（每小题 5 分，共 25 分）

（1）$\lim\limits_{x\to\infty}\frac{x+\sin x}{x}=$（　　）.

A. 2　　B. 不存在　　C. 1　　D. 以上计算都不对

（2）设函数 $f(x)$ 在 (a,b) 内可导，如果 $f(x)$ 在该区间内存在极值，则极值点（　　）.

A. 一定是驻点　B. 一定是区间端点　C. 不是驻点　D. 是驻点或区间端点

（3）函数 $f(x)=|x^2-3x+2|$ 在区间 $[1,2]$ 上的最大值为（　　）.

A. 0　　B. $\frac{1}{4}$　　C. $-\frac{1}{4}$　　D. 无最大值

（4）函数 $f(x)=x+\cos x$ 在 $(-\infty,+\infty)$ 内是（　　）.

A. 不单调　　B. 不连续　　C. 单调增加　D. 单调减少

（5）下列函数的图像在定义域内是凸的是（　　）.

A. $y=\ln(1-x)$　B. $y=\ln(1+x^2)$　C. $y=x^2-x^3$　D. $y=\sin x$

2. 填空题（每空 5 分，共 35 分）

（1）$f(x)=\mathrm{e}^{-\sqrt{x}}$ 在 $(0,+\infty)$ 内的单调性是________.

（2）$f(x)=x^{\frac{2}{3}}+1$ 在 $x=0$ 处的导数为________，在 $x=0$ 处取得极________值.

（3）若 $f(x)$ 在 $[a,b]$ 上可导，且 $f'(x)>0$，则 $f(x)$ 在 $[a,b]$ 上的最大值为________，最小值为________.

（4）曲线 $y=\frac{x+3}{x^2+2x-3}$ 的垂直渐近线是________.

（5）满足方程 $f'(x_0)=0$ 的点 x_0 是函数 $y=f(x)$ 的________.

3. 解答题(每小题10分,共40分)

(1) 求极限 $\lim\limits_{x\to+\infty}\dfrac{\ln(1+x)}{x^2}$.

(2) 求函数 $f(x)=x^3-2x^2+1$ 的极值.

(3) 求曲线 $y=x^4(12\ln x-7)$ 的凹凸区间和拐点.

(4) 研究函数 $y=3x-x^3$ 的性态并绘出图像.

(二) 提高层次

(时间：110分钟，分数：100分)

1. 选择题(每小题5分,共15分)

(1) 下面计算正确的是(　　).

A. $\lim\limits_{x\to\infty}\dfrac{1+\cos x}{1}=2$

B. $\lim\limits_{x\to\infty}\dfrac{1+\cos x}{1}$极限不存在

C. $\lim\limits_{x\to\infty}\left(1+\dfrac{\sin x}{x}\right)=1+\lim\limits_{x\to\infty}\dfrac{1}{x}\cdot\sin x=1+1=2$

D. 都不对

(2) 设函数 $f(x)$ 在 $[a,b]$ 内连续，且在点 x_0 处取得最值，如果 $x_0\in[a,b]$，那么 x_0 是 $f(x)$ 的(　　).

A. 驻点　　B. 区间端点　　C. 极值点　　D. 极值点或区间端点

(3) 设 $f(x)$ 在区间 (a,b) 内具有一、二阶导数，且 $f'(x)<0$，$f''(x)>0$，则 $f(x)$ 在区间 (a,b) 内(　　).

A. 单调增加且凹　　B. 单调减少且凹

C. 单调减少且凸　　D. 单调增加且凸

2. 填空题(每空7分,共35分)

(1) 函数 $y=\ln(x+1)$ 在 $[0,1]$ 上满足拉格朗日中值定理条件，则结论中的 $\xi=$________.

(2) 函数 $f(x)=\dfrac{1}{2}(\mathrm{e}^x+\mathrm{e}^{-x})$ 的单调递减区间为________.

(3) 设函数 $y=2x^3+ax+3$ 在点 $x=1$ 处取得极小值，则 $a=$________.

(4) 曲线 $y=2\ln\dfrac{x+3}{x}-3$ 的水平渐近线是________.

(5) 抛物线 $y=4x-x^2$ 在顶点处的曲率半径是________.

3. 计算题(每小题10分,共30分)

(1) 求极限 $\lim\limits_{x\to0}\dfrac{x-\sin x}{x^3}$;

(2) 求极限$\lim\limits_{x\to 0}\dfrac{\cos x-1}{e^{x}+e^{-x}-2}$；

(3) 求函数$f(x)=x-3x^{\frac{2}{3}}$的极值.

4. 解答题(20分)

某工厂每天生产x件服装的总成本为$C(x)=\dfrac{1}{9}x^{2}+x+100$(元)，该种服装独家经营，市场需求规律为$x=75-3p$，其中$p$为服装的单价(元)，问每天生产多少件时，获得利润最大？此时每件服装的价格为多少元？

参考答案

(一) 基础层次

1. (1) C；(2) D；(3) B；(4) C；(5) A.

2. (1) 单调减少；(2) 不存在，小；(3) $f(b)$，$f(a)$；(4) $x=1$；(5) 驻点.

3. (1) 0；(2) 极大值$f(0)=1$，极小值$f\left(\dfrac{4}{3}\right)=-\dfrac{5}{27}$；(3) 凹区间$(0,1)$，凸区间$(1,+\infty)$，拐点$(1,-7)$；(4) 略.

(二) 提高层次

1. (1) B；(2) D；(3) B.

2. (1) $\dfrac{1}{\ln 2}-1$；(2) $(-\infty,0)$；(3) -6；(4) $y=-3$；(5) $\dfrac{1}{2}$.

3. (1) $\dfrac{1}{6}$；(2) $-\dfrac{1}{2}$；(3) 极小值$f(0)=0$，极大值$f(8)=-4$.

4. 每天生产27件时，获得利润最大，此时每件服装价格为16元.

第四章　不 定 积 分

一、知识剖析

（一）知识网络

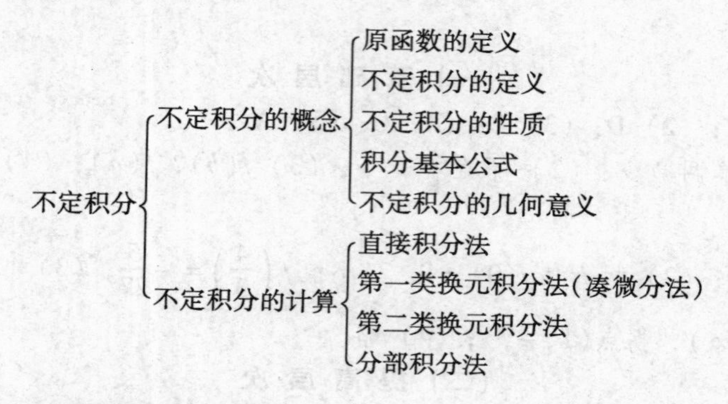

（二）知识重点与学习要求

1）理解原函数和不定积分的概念，掌握不定积分的性质和运算法则；熟练掌握基本积分公式，掌握直接积分法.

2）掌握第一类换元积分法，熟练掌握常用的凑微分方法；会用第二类换元积分法.

3）掌握分部积分法.

（三）概念理解与方法掌握

1. 不定积分的概念　直接积分法

（1）不定积分与原函数的概念　若 $F'(x)=f(x)$ 或 $\mathrm{d}F(x)=f(x)\,\mathrm{d}x$，则称 $F(x)$ 为 $f(x)$ 的一个原函数.

若 $f(x)$ 有一个原函数 $F(x)$，那它必然有无穷多个原函数 $F(x)+C$（C 为任意常数）.

$f(x)$ 的全体原函数 $F(x)+C$ 称为 $f(x)$ 的不定积分，记为 $\int f(x)\,\mathrm{d}x = F(x)+C$.

注意：①不定积分和原函数是两个不同概念，前者是个集合，后者是该集合中的一个元素，因此$\int f(x)\mathrm{d}x \neq F(x)$；②"若$F'(x)=G'(x)$，则$F(x)=G(x)$"是错误的，正确的是"$F(x)=G(x)+C$".

（2）不定积分的性质

性质1：$\dfrac{\mathrm{d}}{\mathrm{d}x}\left[\int f(x)\mathrm{d}x\right]=f(x)$或$\mathrm{d}\left[\int f(x)\mathrm{d}x\right]=f(x)\mathrm{d}x$.

性质2：$\int F'(x)\mathrm{d}x=F(x)+C$或$\int \mathrm{d}F(x)=F(x)+C$.

注意：微分运算与积分运算是互逆的，两个运算连在一起时，相互抵消. 但要注意，公式左边最后一道运算是什么，如果是"$\int$"，公式右边不要忘记"$+C$"；如果是"d"，公式右边不要少了"dx"，要正确运用.

性质3：$\int[\alpha f(x)\pm\beta g(x)]\mathrm{d}x=\alpha\int f(x)\mathrm{d}x\pm\beta\int g(x)\mathrm{d}x$，$\alpha$，$\beta$为非零常数.

注意：此式是不定积分的一个很重要的运算性质，可以推广到有限个函数代数和的情形.

（3）直接积分法——求不定积分的基本方法

解题思路：直接用基本积分公式（见教材第103页）和积分的运算性质3求不定积分，或者对被积函数进行适当的恒等变形（代数的或三角的）后，再利用基本积分公式和积分的运算性质求不定积分.

2. 换元积分法

（1）第一换类元积分法（凑微分法）

积分过程：如果被积函数$g(x)$可以写成$f(\varphi(x))\varphi'(x)$的形式，且$f(u)$的原函数为$F(u)$，则有$\int g(x)\mathrm{d}x=\int f(\varphi(x))\varphi'(x)\mathrm{d}x \xlongequal{\text{凑微分}} \int f(\varphi(x))\mathrm{d}\varphi(x)$

$\xlongequal{\text{令}\ \varphi(x)=u} \int f(u)\mathrm{d}u \xlongequal{\text{积分}} F(u)+C \xlongequal{\text{回代}\ u=\varphi(x)} F(\varphi(x))+C.$

说明：

1）怎样凑微分？例如$\dfrac{1}{x^2}\mathrm{d}x=\mathrm{d}(\quad)$，括号里填什么？填$\dfrac{1}{x^2}$的原函数，因为$\int\dfrac{1}{x^2}\mathrm{d}x=-\dfrac{1}{x}+C$，所以$\dfrac{1}{x^2}\mathrm{d}x=\mathrm{d}\left(-\dfrac{1}{x}\right)=-\mathrm{d}\left(\dfrac{1}{x}\right)$.

2）第一换元积分法的关键一步是凑微分，所以熟记一些微分式子是必要的（见教材108～109页），这样可以提高做题效率.

3）当运算比较熟练以后，所需的变量代换可不必写出，从而简化计算过程."凑微法"的本质：不定积分公式有"形式不变性"，即

$$\int f(x)\mathrm{d}x = F(x) + C \Rightarrow \int f(u)\mathrm{d}u = F(u) + C \Rightarrow \int f(\varphi(x))\mathrm{d}\varphi(x) = F(\varphi(x)) + C.$$

第一类换元积分法解题思路：看是否可以凑微分．凑微分其实就是看被积表达式中，有没有成块的形式作为一个整体变量，即可成为某一积分公式的“形式”，这种能够马上观察出来的能力来自对微积分基本公式的熟练掌握．

（2）第二类换元积分法

积分过程：设 $x=\varphi(t)$ 单调、可导且导数不为零，$f(\varphi(t))\varphi'(t)$ 有原函数 $F(t)$，则有 $\int f(x)\mathrm{d}x \xlongequal{\text{换元：令 } x=\varphi(t)} \int f(\varphi(t))\varphi'(t)\mathrm{d}t \xlongequal{\text{积分}} F(t)+C$ $\xlongequal{\text{回代 } t=\varphi^{-1}(x)} F(\varphi^{-1}(x))+C.$

第二类换元积分法主要题型：无理函数的不定积分．

解题思路：基本思路——去根号，将被积函数化为有理式．

第一类型：当根号内是关于 x 的一次式时，代数代换．

例如，被积函数含 $\sqrt[n]{ax+b}$ 时，可令 $\sqrt[n]{ax+b}=t$，解出 $x=\varphi(t)$．

第二类型：当根号内是关于 x 的二次式时，三角代换．

若被积函数含 $\sqrt{a^2-x^2}$，则可令 $x=a\sin t$ $\left(-\dfrac{\pi}{2}<t<\dfrac{\pi}{2}\right)$；

若被积函数含 $\sqrt{a^2+x^2}$，则可令 $x=a\tan t$ $\left(-\dfrac{\pi}{2}<t<\dfrac{\pi}{2}\right)$；

若被积函数含 $\sqrt{x^2-a^2}$，则可令 $x=a\sec t$ $\left(0<t<\dfrac{\pi}{2}\right)$．

三角代换思路分析：题目特征——被积函数中有二次根式，如何化无理式为有理式？三角函数中，下列恒等式起到了重要的作用．

$$\sin^2 x+\cos^2 x=1;\qquad 1+\tan^2 x=\sec^2 x.$$

为保证替换函数的单调性，通常将角的范围加以限制，以确保函数单调．代换得出新变量的表达式，最后再形式化地换回原变量即可．

3. 分部积分法

利用分部积分公式

$$\int u\mathrm{d}v = uv - \int v\mathrm{d}u$$

求不定积分的方法叫作分部积分法．

注意：①v 要容易求得；② $\int v\mathrm{d}u$ 要比 $\int u\mathrm{d}v$ 容易计算；③分部积分公式可以连续使用．

应用分部积分法时，可按下述步骤计算：

$\int u(x)v'(x)\mathrm{d}x \xlongequal{\text{凑微：定出 } u(x)\text{，}v(x)} \int u(x)\mathrm{d}v(x) \xlongequal{\text{分部：利用分部积分公式}} u(x)$

$v(x)-\int v(x)\mathrm{d}u(x)=u(x)v(x)-\int v(x)u'(x)\mathrm{d}x.$

注意：① 积分时按照“指、三、幂、对、反”顺序，越靠前的越优先纳入到微分号下凑微分；② 重复使用分部积分公式时，用来凑微的函数类型应该保持一致.

二、例题解析

例 1　设$f(x)$的一个原函数是e^{-2x}，则$f(x)=(\quad)$.

A. e^{-2x}　　B. $-2\mathrm{e}^{-2x}$　　C. $-4\mathrm{e}^{-2x}$　　D. $4\mathrm{e}^{-2x}$

解　答案为 B. 因为$f(x)$的一个原函数是e^{-2x}，所以$f(x)=(\mathrm{e}^{-2x})'=-2\mathrm{e}^{-2x}$.

例 2　已知$\int xf(x)\mathrm{d}x=\sin x+C$，则$f(x)=(\quad)$.

A. $\dfrac{\sin x}{x}$　　B. $x\sin x$　　C. $\dfrac{\cos x}{x}$　　D. $x\cos x$

解　答案为C. 因为对$\int xf(x)\mathrm{d}x=\sin x+C$两边求导，可得$xf(x)=\cos x$，所以$f(x)=\dfrac{\cos x}{x}$.

例 3　一曲线通过点$(\mathrm{e}^2,3)$，且在任意点处的切线的斜率都等于该点的横坐标的倒数，求此曲线的方程.

分析：本题的实质仍为考查原函数（不定积分）与被积函数的关系（或导数的几何意义）. 只需求得曲线方程的一般式，然后将点的坐标带入确定具体的方程即可.

解　设曲线方程为$y=f(x)$，由题意可知$f'(x)=\dfrac{1}{x}$，所以$f(x)=\int\dfrac{1}{x}\mathrm{d}x=\ln|x|+C$；又点$(\mathrm{e}^2,3)$在曲线上，代入方程，得$3=\ln\mathrm{e}^2+C$，解得$C=1$，所以曲线的方程为$f(x)=\ln|x|+1$.

例 4　直接积分法的练习.

(1) $\int\dfrac{\mathrm{d}x}{x^2\sqrt{x}}$；(2) $\int\sqrt{x}(x-3)\mathrm{d}x$；(3) $\int\dfrac{3x^4+3x^2+1}{x^2+1}\mathrm{d}x$；(4) $\int\dfrac{x^2}{1+x^2}\mathrm{d}x$；

(5) $\int\dfrac{1}{x^2(1+x^2)}\mathrm{d}x$；(6) $\int\dfrac{\mathrm{e}^{2x}-1}{\mathrm{e}^x-1}\mathrm{d}x$；(7) $\int 3^x\mathrm{e}^x\mathrm{d}x$；(8) $\int\cot^2x\mathrm{d}x$；

(9) $\int\cos^2\dfrac{x}{2}\mathrm{d}x$；(10) $\int\dfrac{1}{1+\cos 2x}\mathrm{d}x$；(11) $\int\dfrac{\cos 2x}{\cos x-\sin x}\mathrm{d}x$；

(12) $\int \frac{\cos 2x}{\cos^2 x \sin^2 x}dx$；(13) $\int \left(\sqrt{\frac{1-x}{1+x}}+\sqrt{\frac{1+x}{1-x}}\right)dx$；(14) $\int \frac{1+\cos^2 x}{1+\cos 2x}dx$.

解　(1) 被积函数$\frac{1}{x^2\sqrt{x}}=x^{-\frac{5}{2}}$，由积分表中的公式可求解.

$$\int \frac{dx}{x^2\sqrt{x}}=\int x^{-\frac{5}{2}}dx=-\frac{2}{3}x^{-\frac{3}{2}}+C.$$

(2) 根据不定积分的线性性质，将被积函数分为两项，分别积分.

$$\int \sqrt{x}(x-3)dx=\int x^{\frac{3}{2}}dx-3\int x^{\frac{1}{2}}dx=\frac{2}{5}x^{\frac{5}{2}}-2x^{\frac{3}{2}}+C.$$

(3) 观察到$\frac{3x^4+3x^2+1}{x^2+1}=3x^2+\frac{1}{x^2+1}$后，根据不定积分的线性性质，将被积函数分为两项，分别积分.

$$\int \frac{3x^4+3x^2+1}{x^2+1}dx=\int 3x^2dx+\int \frac{1}{1+x^2}dx=x^3+\arctan x+C.$$

(4) 注意到$\frac{x^2}{1+x^2}=\frac{x^2+1-1}{1+x^2}=1-\frac{1}{1+x^2}$，根据不定积分的线性性质，将被积函数分为两项，分别积分.

$$\int \frac{x^2}{1+x^2}dx=\int dx-\int \frac{1}{1+x^2}dx=x-\arctan x+C.$$

(5) 裂项分项积分.

$$\int \frac{1}{x^2(1+x^2)}dx=\int \left(\frac{1}{x^2}-\frac{1}{1+x^2}\right)dx=\int \frac{1}{x^2}dx-\int \frac{1}{1+x^2}dx=-\frac{1}{x}-\arctan x+C.$$

(6) $\int \frac{e^{2x}-1}{e^x-1}dx=\int \frac{(e^x-1)(e^x+1)}{e^x-1}dx=\int (e^x+1)dx=e^x+x+C.$

(7) $\int 3^x e^x dx=\int (3e)^x dx=\frac{(3e)^x}{\ln(3e)}+C.$

(8) 应用三角恒等式$\cot^2 x=\csc^2 x-1$.

$$\int \cot^2 x dx=\int (\csc^2 x-1)dx=-\cot x-x+C.$$

(9) 若被积函数为弦函数的偶次方时，一般先降幂，再积分.

$$\int \cos^2\frac{x}{2}dx=\int \frac{1+\cos x}{2}dx=\frac{1}{2}x+\frac{1}{2}\sin x+C.$$

(10) 应用弦函数的升降幂公式，先升幂再积分.

$$\int \frac{1}{1+\cos 2x}dx=\int \frac{1}{2\cos^2 x}dx=\frac{1}{2}\int \sec^2 x dx=\frac{1}{2}\tan x+C.$$

(11) 应用二倍角公式 $\cos 2x=\cos^2 x-\sin^2 x=(\cos x+\sin x)(\cos x-\sin x)$.

$$\int\frac{\cos2x}{\cos x-\sin x}\mathrm{d}x=\int(\cos x+\sin x)\mathrm{d}x=\sin x-\cos x+C.$$

（12）同上题方法，应用 $\cos2x=\cos^2x-\sin^2x$，分项积分.

$$\int\frac{\cos2x}{\cos^2x\sin^2x}\mathrm{d}x=\int\frac{\cos^2x-\sin^2x}{\cos^2x\sin^2x}\mathrm{d}x=\int\frac{1}{\sin^2x}\mathrm{d}x-\int\frac{1}{\cos^2x}\mathrm{d}x$$

$$=\int\csc^2x\mathrm{d}x-\int\sec^2x\mathrm{d}x=-\cot x-\tan x+C.$$

（13）被积函数通分变形 $\sqrt{\frac{1-x}{1+x}}+\sqrt{\frac{1+x}{1-x}}=\frac{1-x}{\sqrt{1-x^2}}+\frac{1+x}{\sqrt{1-x^2}}=\frac{2}{\sqrt{1-x^2}}$，再求积分.

$$\int\left(\sqrt{\frac{1-x}{1+x}}+\sqrt{\frac{1+x}{1-x}}\right)\mathrm{d}x=2\int\frac{1}{\sqrt{1-x^2}}\mathrm{d}x=2\arcsin x+C.$$

（14）被积函数分母应用二倍角公式变形 $\frac{1+\cos^2x}{1+\cos2x}=\frac{1+\cos^2x}{2\cos^2x}=\frac{1}{2}\sec^2x+\frac{1}{2}$，再求积分.

$$\int\frac{1+\cos^2x}{1+\cos2x}\mathrm{d}x=\frac{1}{2}\int\sec^2x\mathrm{d}x+\frac{1}{2}\int\mathrm{d}x=\frac{\tan x+x}{2}+C.$$

例5　第一类换元积分法的练习（凑微分）.

（1）$\int(3-5x)^3\mathrm{d}x$；（2）$\int\frac{1}{3-2x}\mathrm{d}x$；（3）$\int\frac{1}{\sqrt[3]{5-3x}}\mathrm{d}x$；（4）$\int\frac{\cos\sqrt{t}}{\sqrt{t}}\mathrm{d}t$；

（5）$\int\tan^{10}x\sec^2x\mathrm{d}x$；（6）$\int\frac{\mathrm{d}x}{\sin x\cos x}$；（7）$\int\frac{\mathrm{d}x}{\mathrm{e}^x+\mathrm{e}^{-x}}$；（8）$\int\frac{x\mathrm{d}x}{\sqrt{2-3x^2}}$；

（9）$\int\cos^2(\omega t)\sin(\omega t)\mathrm{d}t$；（10）$\int\frac{3x^3}{1-x^4}\mathrm{d}x$；（11）$\int\frac{\sin x}{\cos^3x}\mathrm{d}x$；

（12）$\int\frac{1-x}{\sqrt{9-4x^2}}\mathrm{d}x$；（13）$\int\cos^3x\mathrm{d}x$；（14）$\int\sin2x\cos3x\mathrm{d}x$；

（15）$\int\tan^3x\sec x\mathrm{d}x$；（16）$\int\frac{\mathrm{d}x}{(\arcsin x)^2\sqrt{1-x^2}}$；（17）$\int\frac{\mathrm{d}x}{1-\mathrm{e}^x}$.

解　（1）被积函数为一个复合函数，对 $\mathrm{d}x$ 进行变换，使用公式 $\mathrm{d}x=\frac{1}{a}\mathrm{d}(ax+b)$，具体到此题 $\mathrm{d}x=-\frac{1}{5}\mathrm{d}(-5x+3)$.

$$\int(3-5x)^3\mathrm{d}x=-\frac{1}{5}\int(3-5x)^3\mathrm{d}(3-5x)=-\frac{1}{20}(3-5x)^4+C.$$

（2）被积函数为一个复合函数 $(3-2x)^{-1}$，凑微分 $\mathrm{d}x=-\frac{1}{2}\mathrm{d}(-2x+3)$.

$$\int\frac{1}{3-2x}\mathrm{d}x=-\frac{1}{2}\int\frac{1}{3-2x}\mathrm{d}(3-2x)=-\frac{1}{2}\ln|3-2x|+C.$$

(3) 被积函数为一个复合函数$(5-3x)^{-\frac{1}{3}}$，凑微分 $dx=-\frac{1}{3}d(-3x+5)$.

$$\int\frac{1}{\sqrt[3]{5-3x}}dx=-\frac{1}{3}\int\frac{1}{\sqrt[3]{5-3x}}d(5-3x)=-\frac{1}{3}\int(5-3x)^{-\frac{1}{3}}d(5-3x)$$

$$=-\frac{1}{2}(5-3x)^{\frac{2}{3}}+C.$$

综上所述，被积函数为一个复合函数，凑微分变换 dx，使用公式 $dx=\frac{1}{a}d(ax+b)$.

(4) $\int\frac{\cos\sqrt{t}}{\sqrt{t}}dt=\int\cos\sqrt{t}\times\frac{1}{\sqrt{t}}dt$，被积函数为两个函数的乘积 $\cos\sqrt{t}\times\frac{1}{\sqrt{t}}$，因为 $d(\sqrt{t})=\frac{1}{2\sqrt{t}}dt$，所以$\frac{1}{\sqrt{t}}dt=d(2\sqrt{t})$.

$$\int\frac{\cos\sqrt{t}}{\sqrt{t}}dt=2\int\cos\sqrt{t}d(\sqrt{t})=2\sin\sqrt{t}+C.$$

(5) 被积函数为两个函数的乘积，填空$\sec^2xdx=d(\quad)$，由公式 $d(\tan x)=\sec^2xdx$ 得结果.

$$\int\tan^{10}x\sec^2xdx=\int\tan^{10}xd(\tan x)=\frac{1}{11}\tan^{11}x+C.$$

综合(4)、(5)两例，被积函数为两个函数的乘积时，一个函数与 dx 的乘积可凑成微分形式，然后换元积分.

(6) 先对被积函数进行变形，再凑微分.

方法 1：倍角公式 $\sin2x=2\sin x\cos x$.

$$\int\frac{dx}{\sin x\cos x}=\int\frac{2dx}{\sin2x}=\int\csc2xd(2x)=\ln|\csc2x-\cot2x|+C.$$

方法 2：将被积函数凑出 tanx 的函数和 tanx 的导数.

$$\int\frac{dx}{\sin x\cos x}=\int\frac{\cos x}{\sin x\cos^2x}dx=\int\frac{1}{\tan x}\sec^2xdx$$

$$=\int\frac{1}{\tan x}d(\tan x)=\ln|\tan x|+C.$$

方法 3：利用三角公式$\sin^2x+\cos^2x=1$，然后凑微分.

$$\int\frac{dx}{\sin x\cos x}=\int\frac{\sin^2x+\cos^2x}{\sin x\cos x}dx=\int\frac{\sin x}{\cos x}dx+\int\frac{\cos x}{\sin x}dx$$

$$=-\int\frac{d(\cos x)}{\cos x}+\int\frac{d(\sin x)}{\sin x}$$

$$=-\ln|\cos x|+\ln|\sin x|+C=\ln|\tan x|+C.$$

注意：积分方法不同，积分结果的形式可能不同.

（7）先对被积函数进行变形，再凑微分.

$$\int \frac{\mathrm{d}x}{\mathrm{e}^x+\mathrm{e}^{-x}}=\int \frac{\mathrm{e}^x\mathrm{d}x}{\mathrm{e}^{2x}+1}=\int \frac{\mathrm{d}(\mathrm{e}^x)}{1+(\mathrm{e}^x)^2}=\arctan(\mathrm{e}^x)+C.$$

（8）由 $\frac{x\mathrm{d}x}{\sqrt{2-3x^2}}=\frac{1}{2}\frac{\mathrm{d}x^2}{\sqrt{2-3x^2}}=-\frac{1}{6}\frac{\mathrm{d}(2-3x^2)}{\sqrt{2-3x^2}}$ 凑微分易解.

$$\int \frac{x\mathrm{d}x}{\sqrt{2-3x^2}}=-\frac{1}{6}\int \frac{\mathrm{d}(2-3x^2)}{\sqrt{2-3x^2}}=-\frac{1}{6}\int (2-3x^2)^{-\frac{1}{2}}\mathrm{d}(2-3x^2)=-\frac{1}{3}\sqrt{2-3x^2}+C.$$

（9）
$$\int \cos^2(\omega t)\sin(\omega t)\mathrm{d}t=\frac{1}{\omega}\int \cos^2(\omega t)\sin(\omega t)\mathrm{d}(\omega t)$$
$$=-\frac{1}{\omega}\int \cos^2(\omega t)\mathrm{d}[\cos(\omega t)]=-\frac{1}{3\omega}\cos^3(\omega t)+C.$$

（10）
$$\int \frac{3x^3}{1-x^4}\mathrm{d}x=\frac{3}{4}\int \frac{4x^3}{1-x^4}\mathrm{d}x=\frac{3}{4}\int \frac{1}{1-x^4}\mathrm{d}(x^4)$$
$$=-\frac{3}{4}\int \frac{1}{1-x^4}\mathrm{d}(1-x^4)=-\frac{3}{4}\ln|1-x^4|+C.$$

（11）
$$\int \frac{\sin x}{\cos^3 x}\mathrm{d}x=-\int \frac{1}{\cos^3 x}\mathrm{d}(\cos x)=\frac{1}{2}\frac{1}{\cos^2 x}+C.$$

（12）分项后分别凑微分即可.

$$\int \frac{1-x}{\sqrt{9-4x^2}}\mathrm{d}x=\int \frac{1}{\sqrt{9-4x^2}}\mathrm{d}x-\int \frac{x}{\sqrt{9-4x^2}}\mathrm{d}x$$
$$=\frac{1}{2}\int \frac{1}{\sqrt{1-\left(\frac{2x}{3}\right)^2}}\mathrm{d}\left(\frac{2x}{3}\right)-\frac{1}{8}\int \frac{1}{\sqrt{9-4x^2}}\mathrm{d}(4x^2)$$
$$=\frac{1}{2}\int \frac{1}{\sqrt{1-\left(\frac{2x}{3}\right)^2}}\mathrm{d}\left(\frac{2x}{3}\right)+\frac{1}{8}\int \frac{1}{\sqrt{9-4x^2}}\mathrm{d}(9-4x^2)$$
$$=\frac{1}{2}\arcsin\left(\frac{2x}{3}\right)+\frac{1}{4}\sqrt{9-4x^2}+C.$$

（13）凑微分，利用 $\cos x\mathrm{d}x=\mathrm{d}(\sin x)$.

$$\int \cos^3 x\mathrm{d}x=\int \cos^2 x\cos x\mathrm{d}x=\int \cos^2 x\mathrm{d}(\sin x)=\int (1-\sin^2 x)\mathrm{d}(\sin x)$$
$$=\sin x-\frac{1}{3}\sin^3 x+C.$$

（14）积化和差后分项凑微分.

$$\int \sin 2x\cos 3x\mathrm{d}x=\int \frac{1}{2}(\sin 5x-\sin x)\mathrm{d}x=\frac{1}{10}\int \sin 5x\mathrm{d}(5x)-\frac{1}{2}\int \sin x\mathrm{d}x$$

$$=-\frac{1}{10}\cos 5x+\frac{1}{2}\cos x+C.$$

（15）凑微分，利用 $\tan x\sec x\mathrm{d}x=\mathrm{d}(\sec x)$.

$$\int\tan^3 x\sec x\mathrm{d}x=\int\tan^2 x\cdot\tan x\sec x\mathrm{d}x=\int\tan^2 x\mathrm{d}(\sec x)=\int(\sec^2 x-1)\mathrm{d}(\sec x)$$

$$=\int\sec^2 x\mathrm{d}(\sec x)-\int\mathrm{d}(\sec x)=\frac{1}{3}\sec^3 x-\sec x+C.$$

（16）凑微分，利用 $\frac{1}{\sqrt{1-x^2}}\mathrm{d}x=\mathrm{d}(\arcsin x)$.

$$\int\frac{\mathrm{d}x}{(\arcsin x)^2\sqrt{1-x^2}}=\int\frac{\mathrm{d}(\arcsin x)}{(\arcsin x)^2}=-\frac{1}{\arcsin x}+C.$$

（17）方法 1：将被积函数的分子分母同时除以 e^x，再凑微分.

$$\int\frac{\mathrm{d}x}{1-\mathrm{e}^x}=\int\frac{\mathrm{e}^{-x}}{\mathrm{e}^{-x}-1}\mathrm{d}x=-\int\frac{1}{\mathrm{e}^{-x}-1}\mathrm{d}(\mathrm{e}^{-x})=-\int\frac{1}{\mathrm{e}^{-x}-1}\mathrm{d}(\mathrm{e}^{-x}-1)=$$

$$-\ln|\mathrm{e}^{-x}-1|+C.$$

方法 2：分项后凑微分.

$$\int\frac{\mathrm{d}x}{1-\mathrm{e}^x}=\int\frac{1-\mathrm{e}^x+\mathrm{e}^x}{1-\mathrm{e}^x}\mathrm{d}x=\int\mathrm{d}x+\int\frac{\mathrm{e}^x}{1-\mathrm{e}^x}\mathrm{d}x=x-\int\frac{1}{1-\mathrm{e}^x}\mathrm{d}(1-\mathrm{e}^x)$$

$$=x-\ln|1-\mathrm{e}^x|+C.$$

方法 3：将被积函数的分子分母同时乘以 e^x，裂项后凑微分.

$$\int\frac{\mathrm{d}x}{1-\mathrm{e}^x}=\int\frac{\mathrm{e}^x\mathrm{d}x}{\mathrm{e}^x(1-\mathrm{e}^x)}=\int\frac{\mathrm{d}(\mathrm{e}^x)}{\mathrm{e}^x(1-\mathrm{e}^x)}=\int\left[\frac{1}{\mathrm{e}^x}+\frac{1}{1-\mathrm{e}^x}\right]\mathrm{d}(\mathrm{e}^x)$$

$$=\ln\mathrm{e}^x-\int\frac{1}{1-\mathrm{e}^x}\mathrm{d}(1-\mathrm{e}^x)=x-\ln|1-\mathrm{e}^x|+C.$$

例 6　第二换元积分法的练习，求无理函数的不定积分

（1）$\int\frac{\mathrm{d}x}{1+\sqrt[3]{x+1}}$；（2）$\int\frac{1+(\sqrt{x})^3}{1+\sqrt{x}}\mathrm{d}x$；（3）$\int\frac{\mathrm{d}x}{\sqrt[4]{x}+\sqrt{x}}$；（4）$\int\frac{\mathrm{d}x}{x\sqrt{x^2-1}}\ (x>1)$；

（5）$\int\frac{\mathrm{d}x}{x\sqrt{4-x^2}}$；（6）$\int\frac{\mathrm{d}x}{\sqrt{(x^2+1)^3}}$；（7）$\int\sqrt{\frac{a+x}{a-x}}\mathrm{d}x$.

解　（1）变无理式为有理式，令 $t=\sqrt[3]{1+x}$，则 $1+x=t^3$，$\mathrm{d}x=3t^2\mathrm{d}t$.

$$\int\frac{\mathrm{d}x}{1+\sqrt[3]{x+1}}=\int\frac{3t^2\mathrm{d}t}{1+t}=3\int\frac{t^2\mathrm{d}t}{1+t}=3\int(t-1)\mathrm{d}t+3\int\frac{1}{1+t}\mathrm{d}t$$

$$=\frac{3}{2}t^2-3t+3\ln|t+1|+C$$

$$=\frac{3}{2}\sqrt[3]{(1+x)^2}-3\sqrt[3]{1+x}+3\ln\left|\sqrt[3]{1+x}+1\right|+C.$$

（2）变无理式为有理式，令 $t=\sqrt{x}$，则 $x=t^2$，$dx=2tdt$.

$$\int\frac{1+(\sqrt{x})^3}{1+\sqrt{x}}dx=\int\frac{1+(t)^3}{1+t}2tdt=2\int(t^2-t+1)tdt=2\int(t^3-t^2+t)dt$$

$$=\frac{1}{2}t^4-\frac{2}{3}t^3+t^2+C=\frac{1}{2}x^2-\frac{2}{3}x^{\frac{3}{2}}+x+C.$$

（3）变无理式为有理式，令 $t=\sqrt[8]{x}$，$x=t^8$，$dx=8t^7dt$.

$$\int\frac{dx}{\sqrt[4]{x}+\sqrt{x}}=\int\frac{8t^7}{t^2+t^4}dt=8\int\frac{t^5}{1+t^2}dt=8\int\frac{t^5+t^3-t^3-t+t}{1+t^2}dt$$

$$=8\int\left(t^3-t+\frac{t}{1+t^2}\right)dt$$

$$=2t^4-4t^2+4\ln(1+t^2)+C=2\sqrt{x}-4\sqrt[4]{x}+4\ln(1+\sqrt[4]{x})+C.$$

（4）变无理式为有理式，令 $x=\sec t$，$0<t<\frac{\pi}{2}$，则 $dx=\sec t\tan tdt$.

$$\int\frac{dx}{x\sqrt{x^2-1}}=\int\frac{\sec t\tan t}{\sec t\tan t}dt=\int dt=t+C=\arccos\frac{1}{x}+C.$$

（5）进行三角换元，化无理式为有理式. 令 $x=2\sin t$，$-\frac{\pi}{2}<t<\frac{\pi}{2}$，则 $dx=2\cos tdt$.

$$\int\frac{dx}{x\sqrt{4-x^2}}=\int\frac{2\cos tdt}{2\sin t2\cos t}=\int\frac{dt}{2\sin t}=\frac{1}{2}\int\csc tdt=\frac{1}{2}\ln|\csc t-\cot t|+C$$

$$=\frac{1}{2}\ln\left|\frac{2}{x}-\frac{\sqrt{4-x^2}}{x}\right|+C=\frac{1}{2}\ln\left|\frac{\sqrt{4-x^2}-2}{x}\right|+C.$$

（6）令 $x=\tan t$，$|t|<\frac{\pi}{2}$，三角换元，则 $dx=\sec^2tdt$.

$$\int\frac{dx}{\sqrt{(x^2+1)^3}}=\int\frac{\sec^2tdt}{\sec^3t}=\int\frac{dt}{\sec t}=\int\cos tdt=\sin t+C=\frac{x}{\sqrt{1+x^2}}+C.$$

（7）方法 1：将被积函数 $\sqrt{\frac{a+x}{a-x}}$ 变形为 $\frac{a+x}{\sqrt{a^2-x^2}}$ 后，三角换元. 令 $x=a\sin t$，$|t|<\frac{\pi}{2}$，则 $dx=a\cos tdt$.

$$\int\sqrt{\frac{a+x}{a-x}}dx=\int\frac{a+x}{\sqrt{a^2-x^2}}dx=\int\frac{a+a\sin t}{a\cos t}a\cos tdt=a\int(1+\sin t)dt$$

$$=at-a\cos t+C=a\arcsin\frac{x}{a}-\sqrt{a^2-x^2}+C.$$

方法 2：分项后凑微分.

$$\int\sqrt{\frac{a+x}{a-x}}\mathrm{d}x=\int\frac{a+x}{\sqrt{a^2-x^2}}\mathrm{d}x=\int\frac{a}{\sqrt{a^2-x^2}}\mathrm{d}x+\int\frac{x}{\sqrt{a^2-x^2}}\mathrm{d}x$$

$$=\int\frac{a}{a\sqrt{1-\left(\frac{x}{a}\right)^2}}\mathrm{d}x-\frac{1}{2}\int\frac{1}{\sqrt{a^2-x^2}}\mathrm{d}(a^2-x^2)=a\arcsin\frac{x}{a}-\sqrt{a^2-x^2}+C.$$

例7 分部积分法的练习.

(1) $\int(x+1)\mathrm{e}^x\mathrm{d}x$； (2) $\int x\cos\frac{x}{2}\mathrm{d}x$； (3) $\int\ln^2x\mathrm{d}x$；

(4) $\int x^2\mathrm{e}^{-x}\mathrm{d}x$； (5) $\int\frac{\ln^2x}{x^2}\mathrm{d}x$； (6) $\int x\sin x\cos x\mathrm{d}x$；

(7) $\int\mathrm{e}^{\sqrt[3]{x}}\mathrm{d}x$； (8) $\int\mathrm{e}^{-x}\cos x\mathrm{d}x$； (9) $\int\cos(\ln x)\mathrm{d}x$；

(10) $\int\frac{x^2}{1+x^2}\arctan x\mathrm{d}x$； (11) $\int x^2\arctan x\mathrm{d}x$； (12) $\int x\ln(x-1)\mathrm{d}x$.

思路分析：按照“指、三、幂、对、反”的顺序，越靠前的越优先纳入到微分号下凑微分的原则进行分部积分的练习.

解 (1) $\int(x+1)\mathrm{e}^x\mathrm{d}x=\int(x+1)\mathrm{d}(\mathrm{e}^x)=(x+1)\mathrm{e}^x-\int\mathrm{e}^x\mathrm{d}x=x\mathrm{e}^x+C.$

(2) $\int x\cos\frac{x}{2}\mathrm{d}x=2\int x\mathrm{d}\left(\sin\frac{x}{2}\right)=2x\sin\frac{x}{2}-2\int\sin\frac{x}{2}\mathrm{d}x$

$$=2x\sin\frac{x}{2}-4\int\sin\frac{x}{2}\mathrm{d}\left(\frac{x}{2}\right)$$

$$=2x\sin\frac{x}{2}+4\cos\frac{x}{2}+C.$$

(3) 被积表达式已经是 $u\mathrm{d}v$ 的形式了，不用凑微分，直接用分部积分公式展开.

$$\int\ln^2x\mathrm{d}x=x\ln^2x-\int x\cdot 2\ln x\cdot\frac{1}{x}\mathrm{d}x=x\ln^2x-2\int\ln x\mathrm{d}x$$

$$=x\ln^2x-2x\ln x+2\int x\cdot\frac{1}{x}\mathrm{d}x$$

$$=x\ln^2x-2x\ln x+2\int\mathrm{d}x=x\ln^2x-2x\ln x+2x+C.$$

(4) $\int x^2\mathrm{e}^{-x}\mathrm{d}x=-\int x^2\mathrm{d}(\mathrm{e}^{-x})=-x^2\mathrm{e}^{-x}+\int\mathrm{e}^{-x}2x\mathrm{d}x$

$$=-x^2\mathrm{e}^{-x}-\int 2x\mathrm{d}(\mathrm{e}^{-x})=-x^2\mathrm{e}^{-x}-2x\mathrm{e}^{-x}+2\int\mathrm{e}^{-x}\mathrm{d}x$$

$$=-x^2\mathrm{e}^{-x}-2x\mathrm{e}^{-x}-2\mathrm{e}^{-x}+C=-\mathrm{e}^{-x}(x^2+2x+2)+C.$$

(5) $\int \frac{\ln^2 x}{x^2}dx = \int \ln^2 x d\left(-\frac{1}{x}\right) = -\frac{1}{x}\ln^2 x + \int \frac{1}{x}2\ln x \cdot \frac{1}{x}dx$

$= -\frac{1}{x}\ln^2 x + 2\int \frac{\ln x}{x^2}dx = -\frac{1}{x}\ln^2 x + 2\int \ln x d\left(-\frac{1}{x}\right)$

$= -\frac{1}{x}\ln^2 x - \frac{2}{x}\ln x + 2\int \frac{1}{x^2}dx = -\frac{1}{x}\ln^2 x - \frac{2}{x}\ln x - \frac{2}{x} + C$

$= -\frac{1}{x}(\ln^2 x + 2\ln x + 2) + C.$

(6) $\int x\sin x\cos x dx = \int \frac{1}{2}x\sin 2x dx = \frac{1}{2}\int x d\left(-\frac{1}{2}\cos 2x\right)$

$= -\frac{1}{4}x\cos 2x + \frac{1}{4}\int \cos 2x dx$

$= -\frac{1}{4}x\cos 2x + \frac{1}{8}\int \cos 2x d2x = -\frac{1}{4}x\cos 2x + \frac{1}{8}\sin 2x + C.$

(7) 首先换元，后分部积分. 令 $t=\sqrt[3]{x}$，则 $x=t^3$，$dx=3t^2dt$.

$\int e^{\sqrt[3]{x}}dx = \int e^t 3t^2 dt = 3\int e^t t^2 dt = 3\int t^2 d(e^t) = 3t^2e^t - 3\int 2te^t dt$

$= 3t^2e^t - 3\int 2t d(e^t) = 3t^2e^t - 6e^t t + 6\int e^t dt = 3t^2e^t - 6e^t t + 6e^t + C$

$= 3\sqrt[3]{x^2}e^{\sqrt[3]{x}} - 6e^{\sqrt[3]{x}}\sqrt[3]{x} + 6e^{\sqrt[3]{x}} + C = 3e^{\sqrt[3]{x}}(\sqrt[3]{x^2} - 2\sqrt[3]{x} + 2) + C.$

(8) 按照“指、三、幂、对、反”顺序凑微分即可.

因为 $\int e^{-x}\cos x dx = \int \cos x d(-e^{-x}) = -e^{-x}\cos x - \int e^{-x}\sin x dx$

$= -e^{-x}\cos x - \int \sin x d(-e^{-x})$

$= -e^{-x}\cos x + e^{-x}\sin x - \int e^{-x}\cos x dx,$

所以 $\int e^{-x}\cos x dx = \frac{e^{-x}}{2}(\sin x - \cos x) + C.$

本题中，经两次分部积分后，出现了“循环现象”，这时可通过解方程的方法求得积分. 这在分部积分中是一种常用的技巧.

(9) 被积函数是单一函数，不用凑微分，直接用分部积分公式.

因为 $\int \cos\ln x dx = x\cos\ln x + \int x\sin\ln x \cdot \frac{1}{x}dx = x\cos\ln x + \int \sin\ln x dx$

$= x\cos\ln x + x\sin\ln x - \int x\cos\ln x \cdot \frac{1}{x}dx$

$= x\cos\ln x + x\sin\ln x - \int \cos\ln x dx,$

所以$\int \cos\ln x\mathrm{d}x = \frac{x}{2}(\cos\ln x + \sin\ln x) + C$.

(10) 分项后，第一项用分部积分法求积分，第二项用凑微法求积分.

$$\int \frac{x^2}{1+x^2}\arctan x\mathrm{d}x = \int \frac{x^2+1-1}{1+x^2}\arctan x\mathrm{d}x = \int \arctan x\mathrm{d}x - \int \frac{1}{1+x^2}\arctan x\mathrm{d}x$$

$$= x\arctan x - \int x\frac{1}{1+x^2}\mathrm{d}x - \int \arctan x\mathrm{d}(\arctan x)$$

$$= x\arctan x - \frac{1}{2}\int \frac{1}{1+x^2}\mathrm{d}(1+x^2) - \frac{1}{2}(\arctan x)^2$$

$$= x\arctan x - \frac{1}{2}\ln(1+x^2) - \frac{1}{2}(\arctan x)^2 + C.$$

(11) 分部积分法、直接积分法、第一换元积分法综合使用.

$$\int x^2\arctan x\mathrm{d}x = \int \arctan x\mathrm{d}\left(\frac{x^3}{3}\right) = \frac{1}{3}x^3\arctan x - \int \frac{1}{3}x^3\frac{1}{1+x^2}\mathrm{d}x$$

$$= \frac{1}{3}x^3\arctan x - \frac{1}{3}\int \frac{x^3+x-x}{1+x^2}\mathrm{d}x = \frac{1}{3}x^3\arctan x - \frac{1}{3}\int\left(x - \frac{x}{1+x^2}\right)\mathrm{d}x$$

$$= \frac{1}{3}x^3\arctan x - \frac{1}{3}\int x\mathrm{d}x + \frac{1}{3}\int \frac{x}{1+x^2}\mathrm{d}x = \frac{1}{3}x^3\arctan x - \frac{1}{6}x^2 + \frac{1}{6}\int \frac{1}{1+x^2}\mathrm{d}(1+x^2)$$

$$= \frac{1}{3}x^3\arctan x - \frac{1}{6}x^2 + \frac{1}{6}\ln(1+x^2) + C.$$

(12) $\int x\ln(x-1)\mathrm{d}x = \int \ln(x-1)\mathrm{d}\left(\frac{x^2}{2}\right) = \frac{1}{2}x^2\ln(x-1) - \frac{1}{2}\int \frac{x^2}{x-1}\mathrm{d}x$

$$= \frac{1}{2}x^2\ln(x-1) - \frac{1}{2}\int \frac{x^2-1+1}{x-1}\mathrm{d}x = \frac{1}{2}x^2\ln(x-1) - \frac{1}{2}\int\left(x+1+\frac{1}{x-1}\right)\mathrm{d}x$$

$$= \frac{1}{2}x^2\ln(x-1) - \frac{1}{4}x^2 - \frac{1}{2}x - \frac{1}{2}\ln(x-1) + C$$

小结：

1. 本章的重点是积分方法，积分方法总体上可分为三大类：

方法 1　直接用公式积分.

方法 2　改变被积函数后再用方法 1：

1) 恒等变形(仅从形式上改变被积函数)；

2) 换元积分法(引进新的变量,改变被积函数)；

3) 分部积分法(转化为同一量的另一个函数的积分).

方法 3　综合法(综合以上各种方法,包括解方程的方法).

2. 积分方法灵活多变，需要做大量的练习才能掌握好. 另外，一个不定积分若采取不同的方法，可能得出形式不同的结果.

3. 不是所有初等函数的不定积分或原函数(即便存在)都是初等函数. 例如, $\int e^{x^2}dx, \int \sin x^2 dx, \int \frac{1}{\ln x}dx$ 等都不能用初等函数表示, 或者习惯地说“积不出来”. “积出来”的只是很小的一部分, 而且形式变化多样, 有的技巧性也很强.

4. 积分的计算比较复杂, 在工程技术问题中, 可以借助查积分表或利用数学软件在计算机上求原函数.

三、自我测验题

(一) 基础层次

(时间: 110 分钟, 分数: 100 分)

1. 填空题(每空 3 分,共 18 分)

(1) 若 $F'(x)=G'(x)$, 则 $F(x)$ 与 $G(x)$ 的关系为________.

(2) $\int f(x)dx=\sin 2x+C$, 则 $f(x)=$________.

(3) 若某曲线上任一点(x,y)处的切线斜率为 $k=\cos x$, 并且曲线过点$(0,3)$, 则该曲线的方程为________.

(4) 一质点做变速直线运动, 在 t 时刻的速度为 $v=2t-1$(单位:m/s), 又知在$t=3$s 时, 位移 $s=8$m, 则该质点的运动方程为________.

(5) $\left(\int \frac{\cos x}{x}dx\right)'=$________.

(6) $\int d(e^{3x}\sin x)=$________.

2. 计算题(每小题 5 分,共 70 分)

(1) $\int(\sqrt{x}-\sin x+3^x)dx$;

(2) $\int \frac{2x^2+1}{x^2(1+x^2)}dx$;

(3) $\int \frac{\sqrt{1+x^2}}{\sqrt{1-x^4}}dx$;

(4) $\int \cot^2 x dx$;

(5) $\int \frac{e^{3x}+1}{e^x+1}dx$;

(6) $\int \frac{\ln^3 x}{x}dx$;

(7) $\int e^{3-4x}dx$;

(8) $\int \sin^3 x dx$;

(9) $\int \frac{1}{4+9x^2}dx$;

(10) $\int \frac{\arcsin x}{\sqrt{1-x^2}}dx$;

(11) $\int \frac{x}{\sqrt{1-x^2}}dx$;

(12) $\int \frac{dx}{x^2\sqrt{1+x^2}}$;

(13) $\int x\mathrm{e}^{-x}\mathrm{d}x$;　　(14) $\int \arctan x\mathrm{d}x$.

3. 解答题(12 分)

设某函数 $y=f(x)$ 的导函数为 $y'=ax^2+bx+c$，且该函数在 $x=1$ 处取得极小值 0，在 $x=-1$ 处取得极大值 4，又该函数经过点 $(2,4)$，试求出这个函数.

(二) 提高层次

(时间：110 分钟，分数：100 分)

1. 填空题(每空 3 分,共 15 分)

(1) 如果 e^{-x} 是函数 $f(x)$ 的一个原函数，则 $\int f(x)\mathrm{d}x=$ ________.

(2) 若 $\int f(x)\mathrm{d}x=2\cos\frac{x}{2}+C$，则 $f(x)=$ ________.

(3) 设 $f(x)=\frac{1}{x}$，则 $\int f'(x)\mathrm{d}x=$ ________.

(4) $\int f(x)\mathrm{d}f(x)=$ ________.

(5) $\int \sin x\cos x\mathrm{d}x=$ ________.

2. 选择题(每小题 3 分,共 15 分)

(1) 设 $\int f(x)\mathrm{d}x=\frac{3}{4}\ln\sin 4x+C$，则 $f(x)=$ (　　).

A. $\cot 4x$　　B. $-\cot 4x$　　C. $3\cos 4x$　　D. $3\cot 4x$

(2) $\int \frac{\ln x}{x}\mathrm{d}x=$ (　　).

A. $\frac{1}{2}x\ln^2 x+C$　　B. $\frac{1}{2}\ln^2 x+C$　　C. $\frac{\ln x}{x}+C$　　D. $\frac{1}{x^2}-\frac{\ln x}{x^2}+C$

(3) 若 $f(x)$ 为可导、可积函数，则(　　).

A. $\left[\int f(x)\mathrm{d}x\right]'=f(x)$　　B. $\mathrm{d}\left[\int f(x)\mathrm{d}x\right]=f(x)$

C. $\int f'(x)\mathrm{d}x=f(x)$　　D. $\int \mathrm{d}f(x)=f(x)$

(4) 下列凑微分式中正确的是(　　).

A. $\sin 2x\mathrm{d}x=\mathrm{d}(\sin^2 x)$　　B. $\frac{\mathrm{d}x}{\sqrt{x}}=\mathrm{d}(\sqrt{x})$

C. $\ln|x|\mathrm{d}x=\mathrm{d}\left(\frac{1}{x}\right)$　　D. $\arctan x\mathrm{d}x=\mathrm{d}\left(\frac{1}{1+x^2}\right)$

(5) 若 $\int f(x)\mathrm{d}x=x^2+C$，则 $\int xf(1-x^2)\mathrm{d}x=$ (　　).

A. $2(1+x^2)^2+C$　　B. $-2(1-x^2)^2+C$

C. $\frac{1}{2}(1+x^2)^2+C$　　D. $-\frac{1}{2}(1-x^2)^2+C$

3. 计算题(每小题10分,共60分)

(1) $\int \tan^2 x\mathrm{d}x$;　(2) $\int \frac{1}{9-4x^2}\mathrm{d}x$;　(3) $\int \sin^2 x\mathrm{d}x$;

(4) $\int \frac{1}{\sqrt{x}+\sqrt[3]{x}}\mathrm{d}x$;　(5) $\int \frac{\sqrt{x^2-4}}{x}\mathrm{d}x$;　(6) $\int \arcsin x\mathrm{d}x$.

4. 解答题(10分)

已知$f(x)$的一个原函数为$\frac{\sin x}{x}$, 求$\int xf'(x)\mathrm{d}x$.

参考答案

(一) 基础层次

1. (1) $F(x)=G(x)+C$; (2) $2\cos 2x$;

(3) $y=\sin x+3$; (4) $s=t^2-t+2$; (5) $\frac{\cos x}{x}$; (6) $\mathrm{e}^{3x}\sin x+C$.

2. (1) $\frac{2}{3}x^{\frac{3}{2}}+\cos x+\frac{3^x}{\ln 3}+C$; (2) $\arctan x-\frac{1}{x}+C$; (3) $\arcsin x+C$;

(4) $-\cot x-x+C$; (5) $\frac{1}{2}\mathrm{e}^{2x}-\mathrm{e}^x+x+C$; (6) $\frac{1}{4}\ln^4 x+C$;

(7) $-\frac{1}{4}\mathrm{e}^{(3-4x)}+C$; (8) $-\cos x+\frac{1}{3}\cos^3 x+C$;

(9) $\frac{1}{6}\arctan\frac{3}{2}x+C$; (10) $\frac{1}{2}\arcsin^2 x+C$;

(11) $-\sqrt{1-x^2}+C$; (12) $-\frac{1}{\sin\arctan x}+C$;

(13) $-\mathrm{e}^{-x}(x+1)+C$; (14) $x\arctan x-\frac{1}{2}\ln(1+x^2)+C$.

3. $y=x^3-3x+2$.

(二) 提高层次

1. (1) $\mathrm{e}^{-x}+C$; (2) $-\sin\frac{x}{2}$; (3) $\frac{1}{x}+C$; (4) $\frac{1}{2}f^2(x)+C$;

(5) $\frac{1}{2}\sin^2 x+C$.

2. (1) D; (2) B; (3) A; (4) A; (5) D.

3.(1) 原式 $=\int(\sec^2x-1)\mathrm{d}x=\tan x-x+C.$

(2) 原式 $=\frac{1}{6}\int\frac{(3-2x)+(3+2x)}{(3-2x)(3+2x)}\mathrm{d}x=\frac{1}{12}\int\frac{\mathrm{d}(3+2x)}{(3+2x)}-\frac{1}{12}\int\frac{\mathrm{d}(3-2x)}{(3-2x)}$

$=\frac{1}{12}\ln\left|\frac{3+2x}{3-2x}\right|+C.$

(3) 原式 $=\int\frac{1-\cos2x}{2}\mathrm{d}x=\frac{1}{2}x-\frac{1}{4}\sin2x+C.$

(4) 令 $t=\sqrt[6]{x}$，则 $x=t^6$，$\mathrm{d}x=6t^5\mathrm{d}t.$

原式 $=\int\frac{6t^5}{t^3+t^2}\mathrm{d}t=6\int\left(t^2-t+1-\frac{1}{t+1}\right)\mathrm{d}t=2t^3-3t^2+6t-6\ln|t+1|+C$

$=2\sqrt{x}-3\sqrt[3]{x}+6\sqrt[6]{x}-6\ln|\sqrt[6]{x}+1|+C.$

(5) 令 $x=2\sec t$，则 $\mathrm{d}x=2\sec t\tan t\mathrm{d}t.$

原式 $=\int\frac{2\tan t}{2\sec t}2\sec t\tan t\mathrm{d}t=2\int(\sec^2t-1)\mathrm{d}t=2\tan t-2t+C$

$=\sqrt{x^2-4}-2\arccos\frac{2}{x}+C.$

(6) 原式 $=x\arcsin x-\int\frac{x}{\sqrt{1-x^2}}\mathrm{d}x=x\arcsin x+\frac{1}{2}\int(1-x^2)^{-\frac{1}{2}}\mathrm{d}(1-x^2)$

$=x\arcsin x+\sqrt{1-x^2}+C.$

4. $\int xf'(x)\mathrm{d}x=\int x\mathrm{d}f(x)=xf(x)-\int f(x)\mathrm{d}x=x\left(\frac{\sin x}{x}\right)'-\frac{\sin x}{x}+C$

$=\cos x-\frac{2\sin x}{x}+C.$

第五章　定积分及其应用

一、知识剖析

（一）知识网络

- 定积分
  - 定积分的概念
    - 定积分的定义
    - 定积分的性质
    - 定积分的几何意义
  - 微积分基本定理
    - 积分上限函数
    - 牛顿-莱布尼茨公式
  - 两种技巧
    - 定积分的换元法
    - 定积分的分部积分法
  - 定积分的应用
    - 求平面图形的面积
    - 求旋转体的体积
    - 计算函数的平均值

（二）知识重点与学习要求

1）理解定积分概念和定积分的几何意义.

2）了解变上限函数的导数，掌握牛顿-莱布尼茨公式.

3）掌握定积分的换元积分法和分部积分法.

4）掌握奇函数和偶函数在对称区间定积分的求法.

5）掌握微元法，能够利用微元法求不规则图形的面积、旋转体的体积和函数的平均值.

6）掌握广义积分的概念及求法.

（三）概念理解与方法掌握

1. 定积分的概念

（1）概念理解　定积分是高等数学最重要的概念之一，利用定积分可以解决一类问题：计算在某一范围（区间）有可加性且分布不均匀的量. 实际中可遇到很多这样的量，因此定积分在实际中有很大用途.

说明：

1）“可加性”即可以分割，将所求量分成很多小部分，所有小部分之和即为所求量．如长度、面积、体积、质量、力所做的功等都是具有可加性的量．

2）“分布不均匀”则不能用初等数学的方法解决．如曲边梯形因为“曲边”而导致面积分布不均匀；变速直线运动因为“变速”而产生路程分布不均匀．

定积分概念所蕴含的“分割、取近似、求和、取极限”是解决这类问题的基本思路．教材中的“两个实例”充分体现了这一点．

第一步：分割（化整为零）　将所求量分割为很多小部分，所有小部分之和即为所求量；

第二步：取近似（在小范围以不变代变）　求每一小部分量的近似值（小曲边梯形面积近似等于小矩形面积，短时间的变速直线运动近似于匀速直线运动等）；

第三步：求和（积零为整）　第二步求得的所有近似值之和即为所求量的近似值；

第四步：取极限（精确化）　第一步的分割越细，第三步的“和”近似程度越高，近似值就越来越接近于精确值（极限思想）．

大家在学习时，要领会解决问题的思路和方法，同时注意到两个实例中所求量都有相同的“形式”——和式的极限

$$\lim_{\lambda \to 0} \sum_{i=1}^{n} f(\xi_i)\Delta x_i.$$

注意：

1）定积分的本质：积分是微分（微小部分，即分割后所得小部分量的近似值）的无限累积．

2）定积分的关键点：在小范围用不变代变求近似．

大家可以试着找一些同类的问题，例如：①计算密度不均匀的细棒（只计长度）的质量；②充电的过程即电量累积的过程，若利用交流电充电，其电流不均匀，计算在给定时间段所充的电量．

当然，定积分概念只提供思路，求解实际问题需用微元法，进一步计算定积分则要应用牛顿-莱布尼茨公式．

（2）定积分的性质

$$\int_a^b f(x)\,dx = -\int_b^a f(x)\,dx,\ \int_a^b f(x)\,dx = \int_a^c f(x)\,dx + \int_c^b f(x)\,dx.$$

注意：计算定积分的过程中，可依据实际问题，灵活运用“定积分上下限互换”和“拆分积分区间”等方法．

（3）定积分的几何意义　理解、掌握定积分的几何意义对于利用定积分解

决问题有很大帮助.

$\int_a^b f(x)\,dx$ $(a<b)$ 在几何上表示由曲线 $y=f(x)$，直线 $x=a$，$x=b$ 及 x 轴所围成的封闭平面图形面积的代数和. 要学会用定积分表示封闭的平面图形的面积，反之，给出定积分表达式，学会诠释它的几何意义. 有时，利用被积函数的几何意义求定积分的值，比用定积分的计算方法更简单有效.

2. 微积分基本公式

(1) 积分上限函数　若函数 $f(x)$ 在区间 $[a,b]$ 上连续，那么在 $[a,b]$ 上每取一点 x，则 $f(x)$ 在 $[a,x]$ 上也是连续的，因此定积分 $\int_a^x f(x)\,dx$ 存在. 因为定积分与积分变量的记法无关，为了使上限与积分变量便于区分，改变积分变量的符号，上述积分记为 $\int_a^x f(t)\,dt$，即在 $[a,b]$ 内每取一个 x，就有一个定积分值 $\int_a^x f(t)\,dt$ 与它唯一对应，因此构成一个新函数，记为 $\varphi(x)$，称为变上限函数，即 $\varphi(x)=\int_a^x f(t)\,dt \quad x\in[a,b]$.

(2) 积分上限函数求导

$$\varphi'(x)=\frac{d}{dx}\int_a^x f(t)\,dt=f(x).$$

推论：① $\dfrac{d}{dx}\int_a^{g(x)} f(t)\,dt=f(g(x))g'(x)$；

② $\dfrac{d}{dx}\int_{\alpha(x)}^{\beta(x)} f(t)\,dt=f(\beta(x))\beta'(x)-f(\alpha(x))\alpha'(x)$.

注：这部分内容专接本必考，其他学生了解即可.

(3) 牛顿-莱布尼茨公式

$$\int_a^b f(x)\,dx=F(x)\Big|_a^b=F(b)-F(a).$$

关键：求出 $f(x)$ 的原函数 $F(x)$.

3. 定积分的换元法

(1) 换元法的基本步骤

$$\int_a^b f(x)\,dx \xlongequal{x=\varphi(t)} \int_c^d f(\varphi(t))\,d\varphi(t) = \int_c^d g(t)\,dt,$$

其中，$g(t)=f(\varphi(t))\varphi'(t)$.

关键：积分变量如果改变，那么积分上、下限要相应改变，即 $t=c \xleftarrow{t=\varphi^{-1}(x)} x=a$，$t=d \xleftarrow{t=\varphi^{-1}(x)} x=b$.

定积分的换元法：换元要换限，换限要对应；"凑微"不换元，换元不还原.

(2) 利用函数的奇偶性计算定积分

$$\int_{-a}^{a} f(x)\,\mathrm{d}x = \begin{cases} 0 & f(x)\ \text{是奇函数} \\ 2\int_{0}^{a} f(x)\,\mathrm{d}x & f(x)\ \text{是偶函数} \end{cases}.$$

注意：在计算对称区间(积分上、下限互为相反数)上的定积分时，应特别留意被积函数的奇偶性.

4. 定积分的分部积分法

$$\int_{a}^{b} u\mathrm{d}v = uv\Big|_{a}^{b} - \int_{a}^{b} v\mathrm{d}u.$$

关键：函数 u 和函数 v 的选择，请参照不定积分的分部积分法.

5. 无限区间上的广义积分

无限区间的广义积分可以理解为有限区间上定积分的推广. 无限区间有三种情形：$[a,+\infty)$，$(-\infty,b]$，$(-\infty,+\infty)$，其计算方法按照“求闭区间上的定积分的极限”计算. 例如，$[a,+\infty)$上的广义积分，定义式为

$$\int_{a}^{+\infty} f(x)\,\mathrm{d}x \xlongequal{\text{任取 } b>a} \lim_{b\to+\infty}\int_{a}^{b} f(x)\,\mathrm{d}x = \lim_{b\to+\infty}[F(b)-F(a)].$$

如果极限存在，则称广义积分收敛；若极限不存在，则称广义积分发散.

也可以按照以下方法计算：$\int_{a}^{+\infty} f(x)\,\mathrm{d}x = F(x)\Big|_{a}^{+\infty} = \lim\limits_{x\to+\infty} F(x) - F(a)$.

类似可得$(-\infty,b]$，$(-\infty,+\infty)$上的广义积分的计算方法.

6. 定积分的应用举例

(1) 微元法

1) 确定积分变量 x(或 y)，积分区间$[a,b]$(或$[c,d]$)；

2) 找出微元 $f(x)\,\mathrm{d}x$(或 $\varphi(y)\,\mathrm{d}y$)；

3) 写出并计算定积分 $\int_{a}^{b} f(x)\,\mathrm{d}x$(或 $\int_{c}^{d}\varphi(y)\,\mathrm{d}y$).

注意：“积分变量”“积分区间”是分割的方法、范围的实际选择，“微元”是实际分割后微小部分的合理近似值，“写出并计算定积分”是执行定积分概念中“求和、取极限”两步骤的过程与结果.

(2) 求平面图形的面积

问题 1：由曲线 $y=f(x)$，$y=g(x)$和直线 $x=a$，$x=b$ 所围成图形的面积 A(图 5-1). (这里 $f(x)\geqslant g(x)$，$x\in[a,b]$)

1) 积分变量 x，积分区间$[a,b]$；

2) 面积微元 $\mathrm{d}A=[f(x)-g(x)]\mathrm{d}x$；

3) 面积 $A=\int_{a}^{b}[f(x)-g(x)]\mathrm{d}x$.

问题 2：由曲线 $x=w(y)$，$x=v(y)$和直线 $y=c$，$y=d$ 所围成图形的面积 A(图 5-2). (这里 $w(y)\geqslant v(y)$，$y\in[c,d]$)

面积 $A = \int_c^d [w(y) - v(y)]\mathrm{d}y.$

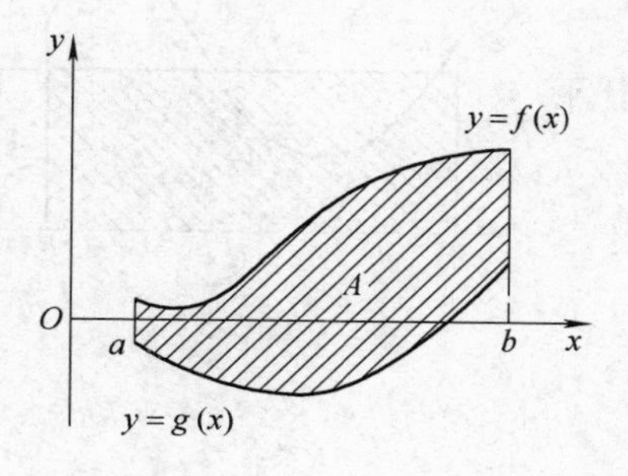

图 5-1

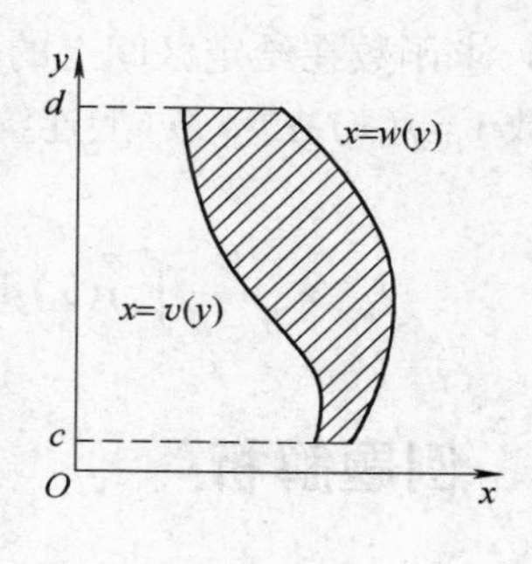

图 5-2

（3）求旋转体的体积

问题1：由直线 $x=a$，$x=b$，x 轴和曲线 $y=f(x)$ 所围成的平面图形绕 x 轴旋转一周而成的几何体的体积 V(图 5-3).

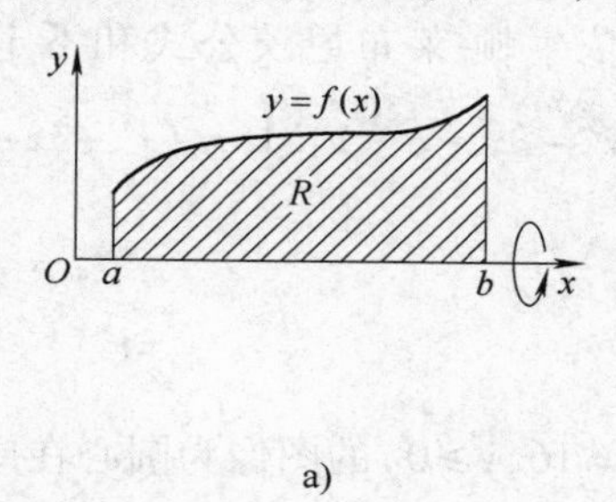

a)

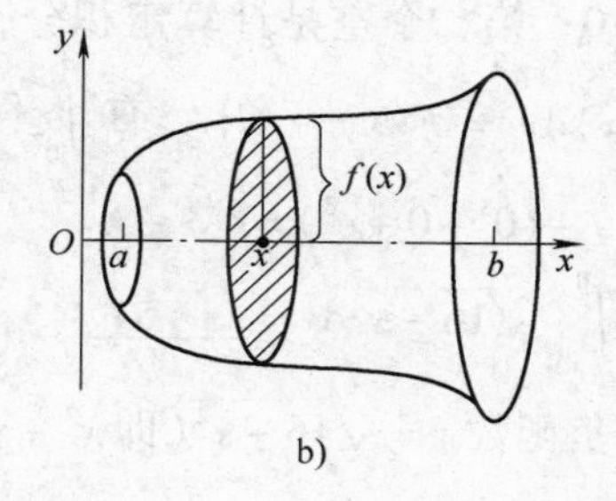

b)

图 5-3

体积 $V = \int_a^b \pi[f(x)]^2\mathrm{d}x.$

问题2：由直线 $y=c$，$y=d$，y 轴和曲线 $x=u(y)$ 所围成的平面图形绕 y 轴旋转一周而成的几何体的体积 V(图 5-4).

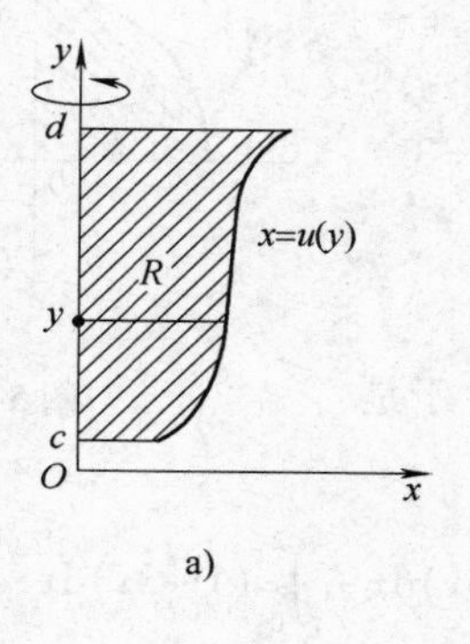

a)

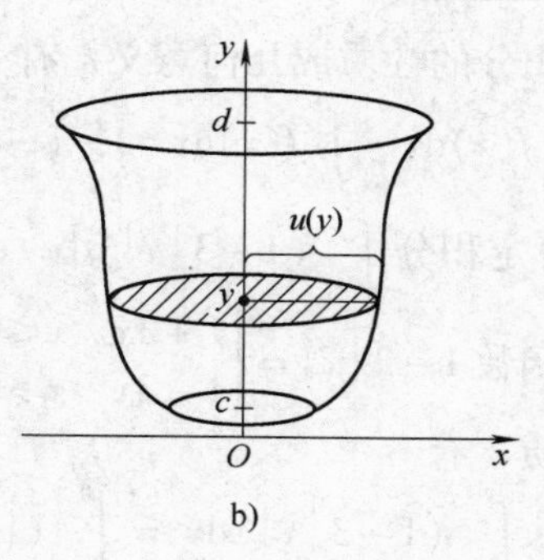

b)

图 5-4

体积 $V=\int_c^d \pi\,[u(y)]^2 \mathrm{d}y.$

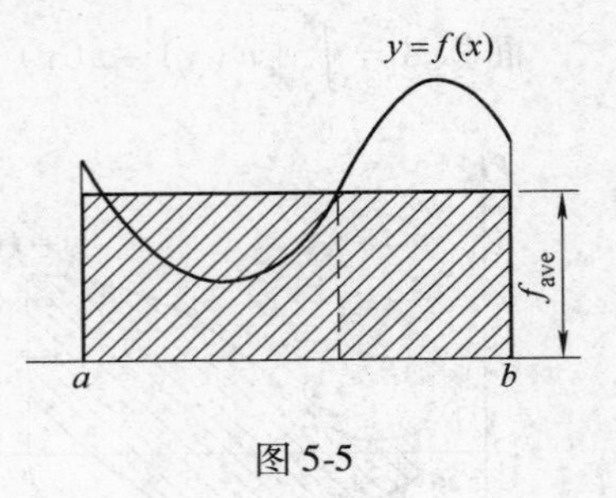

图 5-5

(4) 求函数在给定区间上的平均值 f_{ave}

函数 $y=f(x)$ 在 $[a,b]$ 上连续(图 5-5)，其平均值为

$$f_{\text{ave}}=\frac{1}{b-a}\int_a^b f(x)\,\mathrm{d}x.$$

二、例题解析

例 1　$\frac{\mathrm{d}}{\mathrm{d}x}\left[\int_{-1}^1 (x^3-3x+\mathrm{e}^{-x})\mathrm{d}x\right]=$ ________；$\int_0^1 [(x^3-3x+\mathrm{e}^{-x})]'\mathrm{d}x=$ ________.

解　由定积分的定义可知，定积分是一个极限值(确切地说,是一个数)，故第一个空填 0；第二个空是计算定积分，依牛顿-莱布尼茨公式和不定积分的性质$\left(\text{即}\int F'(x)\mathrm{d}x=F(x)+C\right)$，有 $\int_0^1 [(x^3-3x+\mathrm{e}^{-x})]'\mathrm{d}x=(x^3-3x+\mathrm{e}^{-x})\Big|_0^1=(1^3-3+\mathrm{e}^{-1})-(0^3-0+\mathrm{e}^0)=\mathrm{e}^{-1}-3.$

例 2　$\int_{-4}^0 \sqrt{16-x^2}\,\mathrm{d}x=$ ________.

解　非负函数 $y=\sqrt{16-x^2}$ (即 $x^2+y^2=16, y\geqslant 0$)的图像为圆心在原点，半径为 $r=4$ 的圆的上半部分，如图 5-6 所示. 由定积分的几何意义，$\int_{-4}^0 \sqrt{16-x^2}\,\mathrm{d}x=\frac{1}{4}(\pi r^2)=4\pi.$

例 3　若 $\int_0^1 f(x)\mathrm{d}x=-2$，$\int_0^5 f(x)\mathrm{d}x=1$，则 $\int_1^5 f(x)\mathrm{d}x=$ ________.

解　依定积分的性质或几何意义，有

$$\int_1^5 f(x)\mathrm{d}x=\int_0^5 f(x)\mathrm{d}x-\int_0^1 f(x)\mathrm{d}x=1-(-2)=3.$$

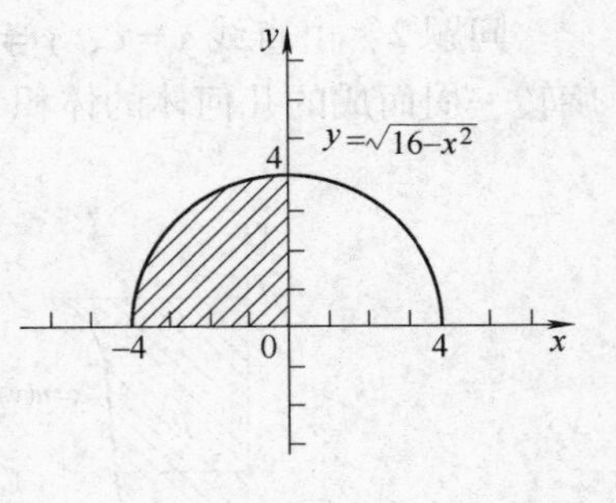

图 5-6

例 4　计算定积分 $\int_{-1}^2 (1-3|x|)\mathrm{d}x.$

解　被积函数 $1-3|x|=\begin{cases}1+3x & x\leqslant 0\\ 1-3x & x>0\end{cases}$，于是依定积分的性质，有

$$\int_{-1}^2 (1-3|x|)\mathrm{d}x=\int_{-1}^0 (1+3x)\mathrm{d}x+\int_0^2 (1-3x)\mathrm{d}x$$

$$=\left(x+\frac{3}{2}x^2\right)\Big|_{-1}^{0}+\left(x-\frac{3}{2}x^2\right)\Big|_{0}^{2}$$

$$=\left(0-\frac{1}{2}\right)+(-4-0)=-\frac{9}{2}.$$

例 5 计算定积分 $\int_0^1 \frac{1+x+x^3}{1+x^2}dx$.

解 分子 $1+x+x^3$ 被分母 $1+x^2$ 除，商为 x，余式为 1，即 $1+x+x^3=x(1+x^2)+1$，于是有

$$\int_0^1 \frac{1+x+x^3}{1+x^2}dx=\int_0^1 \frac{1+x(1+x^2)}{1+x^2}dx=\int_0^1 \frac{1}{1+x^2}dx+\int_0^1 x dx$$

$$=\arctan x\Big|_0^1+\frac{1}{2}x^2\Big|_0^1=\frac{\pi}{4}+\frac{1}{2}.$$

例 6 计算定积分 $\int_0^1 \frac{x^4}{1+x^2}dx$.

解 $\int_0^1 \frac{x^4}{1+x^2}dx=\int_0^1 \frac{x^4-1+1}{1+x^2}dx=\int_0^1 (x^2-1)dx+\int_0^1 \frac{1}{1+x^2}dx$

$$=\left(\frac{x^3}{3}-x\right)\Big|_0^1+\arctan x\Big|_0^1=\frac{\pi}{4}-\frac{2}{3}.$$

注意：数学上常用“加1、减1”去求解某些问题.

例 7 计算定积分 $\int_1^{\sqrt{3}} \frac{1-x+x^2}{x(1+x^2)}dx$.

解 分母为 x 与 $1+x^2$ 两项的乘积，分子需据此二项进行分拆，即分子被分为 x 部与 $1+x^2$ 部的代数和. 于是有

$$\int_1^{\sqrt{3}} \frac{1-x+x^2}{x(1+x^2)}dx=\int_1^{\sqrt{3}} \frac{(1+x^2)-x}{x(1+x^2)}dx=\int_1^{\sqrt{3}} \frac{1}{x}dx-\int_1^{\sqrt{3}} \frac{1}{1+x^2}dx$$

$$=\ln|x|\Big|_1^{\sqrt{3}}-\arctan x\Big|_1^{\sqrt{3}}=\frac{1}{2}\ln 3-\frac{\pi}{12}.$$

例 8 计算定积分 $\int_0^{2\pi} \sqrt{1-\cos 2x}dx$.

解 依三角学二倍角公式 $1-\cos 2x=2\sin^2 x$，可得

$$\int_0^{2\pi} \sqrt{1-\cos 2x}dx=\int_0^{2\pi} \sqrt{2\sin^2 x}dx=\sqrt{2}\int_0^{2\pi} |\sin x|dx$$

$$=\sqrt{2}\left[\int_0^{\pi} \sin x dx+\int_{\pi}^{2\pi} (-\sin x)dx\right]$$

$$=\sqrt{2}\left[(-\cos x)\Big|_0^{\pi}+\cos x\Big|_{\pi}^{2\pi}\right]$$

$$=\sqrt{2}\{[(-\cos\pi)-(-\cos 0)]+(\cos 2\pi-\cos\pi)\}$$

$$=4\sqrt{2}.$$

例 9　计算定积分 $\int_1^9 \frac{1+x}{\sqrt{x}}dx$.

解　此被积函数可展开成 x 的不同次幂的代数和，有

$$\int_1^9 \frac{1+x}{\sqrt{x}}dx = \int_1^9 \left(\frac{1}{\sqrt{x}}+\sqrt{x}\right)dx = \left(2\sqrt{x}+\frac{2}{3}x^{\frac{3}{2}}\right)\Big|_1^9 = \frac{64}{3}.$$

例 10　求极限 $\lim\limits_{n\to\infty}\left(\frac{1}{n^2}+\frac{2}{n^2}+\cdots+\frac{n-1}{n^2}\right)$.（利用定积分的定义）

解　依定积分的定义：$\int_a^b f(x)dx = \lim\limits_{\lambda\to 0}\sum\limits_{i=1}^{n} f(\xi_i)\Delta x_i$，$\lambda = \max\limits_{1\leq i\leq n}\{\Delta x_i\}$.

这里，设积分函数 $f(x)=x$，定积分区间 $[a,b]=[0,1]$，然后将其 n 等分，每个小区间长度 $\Delta x_i = \frac{1}{n}$，ξ_i 取每个小区间的左端点，则

$$f(\xi_1)=f(0)=\frac{0}{n},\ f(\xi_2)=f\left(\frac{1}{n}\right)=\frac{1}{n},\ f(\xi_3)=f\left(\frac{2}{n}\right)=\frac{2}{n},\ \cdots,$$

$$f(\xi_i)=f\left(\frac{i-1}{n}\right)=\frac{i-1}{n},\ \cdots,\ f(\xi_n)=f\left(\frac{n-1}{n}\right)=\frac{n-1}{n}.$$

于是，$\lim\limits_{n\to\infty}\left(\frac{0}{n^2}+\frac{1}{n^2}+\frac{2}{n^2}+\cdots+\frac{n-1}{n^2}\right)=\lim\limits_{\frac{1}{n}\to 0}\sum\limits_{i=1}^{n}\frac{i-1}{n}\cdot\frac{1}{n}=\lim\limits_{\lambda\to 0}\sum\limits_{i=1}^{n} f\left(\frac{i-1}{n}\right)\Delta x_i$，

即原极限 $=\int_0^1 x dx = \frac{1}{2}$.

思考：如何利用定积分定义求下列极限？

$$\lim_{n\to\infty}\left[\frac{\pi}{n}\left(\sin\frac{\pi}{n}+\sin\frac{2\pi}{n}+\sin\frac{3\pi}{n}+\cdots+\sin\frac{n\pi}{n}\right)\right].$$

例 11　计算定积分 $\int_0^1 x(1-x^2)^5 dx$.

解　被积函数含有复合函数部分 $(1-x^2)^5$，复合函数 $y=(1-x^2)^5$ 可分解为 $y=u^5$，$u=1-x^2$，若将原定积分中的 $dx \xrightarrow{\text{换成}} d(1-x^2)=-2xdx$，则

$$\int_0^1 x(1-x^2)^5 dx = \int_0^1 x(1-x^2)^5\cdot\frac{1}{-2x}d(1-x^2) = -\frac{1}{2}\int_0^1 (1-x^2)^5 d(1-x^2)$$

$$\begin{cases} \xlongequal{\text{牛顿-莱布尼茨公式}} -\frac{1}{12}(1-x^2)^6\Big|_0^1 = \frac{1}{12} \\ \xlongequal{\text{定积分换元法：设 } 1-x^2=u} -\frac{1}{2}\int_1^0 u^5 du = -\frac{1}{12}u^6\Big|_1^0 = \frac{1}{12} \end{cases}.$$

例 12　计算定积分 $\int_0^1 \frac{2x+3}{(x-2)(x+5)}dx$.

解　被积函数为分式形式，而且分母是由多个因式（特别是一次多项式 $ax+$

b)的乘积组成，此时可用待定系数法，还原该分式为通分前的代数式.

设$\frac{2x+3}{(x-2)(x+5)}=\frac{A}{x-2}+\frac{B}{x+5}$，则有$2x+3=A(x+5)+B(x-2)$，解得$A=1$，$B=1$.

因此，$\int_0^1\frac{2x+3}{(x-2)(x+5)}\mathrm{d}x=\int_0^1\left(\frac{1}{x-2}+\frac{1}{x+5}\right)\mathrm{d}x=\int_0^1\frac{\mathrm{d}x}{x-2}+\int_0^1\frac{\mathrm{d}x}{x+5}$

$$=\ln|x-2|\Big|_0^1+\ln|x+5|\Big|_0^1=\ln|(x-2)(x+5)|\Big|_0^1=\ln 0.6.$$

例 13　计算定积分$\int_{-1}^0\frac{2x}{x^3-x^2+x-1}\mathrm{d}x$.

解　$\int_{-1}^0\frac{2x}{x^3-x^2+x-1}\mathrm{d}x=\int_{-1}^0\frac{2x}{(x-1)(x^2+1)}\mathrm{d}x$,

设$\frac{2x}{(x-1)(x^2+1)}=\frac{A}{x-1}+\frac{Bx+C}{x^2+1}$，则有$2x=A(x^2+1)+(x-1)(Bx+C)$，解得$A=1$，$B=-1$，$C=1$，于是

$$\int_{-1}^0\frac{2x}{x^3-x^2+x-1}\mathrm{d}x=\int_{-1}^0\left(\frac{1}{x-1}+\frac{-x+1}{x^2+1}\right)\mathrm{d}x=\int_{-1}^0\frac{\mathrm{d}x}{x-1}-\int_{-1}^0\frac{x\mathrm{d}x}{x^2+1}+\int_{-1}^0\frac{\mathrm{d}x}{x^2+1}$$

$$=\ln|x-1|\Big|_{-1}^0-\frac{1}{2}\ln|x^2+1|\Big|_{-1}^0+\arctan x\Big|_{-1}^0=-\ln 2+\frac{1}{2}\ln 2-\frac{\pi}{4}=-\frac{1}{2}\ln 2-\frac{\pi}{4}.$$

例 14　计算定积分$\int_3^5\frac{2x+6}{x^2+6x+1}\mathrm{d}x$.

解　$\int_3^5\frac{2x+6}{x^2+6x+1}\mathrm{d}x=\int_3^5\frac{\mathrm{d}(x^2+6x+1)}{x^2+6x+1}\xlongequal{\text{牛顿-莱布尼茨公式}}\ln|x^2+6x+1|\Big|_3^5=\ln 2$，或者$\int_3^5\frac{\mathrm{d}(x^2+6x+1)}{x^2+6x+1}\xlongequal{\text{定积分换元法：设}x^2+6x+1=u}\int_{28}^{56}\frac{\mathrm{d}u}{u}=\ln u\Big|_{28}^{56}=\ln 2.$

例 15　计算定积分$\int_1^{\mathrm{e}^3}\frac{\mathrm{d}x}{x\sqrt{1+\ln x}}$.

解　$\int_1^{\mathrm{e}^3}\frac{\mathrm{d}x}{x\sqrt{1+\ln x}}=\int_1^{\mathrm{e}^3}\frac{1}{\sqrt{1+\ln x}}\mathrm{d}(1+\ln x)=2\sqrt{1+\ln x}\Big|_1^{\mathrm{e}^3}=2$,

(定积分换元法)$\int_1^{\mathrm{e}^3}\frac{1}{\sqrt{1+\ln x}}\mathrm{d}(1+\ln x)\xrightarrow{\text{设}1+\ln x=u}\int_1^4\frac{1}{\sqrt{u}}\mathrm{d}u=2\sqrt{u}\Big|_1^4=2.$

例 16　计算定积分$\int_{-\frac{\pi}{4}}^{\frac{\pi}{4}}4\cos^4\theta\mathrm{d}\theta$.

解

$$\int_{-\frac{\pi}{4}}^{\frac{\pi}{4}}4\cos^4\theta\mathrm{d}\theta\xlongequal{\cos^2\theta=\frac{1}{2}(\cos 2\theta+1)}\int_{-\frac{\pi}{4}}^{\frac{\pi}{4}}(\cos 2\theta+1)^2\mathrm{d}\theta=\int_{-\frac{\pi}{4}}^{\frac{\pi}{4}}(\cos^2 2\theta+2\cos 2\theta+1)\mathrm{d}\theta$$

$$= \int_{-\frac{\pi}{4}}^{\frac{\pi}{4}} \left(\frac{1}{2}\cos 4\theta + \frac{1}{2}\right) d\theta + \int_{-\frac{\pi}{4}}^{\frac{\pi}{4}} \cos 2\theta d(2\theta) + \int_{-\frac{\pi}{4}}^{\frac{\pi}{4}} 1 d\theta$$

$$= \frac{1}{8}\sin 4\theta \Big|_{-\frac{\pi}{4}}^{\frac{\pi}{4}} + \frac{\pi}{4} + \sin 2\theta \Big|_{-\frac{\pi}{4}}^{\frac{\pi}{4}} + \frac{\pi}{2} = \frac{3}{4}\pi + 2.$$

注意：对于形如 $\int \sin^m x \cos^n x dx$ 的不定积分，只要 m 或 n 中有一个为非负整数且为奇数，可以应用 $\sin^2 x + \cos^2 x = 1$，将被积表达式表示成：$-\int (1-\cos^2 x)^k \cos^n x d\cos x$（$m = 2k+1$）或者 $\int \sin^m x(1-\sin^2 x)^l d\sin x$（$n = 2l+1$），然后用换元法求解.

例 17　计算定积分 $\int_0^{\frac{\pi}{3}} \frac{\sin^3 x}{\cos^4 x} dx$.

解　$\int_0^{\frac{\pi}{3}} \frac{\sin^3 x}{\cos^4 x} dx = \int_0^{\frac{\pi}{3}} \tan^2 x \tan x \sec x dx = \int_0^{\frac{\pi}{3}} (\sec^2 x - 1) d\sec x$

$$= \frac{\sec^3 x}{3}\Big|_0^{\frac{\pi}{3}} - \sec x \Big|_0^{\frac{\pi}{3}} = \left(\frac{8}{3} - \frac{1}{3}\right) - (2-1) = \frac{4}{3}.$$

注意：本题类型适合转化为 $\tan x$，$\cot x$，$\sec x$，$\csc x$ 后求解.

例 18　计算定积分 $\int_{-2}^{-1} \frac{dx}{x^2+4x+5}$.

解　$\int_{-2}^{-1} \frac{dx}{x^2+4x+5} = \int_{-2}^{-1} \frac{d(x+2)}{(x+2)^2+1} \xlongequal{\text{定积分换元法：设 } x+2=u} \int_0^1 \frac{du}{1+u^2} = \arctan u \Big|_0^1 = \frac{\pi}{4}.$

注意：熟记常用的凑微分形式，并适时变通.

例 19　计算定积分 $\int_{\frac{1}{2}}^1 \frac{x+1}{\sqrt{2x-x^2}} dx$.

解　本题被积函数也有复合部分，$dx \xrightarrow{\text{换成}} d(2x-x^2)$ 可否？留给大家一试.

$$\int_{\frac{1}{2}}^1 \frac{x+1}{\sqrt{2x-x^2}} dx = \int_{\frac{1}{2}}^1 \frac{x-1}{\sqrt{2x-x^2}} dx + \int_{\frac{1}{2}}^1 \frac{2}{\sqrt{1-(x^2-2x+1)}} dx$$

$$= \int_{\frac{1}{2}}^1 \frac{\left(-\frac{1}{2}\right) d(2x-x^2)}{\sqrt{2x-x^2}} + \int_{\frac{1}{2}}^1 \frac{2}{\sqrt{1-(x-1)^2}} dx$$

$$= \left(-\frac{1}{2}\right) \int_{\frac{1}{2}}^1 \frac{d(2x-x^2)}{\sqrt{2x-x^2}} + 2\int_{\frac{1}{2}}^1 \frac{1}{\sqrt{1-(x-1)^2}} d(x-1)$$

$$= -\sqrt{2x-x^2}\Big|_{\frac{1}{2}}^1 + 2\arcsin(x-1)\Big|_{\frac{1}{2}}^1$$

$$=\left[-1-\left(-\sqrt{\frac{3}{4}}\right)\right]+\left[0-2\left(-\frac{\pi}{6}\right)\right]=\frac{\sqrt{3}}{2}-1+\frac{\pi}{3}.$$

注意：本题可以认为是由$\int_{\frac{1}{2}}^{1}\frac{x-1}{\sqrt{2x-x^2}}dx$和$\int_{\frac{1}{2}}^{1}\frac{2}{\sqrt{2x-x^2}}dx$两个典型的定积分题目合成而来的. 求解$\int_{\frac{1}{2}}^{1}\frac{2}{\sqrt{2x-x^2}}dx$是将$\frac{dx}{\sqrt{1-x^2}}=d\arcsin x$变通为$\frac{1}{\sqrt{1-(x-1)^2}}d(x-1)$.

例 20 计算定积分$\int_0^{\ln 2}\sqrt{e^x-1}dx$.

解 被积函数是一个根式，可用变量代换消去根号. 设$\sqrt{e^x-1}=t$，则有$x=\ln(1+t^2)$，$t\geqslant 0$，并且积分上下限相应改变：$x=0\leftrightarrow t=0$，$x=\ln 2\leftrightarrow t=1$.

$$\int_0^{\ln 2}\sqrt{e^x-1}dx=\int_0^1 td[\ln(1+t^2)]=\int_0^1\frac{2t^2}{1+t^2}dt=2\int_0^1\frac{1+t^2-1}{1+t^2}dt=2(t-\arctan t)\Big|_0^1$$

$$=2-\frac{\pi}{2}.$$

例 21 计算定积分$\int_{\frac{3}{4}}^{1}\frac{dx}{\sqrt{1-x}-1}$.

解 被积函数含有$\sqrt[n]{ax+b}$的可以考虑用变量代换消去根式. 设$\sqrt{1-x}=t$，则有$x=1-t^2$，$t\geqslant 0$且$t\neq 1$，同时积分上下限相应改变：$x=\frac{3}{4}\leftrightarrow t=\frac{1}{2}$，$x=1\leftrightarrow t=0$.

$$\int_{\frac{3}{4}}^{1}\frac{dx}{\sqrt{1-x}-1}=\int_{\frac{1}{2}}^{0}\frac{d(1-t^2)}{t-1}=\int_0^{\frac{1}{2}}\frac{2tdt}{t-1}=2\int_0^{\frac{1}{2}}\frac{t-1+1}{t-1}dt=2\int_0^{\frac{1}{2}}dt+2\int_0^{\frac{1}{2}}\frac{d(t-1)}{t-1}$$

$$=1+2\ln|t-1|\Big|_0^{\frac{1}{2}}=1-2\ln 2.$$

例 22 计算定积分$\int_0^{\frac{1}{3}}\frac{1}{(1+9x^2)^2}dx$.

解 令$3x=\tan\theta$，$-\frac{\pi}{2}<\theta<\frac{\pi}{2}$，则$1+9x^2=1+\tan^2\theta=\sec^2\theta$，

$$dx=\frac{1}{3}d\tan\theta=\frac{1}{3}\sec^2\theta d\theta,$$

积分上下限同时改变为：$x=0\leftrightarrow\theta=0$，$x=\frac{1}{3}\leftrightarrow\theta=\frac{\pi}{4}$.

$$\int_0^{\frac{1}{3}}\frac{1}{(1+9x^2)^2}dx=\int_0^{\frac{\pi}{4}}\frac{\frac{1}{3}\sec^2\theta}{\sec^4\theta}d\theta=\frac{1}{3}\int_0^{\frac{\pi}{4}}\cos^2\theta d\theta=\frac{1}{3}\int_0^{\frac{\pi}{4}}\frac{\cos 2\theta+1}{2}d\theta$$

$$=\frac{1}{6}\left(\frac{\sin 2\theta}{2}+\theta\right)\Big|_0^{\frac{\pi}{4}}=\frac{1}{12}+\frac{\pi}{24}.$$

注意：本题采用了变量代换中的三角代换，具体情况可参考教材中“不定积分”章节的“三角代换”部分的内容.

例 23 计算定积分 $\int_{-1}^{1} e^{\sqrt[3]{x}}dx$.

解 设 $\sqrt[3]{x}=t$，则 $x=t^3$，$dx=3t^2dt$，同时积分上下限改变为：$x=-1\leftrightarrow t=-1$，$x=1\leftrightarrow t=1$，于是

$$\int_{-1}^{1} e^{\sqrt[3]{x}}dx=\int_{-1}^{1}3t^2e^tdt=3\int_{-1}^{1}t^2de^t=3\left(t^2e^t\Big|_{-1}^{1}-\int_{-1}^{1}e^tdt^2\right)$$

$$=\left(3e-\frac{3}{e}\right)-6\int_{-1}^{1}te^tdt=\left(3e-\frac{3}{e}\right)-6\int_{-1}^{1}tde^t$$

$$=\left(3e-\frac{3}{e}\right)-6\left(te^t\Big|_{-1}^{1}-\int_{-1}^{1}e^tdt\right)$$

$$=\left(3e-\frac{3}{e}\right)-6\left(e+\frac{1}{e}\right)+6e^t\Big|_{-1}^{1}=3e-\frac{15}{e}.$$

注意：本题中被积函数含有高次根式，故变量代换，设之为 t；消去根号后，被积函数变为 $3t^2e^t$，为两种不同类型的函数的乘积，适合分部积分法求解.

例 24 计算定积分 $\int_1^e \sin(\ln x)dx$.

解 $\int_1^e \sin(\ln x)dx=\int_1^e \sin(\ln x)\cdot xd\ln x\xlongequal[x=e^u]{设u=\ln x}\int_0^1 e^u\sin udu=\int_0^1 \sin ude^u$

$$=e^u\sin u\Big|_0^1-\int_0^1 e^ud\sin u=e\sin 1-\int_0^1 e^u\cos udu=e\sin 1-\int_0^1\cos ude^u$$

$$=e\sin 1-\left(e^u\cos u\Big|_0^1-\int_0^1 e^ud\cos u\right)$$

$$=e\sin 1-\left[(e\cos 1-1)+\int_0^1 e^u\sin udu\right],$$

因此，$\int_0^1 e^u\sin udu=\frac{1}{2}[e(\sin 1-\cos 1)+1]=$原定积分.

例 25 如图 5-7 所示，求平面图形中阴影部分的面积 A.

解 用微元法求平面图形阴影部分的面积.

1）积分变量 x，积分区间 $[0,2\pi]$.

注释：垂直 x 轴分割，分割区间 $[0,2\pi]$.

2）面积微元 $dA=|\sin x-\cos x|dx$.

注释：套用公式 $dA=[f(x)-g(x)]dx$，其中 $y=f(x)$ 是上方曲线的方程，$y=g(x)$ 是下方曲线的方程；但在本题中在 $\left[0,\frac{\pi}{4}\right]$ 和 $\left[\frac{5\pi}{4},2\pi\right]$ 区间段内，$f(x)-$

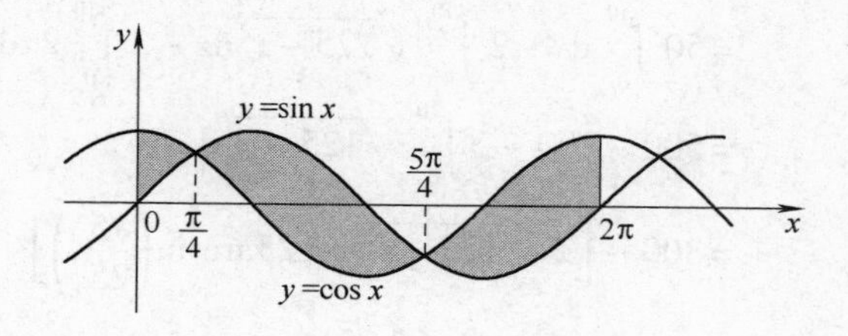

图 5-7

$g(x)=\cos x-\sin x$，而在$\left[\dfrac{\pi}{4},\dfrac{5\pi}{4}\right]$区间段内，$f(x)-g(x)=\sin x-\cos x$. 不过，无论怎样在$[0,2\pi]$区间段内，有$f(x)-g(x)=|\sin x-\cos x|$.

3）面积 $A=\int_0^{2\pi}|\sin x-\cos x|\mathrm{d}x$，故本题所求阴影部分面积

$$\begin{aligned}A&=\int_0^{\frac{\pi}{4}}(\cos x-\sin x)\mathrm{d}x+\int_{\frac{\pi}{4}}^{\frac{5\pi}{4}}(\sin x-\cos x)\mathrm{d}x+\int_{\frac{5\pi}{4}}^{2\pi}(\cos x-\sin x)\mathrm{d}x\\&=(\sin x+\cos x)\Big|_0^{\frac{\pi}{4}}-(\cos x+\sin x)\Big|_{\frac{\pi}{4}}^{\frac{5\pi}{4}}+(\sin x+\cos x)\Big|_{\frac{5\pi}{4}}^{2\pi}\\&=(\sqrt{2}-1)-(-\sqrt{2}-\sqrt{2})+[1-(-\sqrt{2})]\\&=4\sqrt{2}.\end{aligned}$$

例 26　如图 5-8 所示，设圆的半径为 $r=5\sqrt{5}$，圆与折线 $y=|2x|$相切，试求图中阴影部分的面积 A.

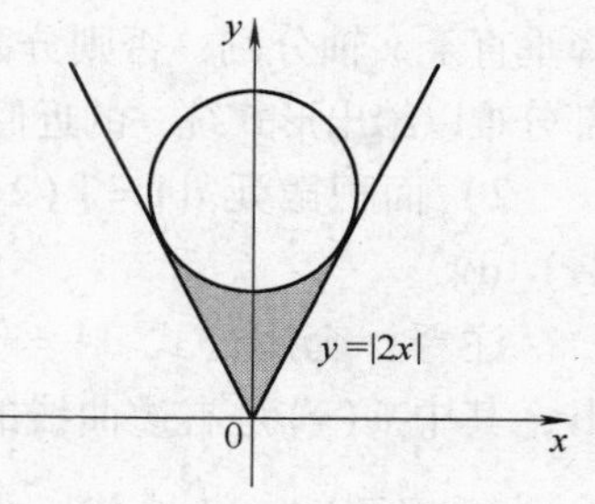

图 5-8

解　运用初等数学知识可求：圆的圆心坐标为$(0,\sqrt{5}r)$，即$(0,25)$，而圆与直线相切点处的坐标为$\left(-\dfrac{2\sqrt{5}}{5}r,\dfrac{4\sqrt{5}}{5}r\right)$，$\left(\dfrac{2\sqrt{5}}{5}r,\dfrac{4\sqrt{5}}{5}r\right)$，即$(-10,20)$，$(10,20)$.

圆的标准方程为$x^2+(y-25)^2=125$（下半圆为$y=25-\sqrt{125-x^2}$）.

用微元法求图中阴影部分的面积：

1）积分变量 x，积分区间$[-10,10]$.

2）面积微元 $\mathrm{d}A=[(25-\sqrt{125-x^2})-|2x|]\mathrm{d}x$.

3）面积 $A=\int_{-10}^{10}[(25-\sqrt{125-x^2})-|2x|]\mathrm{d}x$

$$=2\int_0^{10}[(25-\sqrt{125-x^2})-2x]\mathrm{d}x$$

$$=50\int_0^{10}\mathrm{d}x-2\int_0^{10}\sqrt{125-x^2}\mathrm{d}x-2\int_0^{10}2x\mathrm{d}x$$

$$=500-200-2\int_0^{10}\sqrt{125-x^2}\mathrm{d}x$$

$$=300-\left[x\sqrt{125-x^2}+125\arcsin\left(\frac{\sqrt{5}}{25}x\right)\right]\Bigg|_0^{10}$$

$$=250-125\arcsin\left(\frac{2\sqrt{5}}{5}\right)\approx 111.6.$$

注意：求 A 时引用了不定积分公式：

$$\int\sqrt{a^2-x^2}\mathrm{d}x=\frac{1}{2}\left(x\sqrt{a^2-x^2}+a^2\arcsin\frac{x}{a}\right)+C,$$

这个公式可通过三角代换求得.

例 27 求图 5-9 所示阴影部分面积 A.

解 用微元法求图中阴影部分的面积.

1） 积分变量 y，积分区间 $[0,3]$.

注释：两条曲线均是 $x=\varphi(y)$ 型(或不用分段表示就可转化为 $x=\varphi(y)$ 型)，那么就选择垂直于 y 轴分割，否则分割后的每一微小部分难以给出形式统一的近似值(微元).

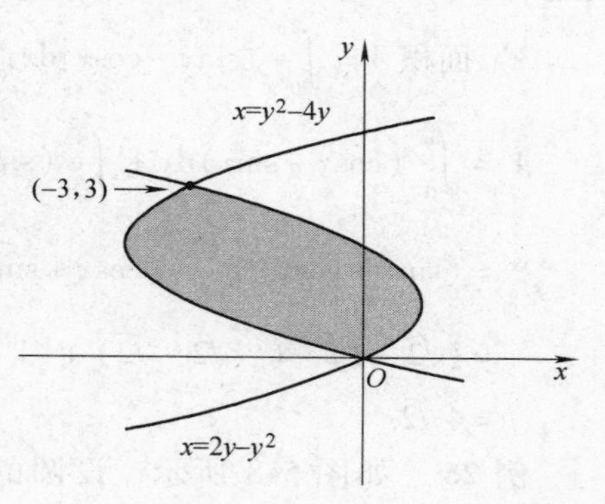

图 5-9

2） 面积微元 $\mathrm{d}A=[(2y-y^2)-(y^2-4y)]\mathrm{d}y$.

注释：套用公式 $\mathrm{d}A=[w(y)-v(y)]\mathrm{d}y$，其中 $w(y)$ 是右边曲线的函数，$v(y)$ 是左边曲线的函数.

3） 面积 $A=\int_0^3[(2y-y^2)-(y^2-4y)]\mathrm{d}y=\int_0^3(6y-2y^2)\mathrm{d}y=9$.

例 28 如图 5-10 所示，求由直线 $x=-1$，$x=2$ 与 x 轴以及曲线 $y=\mathrm{e}^x$ 所围的平面图形绕 x 轴旋转一周而成的几何体的体积 V.

解 用微元法求旋转体体积.

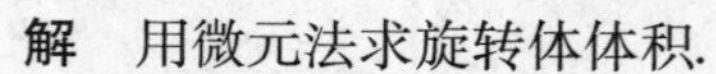

1） 积分变量 x，积分区间 $[-1,2]$.

注释：绕哪个轴旋转，就垂直哪个轴进行分割，这样更容易求得微元.

2） 体积微元 $\mathrm{d}V=\pi(\mathrm{e}^x)^2\mathrm{d}x$.

3） 体积 $V=\int_{-1}^2\pi(\mathrm{e}^x)^2\mathrm{d}x=\frac{\pi}{2}\mathrm{e}^{2x}\Big|_{-1}^2$

$$=\frac{\pi}{2}(\mathrm{e}^4-\mathrm{e}^{-2})\approx 85.55.$$

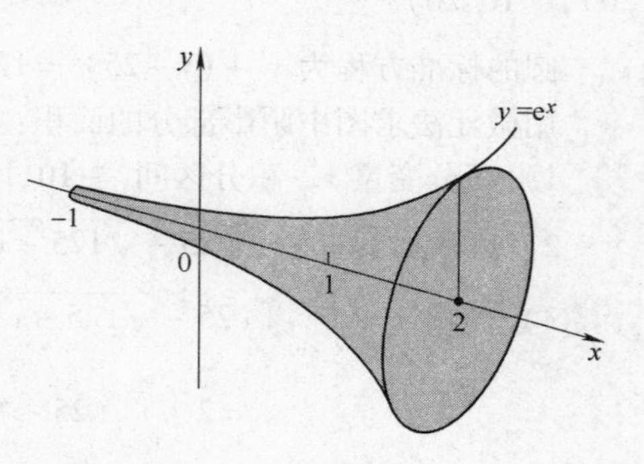

图 5-10

注意：例 25 ~ 例 28 均列出微元法求

解的步骤，实际解题中可以据实情直接使用求面积、体积的公式.

例 29　如图 5-11 所示，求由直线 $x=1$，x 轴以及曲线 $y=\frac{1}{x}$ 所围成的平面开口图形绕 x 轴旋转一周而成(类似乐器小号)形体的体积 V.

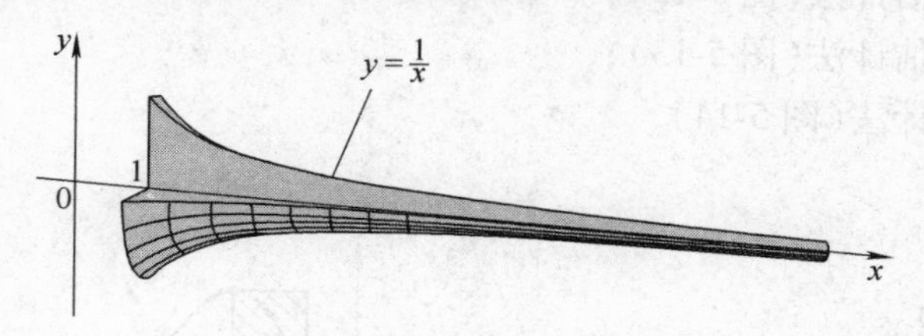

图 5-11

解　本题涉及无穷区间上的广义积分知识. 所求形体体积

$$V=\pi\int_1^{\infty}\left(\frac{1}{x}\right)^2\mathrm{d}x=\pi\cdot\lim_{R\to\infty}\left[\int_1^R\left(\frac{1}{x}\right)^2\mathrm{d}x\right]=\pi\cdot\lim_{R\to\infty}\left(-\frac{1}{x}\right)\Big|_1^R=\pi\lim_{R\to\infty}\left(1-\frac{1}{R}\right)=\pi.$$

例 30　求变量 y 在给定自变量变化区间内的平均值.

(1) $y=\arcsin x$，$x\in[0,0.5]$；(2) $y=\frac{1}{\sqrt{t}}$，$1<t<4$；

(3) $f(x)=\begin{cases}x^{\frac{2}{3}} & -8\leqslant x<0\\ -4 & 0\leqslant x\leqslant 3\end{cases}$.

解　(1) $y_{\text{ave}}=\frac{1}{0.5-0}\int_0^{0.5}\arcsin x\mathrm{d}x=2\left(x\arcsin x\Big|_0^{0.5}-\int_0^{0.5}x\mathrm{d}\arcsin x\right)=\frac{\pi}{6}+\sqrt{3}-2$.

(2) $y_{\text{ave}}=\frac{1}{4-1}\int_1^4\frac{1}{\sqrt{t}}\mathrm{d}t=\frac{1}{3}\cdot 2\sqrt{t}\Big|_1^4=\frac{2}{3}$.

(3) $y_{\text{ave}}=\frac{1}{3-(-8)}\left[\int_{-8}^0 x^{\frac{2}{3}}\mathrm{d}x+\int_0^3(-4)\mathrm{d}x\right]=\frac{36}{55}$.

例 31　估计平面图形面积的数值方法.

从定积分概念中的“分割、近似、求和”三步骤，我们可以得到定积分的一个近似值. 这个原理对于众多实际问题(往往难以知晓被积函数或者被积函数不是初等函数等情况)的求解有着极为重要的意义，由此也衍生了数值积分这个热门的数学分支.

下面我们引入估计定积分值的一个简单、常见的数值方法. 例如，估计如图 5－12 所示曲线 $y=f(x)$ 与直线 $x=a$，$x=b$，x 轴所围的曲边梯形的面积. 我们的办法是：将闭区间 $[a,b]$ 进行 n 等分，这样大曲边梯形被分割成 n 个等宽 $\Delta x=\frac{1}{n}(b-a)$ 的小曲边梯形，而它们每个的面积我们会用一个矩形面积来近似代替，然后求全部矩形面积的和，从而得到大曲边梯形面积的一个估计值（即近似值）. 至于在这个过程中用什么样的矩形的面积来近似代替小曲边梯形的面积，我们给出以下三种比较常见的替代方案：

1）左端点估计法（图 5-12）；

2）右端点估计法（图 5-13）；

3）中点估计法（图 5-14）.

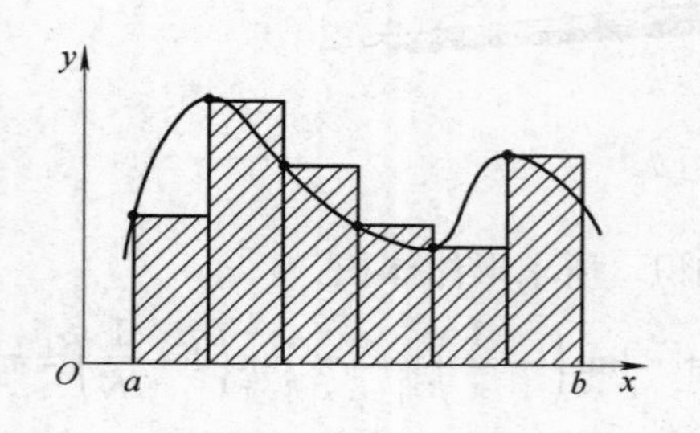

图 5-12　左端点估计法

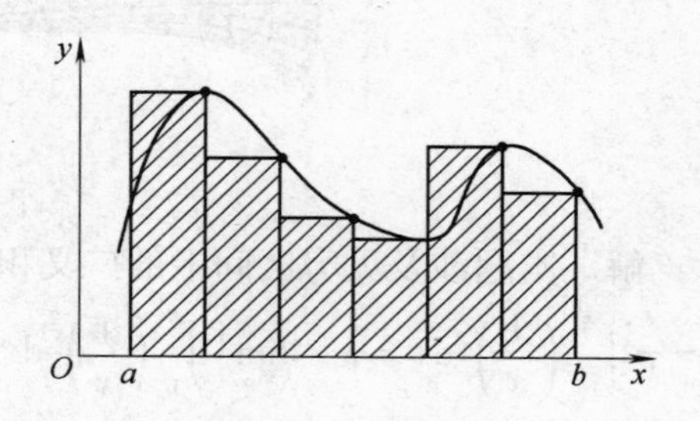

图 5-13　右端点估计法

注意：每个矩形的宽均为 $\Delta x=\frac{1}{n}(b-a)$，而矩形的高，在方案 1、2、3 中给出了不同的选择，它们分别是分割区间的左端点、右端点、中点处的函数值.

如图 5-15 所示，现有一处水塘，每间隔 3m 测得水塘的宽度如图所示（单位：m），试用左端点估计法、右端点估计法两种方案估计其面积大小.

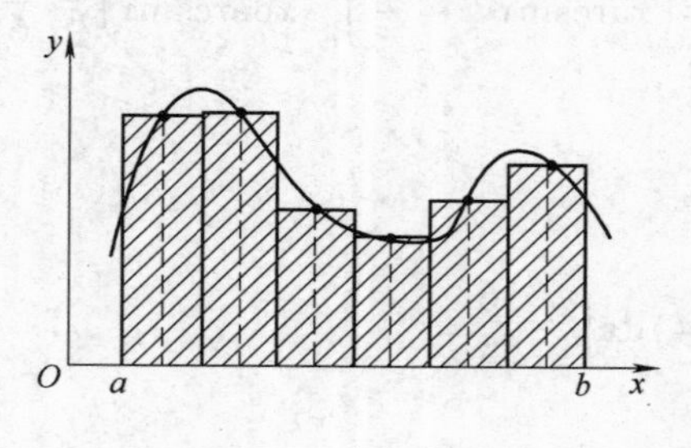

图 5-14　中点估计法

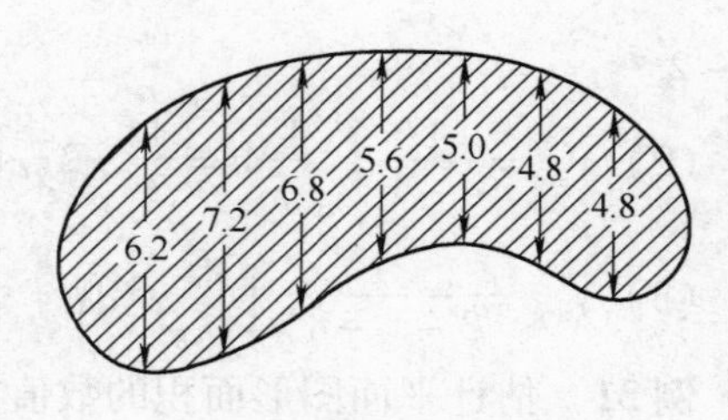

图 5-15

解：（1）（左端点估计法）水塘面积为（单位：m^2）：

$0\times3+6.2\times3+7.2\times3+6.8\times3+5.6\times3+5.0\times3+4.8\times3+4.8\times3=121.2$；

（2）（右端点估计法）水塘面积为（单位：m^2）：

$6.2\times3+7.2\times3+6.8\times3+5.6\times3+5.0\times3+4.8\times3+4.8\times3+0\times3=121.2$.

例 32　某场比赛中一赛跑运动员在其前 3s 中奔跑速度记录如下（单位：m/s）：

t (s)	0	0.5	1	1.5	2	2.5	3
v (m/s)	0	1.9	3.3	4.5	5.5	5.9	6.2

试估计此运动员在这3s内跑过的距离 s.

解:(1) 左端点估计法(单位:m)

$$s=0\times0.5+1.9\times0.5+3.3\times0.5+4.5\times0.5+5.5\times0.5+5.9\times0.5=10.55;$$

(2) 右端点估计法(单位:m)

$$s=1.9\times0.5+3.3\times0.5+4.5\times0.5+5.5\times0.5+5.9\times0.5+6.2\times0.5=13.65.$$

思考题:某油罐发现漏油,现将每两小时间隔的漏油量记录如下(随时间推移,漏油减少):

时间/h	0	2	4	6	8	10
漏油量/(L/h)	8.7	7.6	6.8	6.2	5.7	5.3

试估计已经漏出的总油量.

例33　计算 $\lim\limits_{x\to0}\dfrac{\int_0^x\ln(1+t^2)\mathrm{d}t}{2x^3}$.

解　这是一个"$\dfrac{0}{0}$"型的未定式,应用洛必达法则.

$$\lim_{x\to0}\frac{\int_0^x\ln(1+t^2)\mathrm{d}t}{2x^3}=\lim_{x\to0}\frac{\ln(1+x^2)}{6x^2}=\lim_{x\to0}\frac{\frac{2x}{1+x^2}}{12x}=\frac{1}{6}\lim_{x\to0}\frac{1}{1+x^2}=\frac{1}{6}.$$

例34　求连续函数 $f(x)$ 及实常数 c,使得 $\int_c^x tf(t)\mathrm{d}t=\mathrm{e}^x-1$ 成立.

解　等式 $\int_c^x tf(t)\mathrm{d}t=\mathrm{e}^x-1$ 两边对 x 求导,得 $xf(x)=\mathrm{e}^x$,所以 $f(x)=\dfrac{\mathrm{e}^x}{x}$. 在等式 $\int_c^x tf(t)\mathrm{d}t=\mathrm{e}^x-1$ 中,令 $x=c$,有 $0=\mathrm{e}^c-1$,得 $c=0$.

三、自我测验题

(一) 基 础 层 次

(时间:110分钟,分数:100分)

1. 填空题(每空2分,共30分)

(1) 设 $\int_{-2}^2 3f(x)\mathrm{d}x=12$,$\int_{-2}^5 f(x)\mathrm{d}x=6$,$\int_{-2}^5 g(x)\mathrm{d}x=2$,则 $\int_2^5 f(x)\mathrm{d}x=$______,$\int_5^{-2} g(x)\mathrm{d}x=$______,$\int_{-2}^5 \dfrac{f(x)+g(x)}{5}\mathrm{d}x=$______.

（2）$\int_{0.5}^{1.5} x\mathrm{d}x=$ ________，$\int_{1}^{0}\frac{1}{1+x^{2}}\mathrm{d}x=$ ________.

（3）$\int_{0}^{\frac{\pi}{4}}\sec^{2}x\mathrm{d}x=$ ________，$\int_{\frac{\pi}{4}}^{\frac{\pi}{3}}\sec x\tan x\mathrm{d}x=$ ________.

（4）设函数 $f(x)$ 的周期为 2π，且 $\int_{0}^{2\pi}f(x)\mathrm{d}x=0$，$\int_{\pi}^{0}f(x)\mathrm{d}x=1$，则 $\int_{\pi}^{3\pi}f(x)\mathrm{d}x=$ ________，$\int_{-\pi}^{0}f(x)\mathrm{d}x=$ ________.

（5）$\int_{-\frac{1}{2}}^{\frac{1}{2}}(\arcsin x)'\mathrm{d}x=$ ________，$\left(\int_{\frac{1}{2}}^{-\frac{1}{2}}\arcsin x\mathrm{d}x\right)'=$ ________.

（6）写出图 5-16 中阴影部分面积的定积分表达式，其中 $A_1=$ ________，$A_2=$ ________.

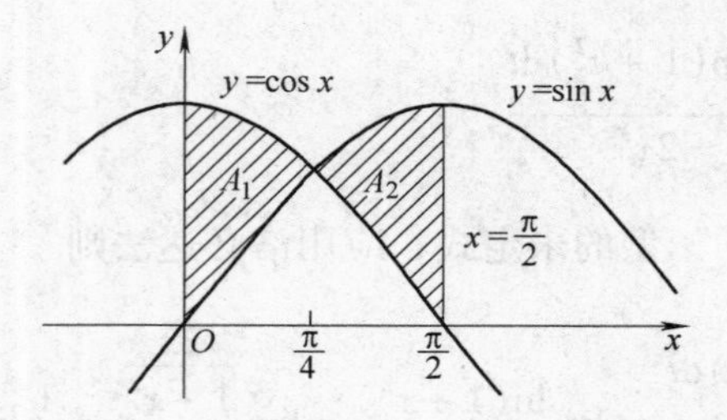

图 5-16

（7）$\int_{-\sqrt{2}}^{\sqrt{2}}3x\sqrt{2x^{2}+1}\mathrm{d}x=$ ________.

（8）$g(s)=\frac{1}{s}$ 在区间 $\left[\frac{1}{2},2\right]$ 上的平均值为________.

2. 选择题（每小题 2 分，共 10 分）

（1）下面计算正确的是（　　）.

A. $\int_{-1}^{1}\frac{1}{x^{2}}\mathrm{d}x=-\frac{1}{x}\Big|_{-1}^{1}=-1-1=-2$

B. $\int_{-1}^{1}\sqrt{x+2}\mathrm{d}x\xlongequal{\text{设}\sqrt{x+2}=t}\int_{-1}^{1}t\mathrm{d}x=0$

C. $\int_{-1}^{1}\frac{1}{\sqrt{x+2}}\mathrm{d}x\xlongequal{\text{设}\sqrt{x+2}=u}\int_{1}^{\sqrt{3}}2\mathrm{d}u=2\sqrt{3}-2$

D. $\int_{0}^{\pi}\cos 5x\mathrm{d}x=5\int_{0}^{\pi}\cos x\mathrm{d}x=10$

（2）若 $f(x)$ 与 $g(x)$ 均在闭区间 $[a,b]$ 上连续，则下面结论正确的是（　　）.

A. $\int_{a}^{b}f(x)\mathrm{d}x=0\Rightarrow f(x)=0$

B. $\int_a^b f(x)\,dx \geqslant \int_a^b g(x)\,dx \Rightarrow f(x) \geqslant g(x)$

C. $\int_a^b f(x)g(x)\,dx = \int_a^b f(x)\,dx \int_a^b g(x)\,dx$

D. $\int_a^b |g(x)|\,dx = 0 \Rightarrow \int_a^b f(x)g(x)\,dx = 0$

(3) $\int_{-3}^{0}(1+\sqrt{9-x^2})\,dx =$ (　　).

A. $\frac{9\pi}{4}-3$　　B. -3　　C. $\frac{3\pi}{2}-3$　　D. 0

(4) 若 $F(x)=\int_2^x f(t)\,dt$，而 $y=f(t)$ 的图像如图5-17所示，则以下几个数中最大的是(　　).

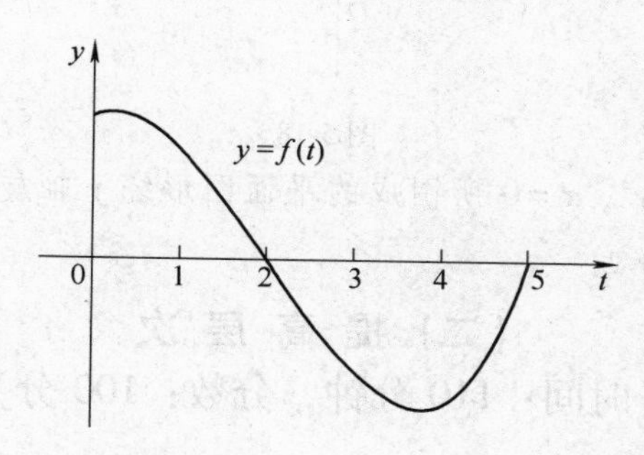

图5-17

A. $F(0)$　　B. $F(1)$　　C. $F(2)$　　D. $F(3)$

E. $F(4)$

(5) 函数 $\operatorname{sgn}(x)=\begin{cases}1 & x>0\\ 0 & x=0\\ -1 & x<0\end{cases}$，则 $\int_{-2}^{1} x\cdot\operatorname{sgn}(x)\,dx =$ (　　).

A. -1.5　　B. 2.5　　C. 0　　D. 3

E. -1

3. 计算题(每小题4分,共40分)

(1) $\int_{0.6}^{1.2}(x^2-2x)\,dx$;　　(2) $\int_0^{50} e^{-0.02x-1}\,dx$;

(3) $\int_0^{\frac{\pi}{4}} \sec^5 x\tan x\,dx$;　　(4) $\int_1^{e^2}\frac{\sqrt{\ln x}}{x}\,dx$;

(5) $\int_{-1}^{0} x e^{-x}\,dx$;　　(6) $\int_2^3 \frac{x^2}{x-1}\,dx$;

(7) 已知 $g(t)=\begin{cases} t & 0\leqslant t<1 \\ \sin\pi t & 1\leqslant t\leqslant 2 \end{cases}$，求 $\int_0^2 g(t)\,\mathrm{d}t$；

(8) $\int_0^1 \frac{\sqrt{x}}{1+x}\mathrm{d}x$；　(9) $\int_{-\infty}^0 \frac{\mathrm{d}x}{(2x-1)^3}$；　(10) $\int_{0.5}^1 \frac{1}{x^2-2x}\mathrm{d}x$.

4. 解答题(每小题 10 分,共 20 分)

(1) 求图 5-18 所示阴影部分的面积.

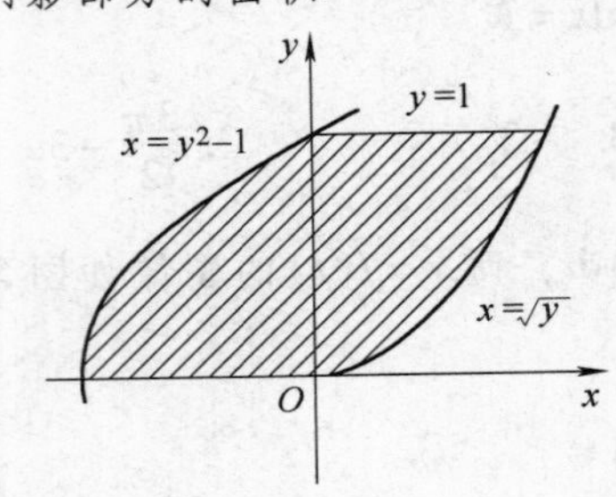

图 5-18

(2) 求由 $x=y-y^2$，$x=0$ 所围成的平面图形绕 y 轴旋转一周而成的几何体的体积.

(二) 提高层次

(时间：110 分钟，分数：100 分)

1. 填空题(每空 2 分,共 30 分)

(1) 设 $\int_0^2 7g(x)\,\mathrm{d}x=7$，$\int_0^1 g(x)\,\mathrm{d}x=2$，则 $\int_2^0 2g(x)\,\mathrm{d}x=$______，$\int_1^2 g(x)\,\mathrm{d}x=$______.

(2) $\int_{-\pi}^{\pi} \frac{\sin x}{1+\cos^2 x}\mathrm{d}x=$______.

(3) $\frac{\mathrm{d}}{\mathrm{d}x}\int_1^3 \mathrm{e}^{x^2}\mathrm{d}x=$______，$\left(\int x\cos 2x\,\mathrm{d}x\right)'=$______.

(4) 在定积分 $\int_1^4 \frac{1}{1+\sqrt{x}}\mathrm{d}x$ 中，做换元 $\sqrt{x}=t$，则新积分的上限应取______，下限应取______.

(5) 若函数 $y=f(x)$ 在区间 $[a,b]$ 上连续，则 $F(x)=\int_a^x f(t)\,\mathrm{d}t$ 是 $f(x)$ 的______，$\int_a^b f(x)\,\mathrm{d}x=$______.

(6) 若 $\int_1^b \ln x\,\mathrm{d}x=1$，则 $b=$______；函数 $y=\ln x$ 在区间 $[1,\mathrm{e}]$ 上的平均值

为________.

(7) 一物体由静止出发沿直线运动，其速度为 $v(t)=\frac{t}{3}$(单位:m/s)，t 为时间，则出发后10s内走过的路程为________.

(8) 设 $a\neq 0$，若 $\int_0^a x(1-2x)\mathrm{d}x=0$，则 $a=$________.

(9) $\int_0^{+\infty}\frac{1}{1+x^2}\mathrm{d}x=$________.

(10) $\int_1^3\frac{\sqrt{1+x^2}}{x}\mathrm{d}x+\int_3^1\frac{\sqrt{1+x^2}}{x}\mathrm{d}x=$________.

2. 选择题(每小题2分,共10分)

(1) 由定积分的几何意义知，定积分 $\int_{-1}^1\sqrt{1-x^2}\mathrm{d}x$ 的值是(　　).

A. 0　　B. π　　C. 1　　D. $\frac{\pi}{2}$

(2) 下列定积分中表达式正确的是(　　).

A. $\int_{-1}^1\frac{1}{x^2}\mathrm{d}x=\frac{1}{x}\Big|_{-1}^1=2$　　B. $\int_0^{\frac{\pi}{3}}\sec^2\theta\mathrm{d}\theta=\tan\theta\Big|_0^{\frac{\pi}{3}}=\sqrt{3}$

C. $\int_{-\frac{\pi}{2}}^{\frac{\pi}{2}}\sin x\mathrm{d}x=2\int_0^{\frac{\pi}{2}}\sin x\mathrm{d}x=2$　　D. $\int_{\frac{\pi}{4}}^{\frac{3\pi}{4}}\csc^2 x\mathrm{d}x=\tan x\Big|_{\frac{\pi}{4}}^{\frac{3\pi}{4}}=-2$

(3) $\int_0^{\frac{3\pi}{2}}\sin x\mathrm{d}x$(　　).

A. >0　　B. <0　　C. $=0$　　D. $=1$

(4) 设 $f(x)=\int_0^x\cos(t^2-1)\mathrm{d}t$，则 $f'(0)=$(　　).

A. 0　　B. $-\cos 1$　　C. $\cos 1$　　D. $-\sin 1$

(5) 设函数 $\int_3^6 f'\left(\frac{x}{3}\right)\mathrm{d}x=$(　　).

A. $f(2)-f(1)$　　B. $3[f(2)-f(1)]$

C. $\frac{1}{3}[f(2)-f(1)]$　　D. $\frac{1}{3}[f'(2)-f'(1)]$

3. 计算题(每小题4分,共40分)

(1) $\int_1^{27}x^{-\frac{4}{3}}\mathrm{d}x$；　　(2) $\int_0^{\frac{\pi}{4}}\tan^2 x\mathrm{d}x$；

(3) $\int_0^{\frac{\pi}{2}}\sin x\cos^3 x\mathrm{d}x$；　　(4) $\int_2^4|3-x|\mathrm{d}x$；

(5) $\int_0^1\frac{x}{(1+x^2)^3}\mathrm{d}x$；　　(6) $\int_{\sqrt{e}}^{e}\frac{\mathrm{d}x}{x\sqrt{1-\ln x}}$；

(7) $\int_{1}^{5}\frac{\sqrt{x-1}}{x}dx$；　　(8) $\int_{-\frac{\pi}{2}}^{\frac{\pi}{2}} x\sin x dx$；

(9) $\int_{0}^{+\infty} xe^{-x^2}dx$；　　(10) $\lim\limits_{x\to 0}\frac{\int_0^x \sin^2 t dt}{x-\sin x}$（2007 年专升本真题）.

4. 解答题（每小题 10 分，共 20 分）

（1）求图 5-19 所示阴影部分的面积；

（2）如图 5-20 所示，求由曲线 $y=x^2+1$ 和直线 $y=x$，$x=0$，$x=2$ 围成的平面图形绕 x 轴旋转一周所得旋转体的体积.

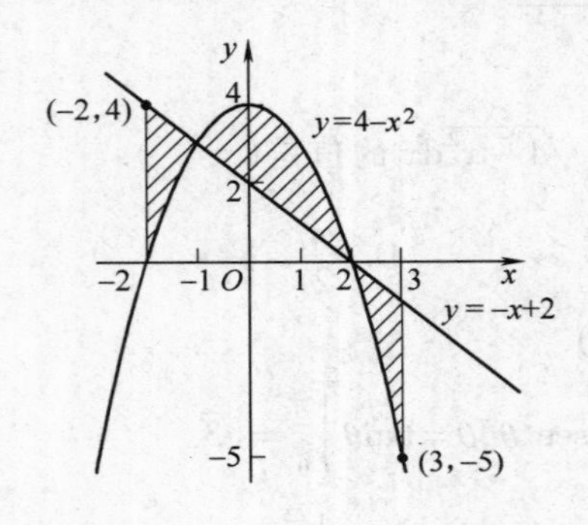

图 5-19

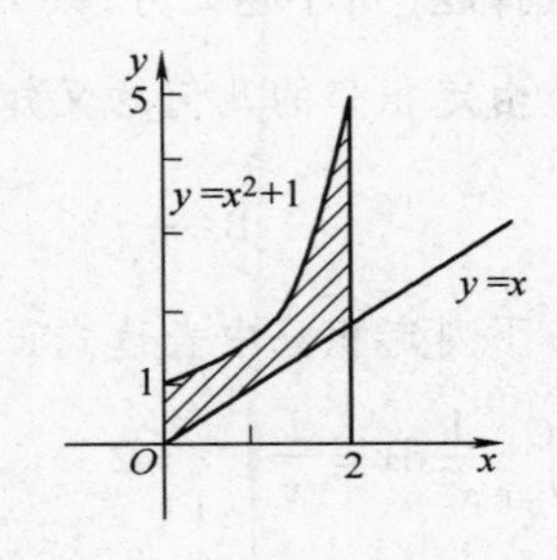

图 5-20

参 考 答 案

(一) 基 础 层 次

1. (1) 2，-2，$\frac{8}{5}$；(2) 1，$-\frac{\pi}{4}$；(3) 1，$2-\sqrt{2}$；(4) 0，1；(5) $\frac{\pi}{3}$，0；(6) $\int_{0}^{\frac{\pi}{4}}(\cos x-\sin x)dx$，$\int_{\frac{\pi}{4}}^{\frac{\pi}{2}}(\sin x-\cos x)dx$；(7) 0；(8) $\frac{4}{3}\ln 2$.

2. (1) C；(2) D；(3) A；(4) C；(5) B.

3. (1) -0.576；(2) $50(e^{-1}-e^{-2})$；(3) $\frac{1}{5}(4\sqrt{2}-1)$；(4) $\frac{4}{3}\sqrt{2}$；

(5) $2e-1$；(6) $3.5+\ln 2$；(7) $\frac{1}{2}-\frac{2}{\pi}$；(8) $2-\frac{\pi}{2}$；(9) $-\frac{1}{4}$；(10) $-\frac{1}{2}\ln 3$.

4. (1) $\frac{4}{3}$；(2) $\frac{\pi}{30}$.

(二) 提 高 层 次

1. (1) -2，-1；(2) 0；(3) 0，$x\cos 2x$；(4) 2，1；(5) 一个原函数，

$F(b)-F(a)$；(6) e，$\frac{1}{e-1}$；(7) $\frac{50}{3}$m；(8) $\frac{3}{4}$；(9) $\frac{\pi}{2}$；(10) 0.

2. (1) D；(2) B；(3) A；(4) C；(5) B.

3. (1) 2 ；(2) $1-\frac{\pi}{4}$；(3) $\frac{1}{4}$；(4) 1；(5) $\frac{3}{16}$；(6) $\sqrt{2}$；

(7) $4-2\arctan 2$；(8) 2；(9) $\frac{1}{2}$；(10) 2.

4. (1) $\frac{49}{6}$；(2) $\frac{166}{15}\pi$.

第六章　常微分方程

一、知识剖析

（一）知识网络

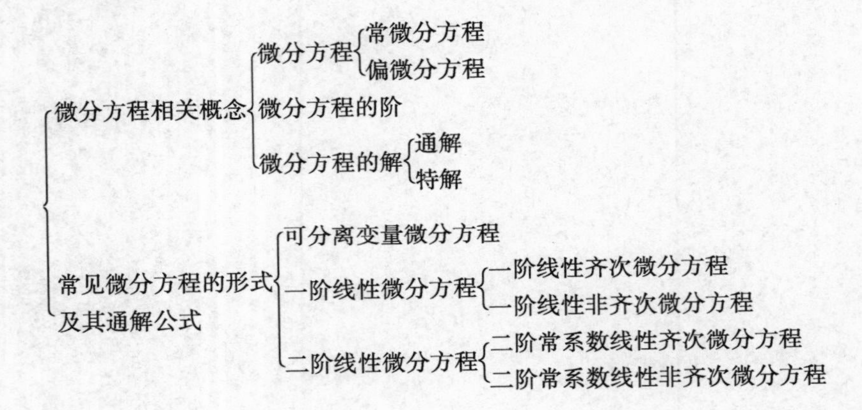

（二）知识重点与学习要求

1）了解微分方程和微分方程的阶、解、通解、初始条件和特解等基本概念.

2）掌握可分离变量微分方程和一阶线性微分方程的求解，会用微分方程解决一些简单的实际问题.

3）掌握二阶常系数线性齐次微分方程的解法.

4）理解二阶常系数线性非齐次微分方程解的结构定理，并会求某些特殊的二阶常系数线性非齐次微分方程的特解，进而求其通解.

（三）概念理解与方法掌握

1. 基本概念

(1) 微分方程的定义　含有未知函数的导数或微分的等式，叫作微分方程.

注意：

1）在微分方程中，自变量及未知函数可以不出现，但未知函数的导数（或微分)必须出现.

2）在微分方程中，如果未知函数是一元函数，则为常微分方程；如果未知函数是多元函数，则为偏微分方程. 本章只讨论常微分方程.

（2）微分方程的阶　微分方程中出现的未知函数的导数的最高阶数，称为微分方程的阶.

（3）微分方程的解　如果把一个函数代入微分方程中，能使方程变为恒等式，那么这个函数就称为微分方程的解；如果微分方程的解中含有任意常数，且相互独立的任意常数的个数与微分方程的阶数相同，这样的解则称为微分方程的通解；不含任意常数的解叫作微分方程的特解.

（4）初始条件　用来确定通解中任意常数的条件，称为初始条件.

2. 几种常见类型微分方程的解法

注意：微分方程特定类型有其特定的解法，故在解微分方程之前，一定要准确判断出它的类型.

（1）可分离变量的微分方程

1）方程形式. 形如

$$\frac{dy}{dx}=f(x)g(y)$$

的微分方程叫作可分离变量的微分方程. 其中$f(x)$，$g(y)$在其定义的某个范围内为连续函数，且$g(y)\neq 0$.

2）解法：分离变量法.

① 分离变量　$$\frac{dy}{g(y)}=f(x)dx;$$

② 两边积分　$$\int\frac{dy}{g(y)}=\int f(x)dx,$$

即得通解　$G(y)=F(x)+C$. 其中，$G(y)$，$F(x)$分别是$\frac{1}{g(y)}$，$f(x)$的原函数；C为任意常数.

③ 如果需要求特解，则由初始条件确定出通解中的任意常数C.

（2）一阶线性微分方程

1）方程形式. 形如

$$\frac{dy}{dx}+P(x)y=Q(x)$$

的微分方程，叫作一阶线性微分方程.

当$Q(x)=0$时，方程$\frac{dy}{dx}+P(x)y=0$称为一阶线性齐次微分方程，否则称为一阶线性非齐次微分方程.

2）解法.

① 一阶线性齐次微分方程$\frac{dy}{dx}+P(x)y=0$的求解.

可以用分离变量法求通解

$$\int \frac{1}{y}dy = -\int P(x)dx,$$

求得

$$\ln y = -\int P(x)dx,$$

于是得到方程$\frac{dy}{dx}+P(x)y=0$的通解公式为

$$y = Ce^{-\int P(x)dx}.$$

说明：一阶线性齐次微分方程可用分离变量法，也可用通解公式求解.

② 一阶线性非齐次微分方程$\frac{dy}{dx}+P(x)y=Q(x)$的求解.

说明：这类方程可以用常数变易法(见教材)，也可以用通解公式

$$y = e^{-\int P(x)dx}\left(\int Q(x)e^{\int P(x)dx}dx + C\right)$$

求解. 一定注意方程的一般形式，同时通解公式运用要正确.

(3) 二阶常系数线性齐次微分方程

1）方程形式.

$$y''+py'+qy=0 \quad (\text{其中} p,q \text{为常数}).$$

2）函数的线性相关和线性无关. 对于函数y_1和y_2(其中$y_2\neq 0$)，如果$\frac{y_1}{y_2}\neq C$(C为常数)，则称函数y_1和y_2是线性无关的，否则，称函数y_1和y_2是线性相关的.

3）二阶常系数线性齐次微分方程的通解定理.

如果函数y_1和y_2是二阶常系数线性齐次微分方程的两个线性无关的特解，那么$y=C_1y_1+C_2y_2$就是这个方程的通解(其中C_1,C_2是任意常数).

4）二阶常系数线性齐次微分方程$y''+py'+qy=0$的解法：特征根法.

① 写出微分方程的特征方程$r^2+pr+q=0$.

② 求出特征方程$r^2+pr+q=0$的特征根r_1，r_2.

③ 根据特征方程根的形式，可按表 6-1 写出方程$y''+py'+qy=0$的通解.

表 6-1

特征根情况	微分方程的通解
$r_1\neq r_2$	$y=C_1e^{r_1x}+C_2e^{r_2x}$
$r_1=r_2=r$	$y=(C_1+C_2x)e^{rx}$
$r_{1,2}=\alpha\pm i\beta$	$y=e^{\alpha x}(C_1\cos\beta x+C_2\sin\beta x)$

（4）二阶常系数线性非齐次微分方程

1）方程形式.

$$y''+py'+qy=f(x).$$

其中 p，q 为常数，$f(x)\neq 0$.

2）二阶常系数线性非齐次微分方程的通解定理.

设 Y 是齐次方程 $y''+py'+qy=0$ 的通解，$\bar{y}$是非齐次方程 $y''+py'+qy=f(x)$ 的一个特解，则 $y=Y+\bar{y}$就是非齐次方程 $y''+py'+qy=f(x)$的通解.

3）二阶常系数线性非齐次微分方程 $y''+py'+qy=f(x)$的求解.

① 求对应的齐次方程 $y''+py'+qy=0$ 的通解 Y.

② 求 $y''+py'+qy=f(x)$的特解$\bar{y}$：待定系数法.

$\bar{y}$的形式（含待定系数）见表 6-2.

表 6-2

$f(x)$的形式	特解$\bar{y}$的形式
$f(x)=P_n(x)e^{\lambda x}$ （$P_n(x)$是关于 x 的 n 次式，λ 为常数）	$\bar{y}=x^kQ_n(x)e^{\lambda x}$　（$Q_n(x)$是 n 次多项式的一般形式，其中含有待定系数） $k=\begin{cases}0 & \lambda \text{ 不是 } r^2+pr+q=0 \text{ 的根}\\1 & \lambda \text{ 是 } r^2+pr+q=0 \text{ 的单根}\\2 & \lambda \text{ 是 } r^2+pr+q=0 \text{ 的重根}\end{cases}$
$f(x)=e^{\lambda x}(a\cos\omega x+b\sin\omega x)$ （其中 a，b，λ，ω 都是常数）	$\bar{y}=x^ke^{\lambda x}(A\cos\omega x+B\sin\omega x)$，其中 A 和 B 是待定系数 $k=\begin{cases}0 & \lambda\pm i\omega \text{ 不是 } r^2+pr+q=0 \text{ 的根}\\1 & \lambda\pm i\omega \text{ 是 } r^2+pr+q=0 \text{ 的根}\end{cases}$

③ 写出 $y''+py'+qy=f(x)$的通解 $y=Y+\bar{y}$.

（5）二阶常系数线性非齐次微分方程特解的叠加定理

若$\bar{y}_1$ 与$\bar{y}_2$ 分别是方程 $y''+py'+qy=f_1(x)$与 $y''+py'+qy=f_2(x)$的一个特解，则$\bar{y}=\bar{y}_1+\bar{y}_2$ 就是方程 $y''+py'+qy=f_1(x)+f_2(x)$的一个特解.

3. 疑难解答

（1）微分方程的通解是否就是所有解的共同表达式？

答：不是. 例如微分方程 $y'+y^2=0$，分离变量$\frac{dy}{y^2}=dx$，两边积分得通解 $y=\frac{1}{x+C}$，由于分离变量时两边同时除以 y^2 而失掉解 $y=0$，因此 $y=0$ 就不包含在通解中.

（2）在可分离变量的微分方程中，为何允许一端对 x、另一端对 y 积分？

答：这是因为由换元积分法，可把 y 看作 x 的函数 $y(x)$，当一个微分方程

经过分离变量变成 $g(y)\mathrm{d}y=f(x)\mathrm{d}x$ 后，两端对 x 积分：$\int g(y(x))y'(x)\mathrm{d}x=\int f(x)\mathrm{d}x$，而左端换元，令 $y=y(x)$，由一阶微分形式不变性，左端 $=\int g(y)\mathrm{d}y$，这样左端对 x 的积分，实质上就看成直接对 y 的积分了.

（3）一阶线性非齐次微分方程为什么可以用常数变易法？

答：一阶线性非齐次微分方程 $\frac{\mathrm{d}y}{\mathrm{d}x}+P(x)y=Q(x)$ 可写成 $\frac{\mathrm{d}y}{y}=\left[\frac{Q(x)}{y}-P(x)\right]\mathrm{d}x$，两边积分得 $\ln y=\int\frac{Q(x)}{y}\mathrm{d}x-\int P(x)\mathrm{d}x$，即 $y=\mathrm{e}^{\ln y}=\mathrm{e}^{\int\frac{Q(x)}{y}\mathrm{d}x}\mathrm{e}^{-\int P(x)\mathrm{d}x}$. 也就是说方程 $\frac{\mathrm{d}y}{\mathrm{d}x}+P(x)y=Q(x)$ 的解可写成两部分的乘积：一部分是 $\mathrm{e}^{-\int P(x)\mathrm{d}x}$，这是原方程所对应齐次方程的解；另一部分是 $\mathrm{e}^{\int\frac{Q(x)}{y}\mathrm{d}x}$，因为 y 是 x 的函数，因而可将 $\mathrm{e}^{\int\frac{Q(x)}{y}\mathrm{d}x}$ 看作 x 的一个函数，设 $\mathrm{e}^{\int\frac{Q(x)}{y}\mathrm{d}x}=C(x)$，于是原方程的解可表示为 $y=C(x)\mathrm{e}^{-\int P(x)\mathrm{d}x}$，这就相当于把原方程所对应的齐次方程的通解 $y=C\mathrm{e}^{-\int P(x)\mathrm{d}x}$ 中的常数 C 变成了待定函数 $C(x)$. 这就是所谓的常数变易法.

二、例题解析

例 1　已知从原点到曲线 $y=f(x)$ 上任一点处的切线的距离等于该切点的横坐标，试建立未知函数 y 的微分方程.

解　设切点为 (x,y)，切线方程为

$$Y-y=y'(X-x),$$

整理得

$$y'X-Y+(y-xy')=0.$$

由点到直线的距离公式，依题意得

$$\frac{|y-xy'|}{\sqrt{y'^2+1}}=x,$$

即

$$(y-xy')^2=x^2(y'^2+1),$$

化简得

$$2xyy'+x^2-y^2=0\quad(x\geqslant0),$$

这就是 y 满足的微分方程.

例 2　判断下列各题中的函数是否为所给微分方程的解？若是，是否为通解？

（1）$y''=x^2+y^2$，$y=\frac{1}{x}$；（2）$(x+y)\mathrm{d}x+x\mathrm{d}y=0$，$y=\frac{C-x^2}{2x}$；

（3）$y''-2y'+y=0$，$y=Cxe^x$.

解　（1）由 $y=\dfrac{1}{x}$ 得 $y'=-\dfrac{1}{x^2}$，$y''=\dfrac{2}{x^3}$，代入方程后等式不成立，所以 $y=\dfrac{1}{x}$ 不是所给方程的解.

（2）由 $y=\dfrac{C-x^2}{2x}$ 得 $dy=\left(\dfrac{C-x^2}{2x}\right)'dx=\left(-\dfrac{C}{2x^2}-\dfrac{1}{2}\right)dx$，代入方程得

$$(x+y)dx+xdy=\left(x+\frac{C-x^2}{2x}\right)dx+x\left(-\frac{C}{2x^2}-\frac{1}{2}\right)dx=0,$$

可见函数满足方程，且 $y=\dfrac{C-x^2}{2x}$ 含有一个任意常数，所以该函数是所给方程的通解.

（3）由 $y=Cxe^x$ 得 $y'=Ce^x+Cxe^x$，$y''=2Ce^x+Cxe^x$，代入方程得

$$y''-2y'+y=2Ce^x+Cxe^x-2(Ce^x+Cxe^x)+Cxe^x=0,$$

可见该函数满足方程，所以 $y=Cxe^x$ 是原方程的一个解. 但是 $y=Cxe^x$ 只含有一个任意常数，所以 $y=Cxe^x$ 不是原方程的通解.

例 3　求微分方程 $\dfrac{dy}{dx}=\dfrac{xy}{1+x^2}$ 的通解.

解　所给方程为可分离变量微分方程，分离变量得

$$\frac{dy}{y}=\frac{x}{1+x^2}dx,$$

两边积分得

$$\ln|y|=\frac{1}{2}\ln(1+x^2)+\ln C_1\quad(C_1>0),$$

即

$$|y|=C_1\sqrt{1+x^2},$$

所以通解为

$$y=C\sqrt{1+x^2}\quad(C=\pm C_1).$$

注意：（1）为了运算方便，可把 $\ln|y|$ 写成 $\ln y$，只要记住 C 可正可负就行. 在今后的求解过程中，只要积分出现对数函数时，真数一般都可以不加绝对值符号.

（2）此例中，假设 C_1 是任意正常数，而 $\ln C_1$ 是任意常数，把积分常数写成 $\ln C_1$ 是为了较容易地写出通解表达式.

例 4　求微分方程 $(1+e^x)yy'=e^x$ 满足初始条件 $y|_{x=0}=1$ 的特解.

解　将原方程分离变量有

$$ydy=\frac{e^x}{1+e^x}dx,$$

两边积分得

$$\frac{1}{2}y^2=\ln(1+e^x)+C_1,$$

通解为

$$y^2=2\ln(1+e^x)+C.$$

将初始条件$y|_{x=0}=1$代入通解，得$C=1-2\ln2$. 所以满足初始条件的特解为

$$y^2=2\ln(1+e^x)+1-2\ln2.$$

例 5　求微分方程$x\ln x\mathrm{d}y+(y-\ln x)\mathrm{d}x=0$的通解.

解　将原方程化为$y'+\frac{1}{x\ln x}y=\frac{1}{x}$，这是一个一阶线性非齐次微分方程，可有两种方法求解.

方法 1（常数变易法）：先求对应的齐次方程$y'+\frac{1}{x\ln x}y=0$的通解，分离变量得$\frac{\mathrm{d}y}{y}=-\frac{\mathrm{d}x}{x\ln x}$. 两边积分得$\ln y=-\ln(\ln x)+\ln C$，因此$y=\frac{C}{\ln x}$.

再把常数C换成函数$C(x)$，令$y=\frac{C(x)}{\ln x}$是原方程的解，则

$y'=\frac{C'(x)\ln x-\frac{C(x)}{x}}{\ln^2x}$. 将$y$，$y'$代入原方程并整理，得$C'(x)=\frac{\ln x}{x}$，于是$C(x)=\int\frac{\ln x}{x}\mathrm{d}x=\frac{1}{2}\ln^2x+C$. 故原方程的通解为

$$y=\frac{1}{\ln x}\left(\frac{1}{2}\ln^2x+C\right).$$

方法 2：一阶线性微分方程的通解公式为$y=e^{-\int P(x)\mathrm{d}x}\left(\int Q(x)e^{\int P(x)\mathrm{d}x}\mathrm{d}x+C\right)$.

将$P(x)=\frac{1}{x\ln x}$，$Q(x)=\frac{1}{x}$代入通解公式，得原方程的通解为

$$y=e^{-\int\frac{\mathrm{d}x}{x\ln x}}\left(\int\frac{1}{x}e^{\int\frac{\mathrm{d}x}{x\ln x}}\mathrm{d}x+C\right)=e^{-\ln(\ln x)}\left[\int\frac{1}{x}e^{\ln(\ln x)}\mathrm{d}x+C\right]$$

$$=\frac{1}{\ln x}\left[\int\frac{1}{x}\ln x\mathrm{d}x+C\right]=\frac{1}{\ln x}\left(\frac{1}{2}\ln^2x+C\right).$$

注意：对于一阶线性非齐次微分方程，重要的是掌握第一种解法——常数变易法.

例 6　求微分方程$\frac{\mathrm{d}y}{\mathrm{d}x}=\frac{1+y^2}{\arctan y-x}$的通解.

解　所给方程中，如将y看作x的函数，显然它不是关于y'，y的线性方

程. 而若将 x 看作 y 的函数，则方程可化为关于 x'，x 的线性方程 $\frac{dx}{dy}+\frac{x}{1+y^2}=\frac{\arctan y}{1+y^2}$，它所对应的齐次方程为 $\frac{dx}{dy}+\frac{x}{1+y^2}=0$. 分离变量，两边积分后得通解 $x=Ce^{-\arctan y}$.

设 $x=C(y)e^{-\arctan y}$ 是原方程的解，求导得 $\frac{dx}{dy}=C'(y)e^{-\arctan y}-\frac{C(y)}{1+y^2}e^{-\arctan y}$，将 x，$\frac{dx}{dy}$ 代入 $\frac{dx}{dy}+\frac{x}{1+y^2}=\frac{\arctan y}{1+y^2}$，整理得

$$C'(y)=\frac{\arctan y}{1+y^2}\cdot e^{\arctan y},$$

于是

$$\begin{aligned}C(y)&=\int\frac{\arctan y}{1+y^2}e^{\arctan y}dy=\int\arctan y\,d(e^{\arctan y})\\&=\arctan y\,e^{\arctan y}-\int e^{\arctan y}d(\arctan y)\\&=\arctan y\,e^{\arctan y}-e^{\arctan y}+C.\end{aligned}$$

故原方程的通解为

$$x=\arctan y-1+Ce^{-\arctan y}.$$

例 7　放射性元素铀由于不断地有原子放射出微粒子而变成其他元素，铀的含量因此不断减少，这种现象叫作衰变. 由原子物理学知识知道，铀的衰变速度与当时未衰变的原子的含量 M 成正比. 已知 $t=0$ 时，铀的含量为 M_0，求在衰变过程中铀含量 $M(t)$ 随时间 t 变化的规律.

解　铀的衰变速度就是 $M(t)$ 对时间 t 的导数 $\frac{dM}{dt}$. 由于铀的衰变速度与其含量成正比，故得微分方程

$$\frac{dM}{dt}=-\lambda M.$$

其中，$\lambda(\lambda>0)$ 是常数，叫作衰变系数；右端负号表示 $M(t)$ 是单调减少的，即 $\frac{dM}{dt}<0$.

依据题意得初始条件 $M|_{t=0}=M_0$.

方程 $\frac{dM}{dt}=-\lambda M$ 是可分离变量微分方程，分离变量得 $\frac{dM}{M}=-\lambda dt$，两端积分得 $\ln M=-\lambda t+\ln C$，即得通解 $M=Ce^{-\lambda t}$.

由初始条件得到 $C=M_0$，所以 $M=M_0e^{-\lambda t}$，这就是所求铀的衰变规律.

例 8　求解下列微分方程.

（1）$y''-5y'-6y=0$；

（2）$y''-8y'+16y=0$；

（3）$y''+2y'+3y=0$，$y|_{x=0}=1$，$y'|_{x=0}=1$.

解 这是一组二阶常系数线性齐次微分方程的求解问题，首先应求出特征根，然后根据特征根的类型写出通解.

（1）方程 $y''-5y'-6y=0$ 的特征方程为 $r^2-5r-6=0$，其根为 $r_1=6$，$r_2=-1$，所以微分方程的通解为 $y=C_1e^{6x}+C_2e^{-x}$.

（2）方程 $y''-8y'+16y=0$ 的特征方程为 $r^2-8r+16=0$，其根为 $r_1=r_2=4$，所以微分方程的通解为 $y=(C_1+C_2x)e^{4x}$.

（3）方程 $y''+2y'+3y=0$ 的特征方程为 $r^2+2r+3=0$，其根为 $r_1=-1+\sqrt{2}i$，$r_2=-1-\sqrt{2}i$，所以微分方程的通解为 $y=e^{-x}(C_1\cos\sqrt{2}x+C_2\sin\sqrt{2}x)$.

把条件 $y|_{x=0}=1$ 代入上式得 $C_1=1$；又因为

$$y'=-e^{-x}(C_1\cos\sqrt{2}x+C_2\sin\sqrt{2}x)+e^{-x}(-\sqrt{2}C_1\sin\sqrt{2}x+\sqrt{2}C_2\cos\sqrt{2}x),$$

再把条件 $y'|_{x=0}=1$ 代入上式得 $C_2=\sqrt{2}$. 于是，得到方程的特解为

$$y=e^{-x}(\cos\sqrt{2}x+\sqrt{2}\sin\sqrt{2}x).$$

例 9 求方程 $y''-2y'-3y=3xe^{2x}$ 的一个特解.

解 这是一个二阶常系数线性非齐次微分方程，其非齐次项 $f(x)=3xe^{2x}$，$\lambda=2$ 不是对应的齐次方程的特征方程 $r^2-2r-3=0$ 的根，所以可设其特解为 $\overline{y}=(Ax+B)e^{2x}$，求导数得 $\overline{y}'=(2Ax+A+2B)e^{2x}$，$\overline{y}''=(4Ax+4A+4B)e^{2x}$. 代入原方程，并化简得 $-3Ax+2A-3B=3x$，得 $A=-1$，$B=-\dfrac{2}{3}$. 因此原方程的一个特解为

$$\overline{y}=\left(-x-\frac{2}{3}\right)e^{2x}.$$

例 10 求下列微分方程的通解.

（1）$y''-3y'=2-6x$；（2）$y''-3y'+2y=3e^{2x}$；

（3）$y''+y=\cos2x$；（4）$y''+y=\sin x$.

解 这是一组非齐次项分别为 $f(x)=P_n(x)e^{\lambda x}$ 及 $f(x)=e^{\lambda x}(a\cos\omega x+b\sin\omega x)$ 的二阶常系数线性非齐次微分方程. 首先，我们要求出它们所对应的齐次方程的通解，然后根据非齐次项的不同形式设定不同的特解，并求出该特解，进而最终求出原方程的通解.

（1）该方程对应齐次方程的通解为 $Y=C_1+C_2e^{3x}$.

可设特解为 $\overline{y}=x(Ax+B)$（因为 $\lambda=0$ 为原方程所对应齐次方程特征方程的单根），代入方程后可确定 $A=1$，$B=0$，即 $\overline{y}=x^2$. 因此原方程的通解为

$$y = C_1 + C_2 e^{3x} + x^2.$$

（2）该方程对应齐次方程的通解为 $Y = C_1 e^x + C_2 e^{2x}$.

可设特解为 $\bar{y} = Axe^{2x}$（因为 $\lambda = 2$ 为原方程所对应齐次方程特征方程的单根），代入方程后可确定 $A = 3$，即 $\bar{y} = 3xe^{2x}$. 因此原方程的通解为

$$y = C_1 e^x + C_2 e^{2x} + 3xe^{2x}.$$

（3）该方程对应齐次方程的通解为 $Y = C_1 \cos x + C_2 \sin x$.

可设特解为 $\bar{y} = A\cos 2x + B\sin 2x$（因为 $\pm 2i$ 不是原方程所对应齐次方程特征方程的根），代入方程后可确定 $A = -\frac{1}{3}$，$B = 0$，即 $\bar{y} = -\frac{1}{3}\cos 2x$. 因此原方程的通解为

$$y = C_1 \cos x + C_2 \sin x - \frac{1}{3}\cos 2x.$$

（4）该方程对应齐次方程的通解为 $Y = C_1 \cos x + C_2 \sin x$.

可设特解为 $\bar{y} = x(A\cos x + B\sin x)$（因为 $\pm i$ 是原方程所对应齐次方程特征方程的根），代入方程后可确定 $A = -\frac{1}{2}$，$B = 0$，即 $\bar{y} = -\frac{1}{2}x\cos x$. 因此原方程的通解为

$$y = C_1 \cos x + C_2 \sin x - \frac{1}{2}x\cos x.$$

例 11　求方程 $y'' + 3y' + 2y = e^{-x}\cos x + \sin x$ 的通解.

解　1）原方程所对应齐次方程 $y'' + 3y' + 2y = 0$ 的特征方程为 $r^2 + 3r + 2 = 0$，$r_1 = -1$，$r_2 = -2$ 为特征根，故齐次方程的通解为 $Y = C_1 e^{-x} + C_2 e^{-2x}$.

2）求 $y'' + 3y' + 2y = e^{-x}\cos x$ 的一个特解. 由于 $-1 \pm i$ 不是 $r^2 + 3r + 2 = 0$ 的特征根，所以可设特解为 $\bar{y}_1 = e^{-x}(A\cos x + B\sin x)$. 将 $\bar{y}_1$ 代入方程 $y'' + 3y' + 2y = e^{-x}\cos x$，整理化简求得 $A = -\frac{1}{2}$，$B = \frac{1}{2}$，所以方程 $y'' + 3y' + 2y = e^{-x}\cos x$ 的一个特解为

$$\bar{y}_1 = e^{-x}\left(-\frac{1}{2}\cos x + \frac{1}{2}\sin x\right).$$

3）求 $y'' + 3y' + 2y = \sin x$ 的一个特解. 由于 $\pm i$ 不是 $r^2 + 3r + 2 = 0$ 的特征根，所以可设特解为 $\bar{y}_2 = E\cos x + F\sin x$. 将 $\bar{y}_2$ 代入方程 $y'' + 3y' + 2y = \sin x$，整理化简求得 $E = -\frac{3}{10}$，$F = \frac{1}{10}$，所以方程 $y'' + 3y' + 2y = \sin x$ 的一个特解为

$$\bar{y}_2 = -\frac{3}{10}\cos x + \frac{1}{10}\sin x.$$

综上所述，原方程的通解为

$$y=C_1\mathrm{e}^{-x}+C_2\mathrm{e}^{-2x}+\frac{1}{2}\mathrm{e}^{-x}(\sin x-\cos x)+\frac{1}{10}\sin x-\frac{3}{10}\cos x.$$

三、自我测验题

(一) 基础层次

(时间：110 分钟，分数：100 分)

1. 选择题(每小题 3 分,共 15 分)

(1) 方程 $y'-xy'=a(y^2+y')$ 是(　　).

A. 可分离变量方程　　B. 一阶齐次线性方程

C. 一阶非齐次线性方程　　D. 以上结论都不对

(2) 微分方程 $y''-2y'-3y=\mathrm{e}^{2x}(2x-1)$ 是(　　).

A. 二阶常系数非齐次线性方程　　B. 二阶常系数齐次线性方程

C. 二阶非齐次线性方程　　D. 二阶非线性方程

(3) 微分方程 $y'=3y^{\frac{2}{3}}$ 的一个特解是(　　).

A. $y=C(x+1)^3$　　B. $y=x^3+1$　　C. $y=(x+C)^3$　　D. $y=(x+2)^3$

(4) 通过坐标原点，且任一点曲线斜率均为$\frac{1}{x+1}$的曲线方程是(　　).

A. $y=\ln(x+1)+C$　　B. $y=\frac{x^2}{2}+x+C$

C. $y=\ln(x+1)$　　D. $y=\ln(x+1)-1$

(5) 函数 $y_1(x)$，$y_2(x)$ 是微分方程 $y''+py'+qy=0$ 的两个解，则下列函数中不是该微分方程的解的函数是(　　).

A. $y=\frac{y_1(x)}{y_2(x)}\quad(y_2(x)\neq 0)$　　B. $y=y_1(x)-\sqrt{2}y_2(x)$

C. $y=y_1(x)+y_2(x)$　　D. $y=C_1y_1(x)+C_2y_2(x)$

2. 填空题(每题 3 分,共 15 分)

(1) $\frac{\mathrm{d}y}{\mathrm{d}x}=2y$ 的通解是________.

(2) 微分方程 $y'-\frac{2}{x+1}y=(x+1)^3$ 对应的齐次方程是________，其通解是________，用常数变易法求得的 $C(x)=$________.

(3) 微分方程 $y''-10y'+34y=0$ 的通解是________.

(4) 微分方程$\frac{\mathrm{d}^2s}{\mathrm{d}t^2}-2s=0$ 的通解为________.

(5) 微分方程$\frac{dx}{y}+\frac{dy}{x}=0$满足初始条件$y|_{x=3}=4$的特解为________.

3. 求解下列微分方程(每小题5分,共20分)

(1) $y'=e^{x-y}$;

(2) $(1+e^x)\sin y\frac{dy}{dx}+e^x\cos y=0$;

(3) $xy+\sqrt{1-x^2}y'=0$;

(4) $\tan t\cdot\frac{dx}{dt}-x=5$.

4. 求下列微分方程满足初始条件的特解(每小题6分,共12分)

(1) $xy'+y=3, y|_{x=1}=4$;

(2) $y'+y\cot x=\csc x$, $y|_{x=\frac{\pi}{2}}=\frac{\pi}{2}$.

5. 求下列微分方程的通解(每小题6分,共18分)

(1) $y''-y'-6y=0$;

(2) $y''-6y'+9y=2x^2-x+3$;

(3) $y''-2y'+5y=\cos 2x$.

6. 解答题(每小题10分,共20分)

(1) 设曲线上任意一点$M(x,y)$处的切线与直线OM(O为坐标原点)垂直,且曲线过点(3,4),求这条曲线的方程.

(2) 将100℃的开水冲进热水瓶且塞紧塞子后,放在20℃的室内,24h后,瓶内热水温度将变为50℃. 问:开水冲进12h后,瓶内热水的温度为多少度?(设瓶内热水冷却的速度与水的温度和室温之差成正比)

(二) 提高层次

(时间:110分钟,分数:100分)

1. 选择题(每小题3分,15分)

(1) 下列方程中是一阶线性微分方程的是( ).

A. $y'+xy=y^2$

B. $y'+e^x=ye^x$

C. $xy^2-2y'+x^2y=\cos x$

D. $xy''-2y'+x^2y=\cos x$

(2) 下列方程中是二阶常系数线性微分方程的是( ).

A. $y'+y\sin 2x=e^x$

B. $2y''-yy'+e^{-x}=0$

C. $y''-4y'+5y=3x^2-5$

D. $2xy'-y''=\arctan x$

(3) 下列方程中属于可分离变量的方程是( ).

A. $y'-\frac{4}{x}y=xy^{\frac{1}{2}}$

B. $y'+2y=x$

C. $(3x^2+y\cos x)dx+(\sin x-4y^3)dy=0$

D. $y'=xye^{x^2}\ln y$

（4） 函数 $\overline{y}=Ax\cos 2x+Bx\sin 2x$ 是方程（　　）的一个特解.

A. $y''+y=\sin 2x$　　　　B. $y''-4y'+4y=\sin 2x$

C. $y''+4y=\sin 2x$　　　　D. $y''+4y'=\sin 2x$

（5） 方程 $y'=y^2\cos x$ 的通解是（　　）.

A. $y=-\dfrac{1}{\sin x+C}$　　　　B. $y=-\cos x+C$

C. $y=-\sin x+C$　　　　D. $y=\dfrac{1}{\cos x+C}$

2. 填空题（每小题3分，共18分）

（1） $x^2(y')^3+yy''-x=0$ 是________阶微分方程.

（2） 一条曲线过点(1,0)，且该曲线上任意一点切线的斜率为 x^2，则曲线方程为________.

（3） 微分方程 $y''-x^2=0$ 的通解为________.

（4） 微分方程 $(1+y)\mathrm{d}x-(1-x)\mathrm{d}y=0$ 的通解为________.

（5） 满足 $f''(x)-f'(x)+f(x)=0$ 的 $f(x)=$________.

（6） 二阶微分方程满足初始条件 $y|_{x=x_0}=y_0$，$y'|_{x=x_0}=y'_0$ 的特解的几何意义是通过点 (x_0,y_0)，且在该点的切线的斜率为________的一条积分曲线.

3. 判断下列各函数是否为所给微分方程的解（每小题6分，共12分）

（1） $x=\mathrm{e}^{2t}$，$\dfrac{\mathrm{d}^3x}{\mathrm{d}t^3}-4\dfrac{\mathrm{d}x}{\mathrm{d}t}=0$；

（2） $y=\mathrm{e}^x\int_0^x \mathrm{e}^{t^2}\mathrm{d}t+C\mathrm{e}^t$　（C 为任意常数），$y'-y=\mathrm{e}^x(1+x)$.

4. 求下列微分方程的通解（每小题7分，共35分）

（1） $(t^2-xt^2)\dfrac{\mathrm{d}x}{\mathrm{d}t}+x^2+tx^2=0$；

（2） $(x-2)\dfrac{\mathrm{d}y}{\mathrm{d}x}=y+2(x-2)^3$；

（3） $y''+y'-2y=0$；

（4） $y''-2y'-3y=2x+1$；

（5） $y''-4y=\sin 2x+x^2$.

5. 解答题（每小题10分，共20分）

（1） 物体在空气中的冷却速度与物体和空气的温度差成比例，如果物体在20min中由100℃冷至60℃，那么在多长的时间内，这个物体的温度达到30℃？（假设空气的温度为20℃）

（2）如图 6-1 所示，在电阻 R，电感 L，电容 C 串联的电路中，电源电压 $E=20\text{V}$，$R=4\Omega$，$L=1\text{H}$，$C=0.2\text{F}$，电容的初始电压为 0. 设开关闭合时刻 $t=0$，求开关闭合后回路中的电流.

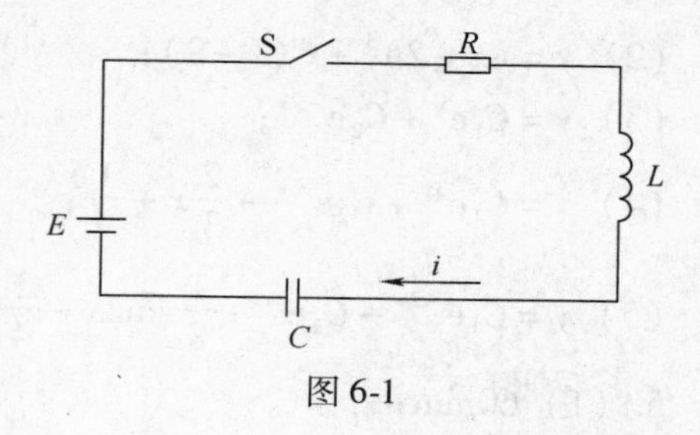

图 6-1

参考答案

（一）基础层次

1.（1）A；（2）A；（3）D；（4）C；（5）A.

2.（1）$y=Ce^{2x}$；　（2）$y'-\frac{2}{x+1}y=0$，$y=C(x+1)^2$，$\frac{1}{2}(x+1)^2+C$；

（3）$y=e^{5x}(C_1\cos3x+C_2\sin3x)$；　（4）$s=C_1e^{\sqrt{2}t}+C_2e^{-\sqrt{2}t}$；

（5）$x^2+y^2=25$.

3.（1）$y=\ln(e^x+C)$；　（2）$\cos y=C(1+e^x)$；

（3）$y=Ce^{\sqrt{1-x^2}}$；　（4）$x=C\sin t-5$.

4.（1）$y=\frac{1}{x}+3$；　（2）$y=\frac{x}{\sin x}$.

5.（1）$y=C_1e^{3x}+C_2e^{-2x}$；　（2）$y=(C_1+C_2x)e^{3x}+\frac{2}{9}x^2+\frac{5}{27}x+\frac{11}{27}$；

（3）$y=e^x(C_1\cos2x+C_2\sin2x)+\frac{1}{17}\cos2x-\frac{4}{17}\sin2x$.

6.（1）$x^2+y^2=25$.

（2）约 69℃.

（二）提高层次

1.（1）B；（2）C；（3）D；（4）C；（5）A.

2.（1）二；（2）$y=\frac{1}{3}(x^3-1)$；

（3）$y=\frac{1}{12}x^4+C_1x+C_2$；（4）$(x-1)(y+1)=C$；

（5）$e^{\frac{x}{2}}\left(C_1\cos\frac{\sqrt{3}}{2}x+C_2\sin\frac{\sqrt{3}}{2}x\right)$；（6）$y_0'$.

3.（1）是；　（2）不是.

4.（1）$\frac{t+x}{tx}+\ln\frac{x}{t}=C$；

（2）$y=(x-2)^3+C(x-2)$；

（3）$y=C_1\mathrm{e}^{x}+C_2\mathrm{e}^{-2x}$；

（4）$y=C_1\mathrm{e}^{3x}+C_2\mathrm{e}^{-x}-\dfrac{2}{3}x+\dfrac{1}{9}$；

（5）$y=C_1\mathrm{e}^{-2x}+C_2\mathrm{e}^{2x}-\dfrac{1}{8}\sin 2x-\dfrac{1}{4}x^2-\dfrac{1}{8}$.

5.（1）60min；

（2）根据回路电压定律 $U_L+U_R+U_C=E$ 的初始条件为 $i\Big|_{t=0}=0$，$i'\Big|_{t=0}=\dfrac{E}{L}=20$，$i=20\mathrm{e}^{-2t}\sin t$.

（教材下册部分）

第八章　多元函数微积分

一、知识剖析

（一）知识网络

- 空间解析几何简介
  - 空间直角坐标系
    - 坐标系的构成
    - 空间点的坐标
  - 空间两点间的距离公式
  - 曲面的方程
    - 曲面方程的概念
    - 平面及其方程
    - 常见曲面：球面，柱面，旋转曲面
- 多元函数微分学
  - 概念
    - 多元函数：二元函数的定义域，图像
    - 二元函数的极限与连续
    - 偏导数
    - 全微分
  - 运算
    - 偏导数
      - 利用定义计算
      - 多元复合函数的链导法则
      - 多元隐函数求导
    - 全微分（具有形式的不变性）
  - 应用
    - 无条件极值
      - 必要条件
      - 充分条件
    - 条件极值：拉格朗日乘数法
- 二重积分
  - 概念
    - 概念的引入：曲顶柱体的体积
    - 二重积分："和式"的极限
    - 二重积分的几何意义
    - 二重积分的性质
  - 运算
    - 利用直角坐标系计算
    - 利用极坐标系计算
  - 应用
    - 空间曲面所围立体的体积
    - 平面薄板的质量
- 对坐标的曲线积分
  - 概念
    - 概念的引入：变力沿曲线做功问题
    - 概念的本质："和式"的极限
    - 性质
  - 运算：化为一元函数定积分
  - 格林公式
    - 格林公式
    - 格林公式的应用
      - 计算平面闭区域的面积
      - 计算对坐标的曲线积分
  - 与路径无关的条件
    - 定义
    - 充要条件
    - 计算曲线积分的简便方法

(二) 知识重点与学习要求

1) 了解空间直角坐标系，掌握空间两点间的距离公式，了解曲面方程的概念，了解几种常见的曲面方程及其图形：球面、母线平行于坐标轴的柱面、旋转抛物面、圆锥面等.

2) 理解多元函数概念，了解多元函数极限与连续的含义.

3) 理解偏导数、全微分、高阶偏导数的概念，掌握其计算方法.

4) 掌握复合函数的链导法则，能正确应用链导法则求多元复合函数的偏导数.

5) 会求隐函数的偏导数.

6) 理解多元函数极值的概念，会求二元函数的极值；会用拉格朗日乘数法解决条件极值问题；会求一些简单的多元函数的最大值、最小值问题.

7) 了解二重积分的概念及其性质，理解二重积分的几何意义.

8) 会计算较简单的二重积分(利用直角坐标系、极坐标系)；会用二重积分解决简单的应用问题(空间曲面所围立体的体积、平面薄板的质量).

9) 了解对坐标的曲线积分的概念及性质，掌握对坐标的曲线积分的计算；了解格林(Green)公式，掌握曲线积分与路径无关的条件，并会将其应用于曲线积分的计算中.

(三) 概念理解与方法掌握

1. 空间解析几何简介

(1) 空间直角坐标系　空间直角坐标系是空间图形与数(组)结合的工具.

1) 空间直角坐标系的构成.

原点：空间中任取一个定点 O.

坐标轴：空间中相交于同一点 O，且两两相互垂直的三个数轴. 其中，Ox 称为 x 轴(横轴)，水平由里向外；Oy 称为 y 轴(纵轴)，水平由左向右；Oz 称为 z 轴(竖轴)，垂直由下向上.

2) 空间点的坐标.

空间点 $M \xleftrightarrow{\text{一一对应}}$ 有序实数组 (x,y,z) (即点的坐标).

要求：由点的坐标准确地描出对应的点.

3) 空间两点 $A(x_1,y_1,z_1)$，$B(x_2,y_2,z_2)$ 间的距离

$$|AB| = \sqrt{(x_2-x_1)^2+(y_2-y_1)^2+(z_2-z_1)^2}.$$

(2) 曲面的方程

曲面：在空间满足一定条件的动点的轨迹.

曲面的方程：曲面上任意一点(动点)的坐标 x，y，z 所满足的方程

$$F(x,y,z)=0.$$

要求：由常见曲面的方程作出图形.

1）平面方程——三元一次方程

$$Ax+By+Cz+D=0 \quad (A^2+B^2+C^2\neq 0).$$

注意：

① 上式中，只要满足 $A^2+B^2+C^2\neq 0$（即 A,B,C 不全为零），其图形即为平面. 若 $D\neq 0$，则平面不过原点；若 $D=0$，则平面过原点.

② 要注意方程中 A，B，C 有一个或两个为零时，其图形的特点：

A，B，C 有一个为零时，平面平行或是某一坐标轴. 如 $C=0$，则方程变为 $Ax+By+D=0$. 此时，若 $D\neq 0$，则平面平行于 z 轴；若 $D=0$，则平面过 z 轴.

A，B，C 有两个为零时，平面平行或过某一坐标平面. 如 $A=B=0$，则方程变为 $z=-\dfrac{D}{C}$. 此时，若 $D\neq 0$，则平面平行于 Oxy 平面；若 $D=0$，则平面即 Oxy 平面.

③ 作方程的图形时，要考虑前提条件. 例如，对于方程 $x=1$：

在数轴上（一维坐标系），它表示一个点；

在直角坐标（二维坐标系）平面内，它表示一条垂直于 x 轴的直线；

在空间直角坐标系（三维坐标系）中，它表示一个垂直于 x 轴的平面.

2）球面. 球心在点 (a,b,c)，半径为 R 的球面方程为

$$(x-a)^2+(y-b)^2+(z-c)^2=R^2.$$

特例：球心为原点，半径是 R 的球面方程为

$$x^2+y^2+z^2=R^2.$$

3）柱面. 平行于一条定直线，沿定曲线 c 移动的动直线 L 所形成的曲面叫作柱面，定曲线 c 叫作柱面的准线，动直线 L 叫作柱面的母线.

要求：掌握母线平行于坐标轴的柱面方程.

方程的特点：缺少三个量 x，y，z 中之一，具体如下.

① 形如 $F(x,y)=0$ 的方程，表示母线平行于 z 轴的柱面；

② 形如 $F(x,z)=0$ 的方程，表示母线平行于 y 轴的柱面；

③ 形如 $F(y,z)=0$ 的方程，表示母线平行于 x 轴的柱面.

常见的几种母线平行于 z 轴的柱面如下.

圆柱面：$x^2+y^2=R^2 \quad (R>0)$.

椭圆柱面：$\dfrac{x^2}{a^2}+\dfrac{y^2}{b^2}=1 \quad (a>0,b>0)$.

抛物柱面：$x^2=2py \quad (p>0)$.

双曲柱面：$\dfrac{y^2}{a^2}-\dfrac{x^2}{b^2}=1 \quad (a>0,b>0)$.

注意：以上几个方程，在平面直角坐标系中分别表示圆、椭圆、抛物线、双曲线，而在空间直角坐标系中表示柱面(是曲面而不是曲线).

4）旋转曲面.

旋转曲面的定义：一条平面曲线绕着同一平面内的一条定直线旋转一周而成的曲面.

要求：坐标平面内的曲线绕着坐标轴旋转而成的曲面.

旋转面方程的写法：

Oyz 平面内的曲线$\begin{cases} f(y,z)=0 \\ x=0 \end{cases}$

绕着 y 轴旋转而成旋转面的方程：$f(y,\pm\sqrt{x^2+z^2})=0$；

绕着 z 轴旋转而成旋转面的方程：$f(\pm\sqrt{x^2+y^2},z)=0$.

注意：由旋转曲面的定义可知，曲线$\begin{cases} f(y,z)=0 \\ x=0 \end{cases}$不能绕着 x 轴旋转.

另外两种情况读者可类似写出.

5）旋转曲面作图.

关键：观察方程的特点，分析旋转面如何形成.

方程的特点：

① 形如 $f(x^2+y^2,z)=0$：表示曲线$\begin{cases} f(y^2,z)=0 \\ x=0 \end{cases}$或$\begin{cases} f(x^2,z)=0 \\ y=0 \end{cases}$绕着 z 轴旋转而成的旋转面.

② 形如 $f(x^2+z^2,y)=0$：表示曲线$\begin{cases} f(x^2,y)=0 \\ z=0 \end{cases}$或$\begin{cases} f(z^2,y)=0 \\ x=0 \end{cases}$绕着 y 轴旋转而成的旋转面.

③ 形如 $f(y^2+z^2,x)=0$：表示曲线$\begin{cases} f(y^2,x)=0 \\ z=0 \end{cases}$或$\begin{cases} f(z^2,x)=0 \\ y=0 \end{cases}$绕着 x 轴旋转而成的旋转面.

2. 多元函数微分学

（1）概念理解

多元函数：一个变量(因变量)随多个变量(自变量)变化的函数. “元”指自变量的个数，有几个自变量就是几元函数.

二元函数的定义域在几何上即直角坐标平面内的点集：

$$D=\{(x,y)\mid x,y\text{ 满足的条件}\}.$$

平面区域(简称区域)的相关概念：

1）区域. 平面上由一条或几段光滑曲线所围成的连通的部分平面称为区

域. 围成区域的曲线称为区域的边界，边界上的点称为边界点.

注意：如果部分平面内任意两点均可用完全属于该部分平面的折线连接起来，则该部分平面称为连通的.

2）开区域和闭区域. 不包括边界的区域称为开区域，包括边界的区域称为闭区域.

3）有界区域和无界区域. 如果一个区域（开或闭）内任意两点之间的距离都不超过某一正数 M，则称为有界区域，否则称为无界区域.

注意：有界区域可以包含在以原点为圆心、半径足够大的圆周内，即有界区域不可能向远离原点的方向无限延伸，而无界区域情形则相反.

4）单连通区域和复连通区域. 如果平面区域 D 内任一封闭曲线所围的部分都属于该区域，则称区域 D 为平面单连通区域，否则称为复连通区域.

常用的区域：

开或闭的矩形域：$\begin{cases} a<x<b \\ c<y<d \end{cases}$；$\begin{cases} a\leqslant x\leqslant b \\ c\leqslant y\leqslant d \end{cases}$.

开或闭的圆形域：$\{(x,y)\mid (x-x_0)^2+(y-y_0)^2<\delta^2\}$；

$\{(x,y)\mid (x-x_0)^2+(y-y_0)^2\leqslant\delta^2\}$.

点 (x_0,y_0) 的 δ 邻域：$\{(x,y)\mid (x-x_0)^2+(y-y_0)^2<\delta^2\}$；

点 (x_0,y_0) 的去心 δ 邻域：$\{(x,y)\mid 0<(x-x_0)^2+(y-y_0)^2<\delta^2\}$.

说明：一般地，二元函数的定义域是一个或几个平面区域，要求会求二元函数的定义域并用图形加以表示.

二元函数的几何表示：二元函数即三元方程，其图像一般为曲面，该曲面在 Oxy 平面上的投影即函数的定义域.

（2）二元函数的极限与连续

1）二元函数的极限（二重极限）是一元函数极限的推广，但比一元函数复杂得多. 例如，对于一元函数 $y=f(x)$，“$x\to x_0$”表示 x 从 x_0 的左右两侧无限接近于 x_0；而对于二元函数 $z=f(x,y)$，“$(x,y)\to(x_0,y_0)$”表示 (x,y) 在点 (x_0,y_0) 的去心邻域内以任意方式无限接近于 (x_0,y_0)，即有无数种方式.

在学习中，要着重理解函数极限的思想：变量的变化趋势.

2）二元函数 $z=f(x,y)$ 在点 (x_0,y_0) 连续，即有

$$\lim_{\substack{x\to x_0\\ y\to y_0}} f(x,y)=f(x_0,y_0) \quad \text{或} \quad \lim_{\substack{x\to x_0\\ y\to y_0}}[f(x,y)-f(x_0,y_0)]=0$$

成立.

学法指导：理解函数连续的思想.

① 若 $z=f(x,y)$ 在点 (x_0,y_0) 连续，则当自变量 (x,y) 在点 (x_0,y_0) 的改变量很小时，函数值的改变量也很小.

② 若 $z=f(x,y)$ 在某个区域连续，则在该区域内，函数的图像(曲面)既没有“洞(间断点)”，也没有“缝(间断线)”.

3）有界闭区域上二元连续函数的性质.

① 最值定理：有界闭区域上二元连续函数必有最大值和最小值. 从其图像上看，这部分图像一定有最高点(该点的竖坐标即函数的最大值)和最低点(该点的竖坐标即函数的最小值).

② 介值定理：有界闭区域上二元连续函数可以取得介于最大值和最小值之间的任何数值.

注意：如果不是有界闭区域上的连续函数，则以上两个结论未必成立.

3. 偏导数和全微分

(1) 偏导数与全微分的概念

1）偏导数：多元函数分别随每一个自变量变化的快慢程度.

2）全微分：多元函数全增量的近似值. 当自变量的改变量足够小时，可以用函数的全微分近似代替函数的全增量，这是全微分的应用之一.

在学习多元函数微分学时，注意与一元函数微分学的区别.

(2) 可导与连续的关系

若一元函数在某一点可导，则在该点必连续，反之未必；二元函数在某一点连续与可导(两个偏导数都存在)无关.

(3) 可导与可微的关系

一元函数在某点可导的充分必要条件是函数在该点可微.

二元函数在某点可微则一定可导；反之，二元函数在某点可导不一定可微(全微分存在)，当两个偏导数存在且连续时，函数在该点一定可微.

(4) 偏导数与全微分的运算

1）基本运算方法：对于多元函数，有几个自变量就有几个(一阶)偏导数，对某一个自变量求偏导数，只需将其余自变量看作常数，利用一元函数求导数的方法求导即可.

2）高阶偏导数：注意记号的含义.

例如，对二元函数 $z=f(x,y)$，二阶偏导数$\frac{\partial^2 z}{\partial x^2}$表示函数对自变量 x 求两次偏导数；$\frac{\partial^2 z}{\partial x\partial y}$和$\frac{\partial^2 z}{\partial y\partial x}$表示两个混合二阶偏导数，两者均为分别对 x 和 y 各求一次偏导数，不同之处是求导次序不同，$\frac{\partial^2 z}{\partial x\partial y}$表示先对 x 后对 y 求导，而$\frac{\partial^2 z}{\partial y\partial x}$则相反.

注意：$\frac{\partial^2 z}{\partial x\partial y}=\frac{\partial^2 z}{\partial y\partial x}$未必成立. 只有当$\frac{\partial^2 z}{\partial x\partial y}$和$\frac{\partial^2 z}{\partial y\partial x}$均连续时，才有$\frac{\partial^2 z}{\partial x\partial y}=$

$\frac{\partial^2 z}{\partial y \partial x}$.

结论：高阶混合偏导数存在且连续时，求导结果与求导次序无关.

3）全微分——有形式的不变性.

对于二元函数 $z=f(x,y)$，$\mathrm{d}z=\frac{\partial z}{\partial x}\mathrm{d}x+\frac{\partial z}{\partial y}\mathrm{d}y$.

对于三元函数 $u=f(x,y,z)$，$\mathrm{d}u=\frac{\partial u}{\partial x}\mathrm{d}x+\frac{\partial u}{\partial y}\mathrm{d}y+\frac{\partial u}{\partial z}\mathrm{d}z$.

4. 多元复合函数求导

要求：理解链导法则，注意“链”的构成，能够确定函数中自变量的个数和中间变量的个数. 有几个自变量就有几个偏导数，即有几个“链”；中间变量的个数决定每一个“链”的“节”数.

例如，设函数 $s=f(u,v)$，且 $u=u(x,y,z)$，$v=v(x,y,z)$，则有

$$\frac{\partial s}{\partial x}=\frac{\partial s}{\partial u}\frac{\partial u}{\partial x}+\frac{\partial s}{\partial v}\frac{\partial v}{\partial x};\quad \frac{\partial s}{\partial y}=\frac{\partial s}{\partial u}\frac{\partial u}{\partial y}+\frac{\partial s}{\partial v}\frac{\partial v}{\partial y};\quad \frac{\partial s}{\partial z}=\frac{\partial s}{\partial u}\frac{\partial u}{\partial z}+\frac{\partial s}{\partial v}\frac{\partial v}{\partial z}.$$

说明：此函数有三个自变量，故有三个一阶偏导数；两个中间变量，因而每一个偏导数的表达式（即一个“链”）有两项相加.

5. 多元隐函数求导

“隐”是相对于“显”来说的，形如 $z=f(x,y)$ 的函数叫作二元显函数；若给定三元方程 $F(x,y,z)=0$，可以认为其中“隐藏”着函数 $z=f(x,y)$，称为由方程 $F(x,y,z)=0$ 确定的隐函数. 注意到隐函数有时很难化为显函数.

隐函数求导法：

① 求由方程 $F(x,y)=0$ 确定的一元隐函数的导数$\frac{\mathrm{d}y}{\mathrm{d}x}$：

$$\frac{\mathrm{d}y}{\mathrm{d}x}=-\frac{F'_x(x,y)}{F'_y(x,y)}.$$

其中，$F'_x(x,y)$ 和 $F'_y(x,y)$ 分别表示 x，y 的二元函数 $F(x,y)$ 对 x，y 的偏导数.

② 求由方程 $F(x,y,z)=0$ 确定的二元隐函数的偏导数$\frac{\partial z}{\partial x}$和$\frac{\partial z}{\partial y}$：

$$\frac{\partial z}{\partial x}=-\frac{F'_x(x,y,z)}{F'_z(x,y,z)},\quad \frac{\partial z}{\partial y}=-\frac{F'_y(x,y,z)}{F'_z(x,y,z)}.$$

其中，$F'_x(x,y,z)$，$F'_y(x,y,z)$ 和 $F'_z(x,y,z)$ 分别表示 x，y，z 的三元函数 $F(x,y,z)$ 对 x，y，z 的偏导数.

6. 多元函数的极值

（1）极值的概念

1）极值：小范围的最值.

2）极值与最值的区别与联系.

本质：极值是局部概念，而最值是整体概念.

对于有界闭区域上的二元连续函数，极值与最值的区别如下：

① 最大值和最小值一定存在，且各有一个；而极值可能有各种情形：极大值和极小值都存在且不止一个、都不存在、只存在极大值或极小值等.

② 最大值一定大于最小值，而极大值未必大于极小值.

③ 最值可能在区域内部取得，也可能在区域的边界上取得，而极值只能在区域内部取得.

两者的联系：如果函数的最大(小)值在区域内部取得，该值一定是函数的极大(小)值.

(2) 极值存在的必要条件

结论 1：可导函数(指多元函数一阶偏导数都存在)的极值点一定是驻点，而驻点不一定是极值点.

结论 2：函数的不可导点也可能是函数的极值点.

即，函数的可能极值点$\begin{cases}\text{驻点}\\\text{不可导点}\end{cases}$.

注意：以上结论对于一元函数和多元函数均成立.

函数的驻点：

一元函数 $y=f(x)$：$f'(x)=0$ 的实数解 x_0.

二元函数 $z=f(x,y)$：$\begin{cases}f'_x(x,y)=0\\f'_y(x,y)=0\end{cases}$的实数解$(x_0,y_0)$.

三元函数 $u=f(x,y,z)$：$\begin{cases}f'_x(x,y,z)=0\\f'_y(x,y,z)=0\\f'_z(x,y,z)=0\end{cases}$的实数解$(x_0,y_0,z_0)$.

依此类推.

(3) 极值的运算(充分条件)

1）无条件极值.

要求：会求二元函数 $z=f(x,y)$ 的极值(仅限具有二阶连续偏导数的二元函数).

求法(步骤)：

① 确定函数的定义域(如果指定区域,即在所给区域讨论)；

② 求出函数的两个一阶偏导数，并求出函数在定义域(或所给区域)内的所有驻点(假设(x_0,y_0)为一驻点)；

③ 求出函数的所有二阶偏导数，对于每一个驻点(x_0,y_0)，计算出以下几个值：

$$A=f''_{xx}(x_0,y_0),\ B=f''_{xy}(x_0,y_0)=f''_{yx}(x_0,y_0),\ C=f''_{yy}(x_0,y_0).$$

④ 根据 A，B，C 判断出函数的极值(见教材).

2）条件极值. 例如：求函数 $u=f(x,y,z)$ 在条件 $\varphi(x,y,z)=0$ 下的极值.

方法1：化为无条件极值.

从条件 $\varphi(x,y,z)=0$ 中解出一个量(比如解出 $z=z(x,y)$)，代入函数 $u=f(x,y,z)$ 中，得 $u=f(x,y,z(x,y))$，再依照无条件极值的求法解决.

方法2：拉格朗日乘数法.

① 构造函数(称为拉格朗日函数,其中 λ 称为拉格朗日乘数)

$$L(x,y,z,\lambda)=f(x,y,z)+\lambda\varphi(x,y,z).$$

② 解方程组

$$\begin{cases}\dfrac{\partial L}{\partial x}=f_x(x,y,z)+\lambda\varphi_x(x,y,z)=0\\ \dfrac{\partial L}{\partial y}=f_y(x,y,z)+\lambda\varphi_y(x,y,z)=0\\ \dfrac{\partial L}{\partial z}=f_z(x,y,z)+\lambda\varphi_z(x,y,z)=0\\ \dfrac{\partial L}{\partial \lambda}=\varphi(x,y,z)=0\end{cases},$$

求出 x，y，z 和 λ，其中 x，y，z 就是可能极值点的坐标. 最后判定是否为极值点.

说明：实际问题中的最大(小)值问题，一般都是条件极值问题.

7. 二重积分的概念

(1) 概念的引入

引例：计算曲顶柱体的体积.

引入方法：由已知(平顶柱体的体积 = 底面积 × 高)探究未知.

解决问题的方法：类似于求曲边梯形的面积(一元函数定积分的引例).

解决问题的步骤：

① 分割(化整为零)：将曲顶柱体划分为很多小曲顶柱体.

② 取近似(在小范围用不变代变)：将小曲顶柱体的体积近似用平顶柱体体积代替.

③ 求和(积零为整)：曲顶柱体体积近似于多个平顶柱体体积之和.

④ 取极限(精确化)："和式"的极限即为所求曲顶柱体的体积.

(2) 概念的理解

1）定义中的"两个任意"：区域 D 的划分和点 (ξ_i,η_i) 的取法.

2）极限 $\lim\limits_{\lambda\to 0}\sum\limits_{i=1}^{n}f(\xi_i,\eta_i)\Delta\sigma_i$ 存在指：对区域 D 的任意一种划分法和 (ξ_i,η_i) 的任意一种取法，该极限都存在且为同一数值. 此时称函数 $f(x,y)$ 在区域 D 上

可积，且有

$$\iint_D f(x,y)\,\mathrm{d}\sigma = \lim_{\lambda \to 0}\sum_{i=1}^{n} f(\xi_i,\eta_i)\Delta\sigma_i.$$

3）如果函数 $f(x,y)$ 在有界闭区域 D 上连续，则函数在区域 D 上一定可积.

（3）二重积分的几何意义　当 $f(x,y)\geqslant 0$ 时，二重积分 $\iint\limits_D f(x,y)\,\mathrm{d}\sigma$ 在几何上表示以曲面 $z=f(x,y)$ 为曲顶，有界闭区域 D 为底的曲顶柱体的体积. 即由曲面 $z=f(x,y)$，以区域 D 的边界为准线且母线平行于 z 轴的柱面以及 Oxy 平面所围封闭几何体的体积.

（4）二重积分的性质　以下均假设所给函数在相应区域上可积.

性质 1：被积函数中的常数因子可以提到积分号的前面.

性质 2：有限个函数代数和的积分等于它们积分的代数和.

性质 3：二重积分对积分区域具有可加性.

性质 4：$\iint\limits_D \mathrm{d}\sigma=\sigma$，其中 σ 表示区域 D 的面积.

性质 5(中值定理)：设函数 $f(x,y)$ 在有界闭区域 D 上连续，σ 表示区域 D 的面积，则在区域 D 上至少存在一点 (ξ,η)，使得下式成立：

$$\iint_D f(x,y)\,\mathrm{d}\sigma = f(\xi,\eta)\sigma.$$

要求：前 3 条性质为二重积分的运算法则，要重点掌握；性质 4 可用来求平面图形的面积.

8. 二重积分的计算

运算的关键点：将二重积分化为二次定积分(选择积分次序).

（1）利用直角坐标系计算

1）先对 y 后对 x 积分. 若积分区域 D 可表示为不等式组

$$\begin{cases}\varphi_1(x)\leqslant y\leqslant \varphi_2(x)\\ a\leqslant x\leqslant b\end{cases},$$

其中函数 $\varphi_1(x)$ 和 $\varphi_2(x)$ 在区间 $[a,b]$ 上连续，则有

$$\iint_D f(x,y)\,\mathrm{d}\sigma = \int_a^b\left[\int_{\varphi_1(x)}^{\varphi_2(x)} f(x,y)\,\mathrm{d}y\right]\mathrm{d}x.$$

2）先对 x 后对 y 积分. 若积分区域 D 可表示为不等式组

$$\begin{cases}\psi_1(y)\leqslant x\leqslant \psi_2(y)\\ c\leqslant y\leqslant d\end{cases},$$

则有

$$\iint_D f(x,y)\,\mathrm{d}\sigma = \int_c^d\left[\int_{\psi_1(y)}^{\psi_2(y)} f(x,y)\,\mathrm{d}x\right]\mathrm{d}y.$$

3）当积分区域 D 为矩形区域$\begin{cases}a\leqslant x\leqslant b\\c\leqslant y\leqslant d\end{cases}$时，有

$$\iint\limits_D f(x,y)\,\mathrm{d}\sigma=\int_a^b\mathrm{d}x\int_c^d f(x,y)\,\mathrm{d}y=\int_c^d\mathrm{d}y\int_a^b f(x,y)\,\mathrm{d}x.$$

说明：

① 积分区域 D 有时可同时表示为以上 1 和 2 两种形式的不等式组，此时有

$$\iint\limits_D f(x,y)\,\mathrm{d}\sigma=\int_a^b\left[\int_{\varphi_1(x)}^{\varphi_2(x)}f(x,y)\,\mathrm{d}y\right]\mathrm{d}x=\int_c^d\left[\int_{\psi_1(y)}^{\psi_2(y)}f(x,y)\,\mathrm{d}x\right]\mathrm{d}y.$$

② 有时需要将积分区域 D 划分为两个或两个以上(有限个)区域，每个区域分别表示为以上 1 或 2 中的不等式组，利用积分对区域的可加性计算.

③ 计算二重积分时，有时还须考虑被积函数：同一个函数，选择两种不同的积分次序，有时会导致计算的繁简程度差别很大，甚至会出现一种积分次序不能积出.

综上所述，在计算二重积分时，既要考虑积分区域 D 的类型，也要考虑被积函数的特点，适当地选择积分次序.

（2）利用极坐标系计算　一般地，当积分区域 D 为圆域、扇形域或是其中一部分时，其边界曲线用极坐标方程表示比较方便，可以考虑用极坐标计算.

首先，若给出的积分为直角坐标形式，须将其化为极坐标形式：

$$\iint\limits_D f(x,y)\,\mathrm{d}\sigma=\iint\limits_D f(r\cos\theta,r\sin\theta)\,r\mathrm{d}r\mathrm{d}\theta.$$

其次，根据积分区域 D 的特点将二重积分化为二次积分，积分次序为先对极径 r 后对极角 θ 积分.

1）极点 O 在区域 D 之外. 区域 D 可表示为$\begin{cases}r_1(\theta)\leqslant r\leqslant r_2(\theta)\\\alpha\leqslant\theta\leqslant\beta\end{cases}$，则有

$$\iint\limits_D f(r\cos\theta,r\sin\theta)\,r\mathrm{d}r\mathrm{d}\theta=\int_\alpha^\beta\mathrm{d}\theta\int_{r_1(\theta)}^{r_2(\theta)}f(r\cos\theta,r\sin\theta)\,r\mathrm{d}r.$$

2）极点 O 在区域 D 的边界上. 区域 D 可表示为$\begin{cases}0\leqslant r\leqslant r(\theta)\\\alpha\leqslant\theta\leqslant\beta\end{cases}$，则有

$$\iint\limits_D f(r\cos\theta,r\sin\theta)\,r\mathrm{d}r\mathrm{d}\theta=\int_\alpha^\beta\mathrm{d}\theta\int_0^{r(\theta)}f(r\cos\theta,r\sin\theta)\,r\mathrm{d}r.$$

3）极点 O 在区域 D 的内部. 区域 D 可表示为$\begin{cases}0\leqslant r\leqslant r(\theta)\\0\leqslant\theta\leqslant 2\pi\end{cases}$，则有

$$\iint\limits_D f(r\cos\theta,r\sin\theta)\,r\mathrm{d}r\mathrm{d}\theta=\int_0^{2\pi}\mathrm{d}\theta\int_0^{r(\theta)}f(r\cos\theta,r\sin\theta)\,r\mathrm{d}r.$$

9. 对坐标的曲线积分

（1）概念理解

1）“积分”（一元函数在闭区间上的定积分、二重积分、对坐标的曲线积分）是“和式”的极限.

2）“对坐标”指分别对坐标 x 和对坐标 y.

函数 $P(x,y)$ 在有向曲线弧 L 上对坐标 x 的曲线积分：

$$\int_L P(x,y)\,\mathrm{d}x = \lim_{\lambda\to 0}\sum_{i=1}^{n} P(\xi_i,\eta_i)\Delta x_i.$$

函数 $Q(x,y)$ 在有向曲线弧 L 上对坐标 y 的曲线积分：

$$\int_L Q(x,y)\,\mathrm{d}y = \lim_{\lambda\to 0}\sum_{i=1}^{n} Q(\xi_i,\eta_i)\Delta y_i.$$

实际中，常用以上两个积分之和.

3）性质.

① 积分弧段反向，积分值变号（原来积分的相反数），即

$$\int_{-L} P(x,y)\,\mathrm{d}x = -\int_L P(x,y)\,\mathrm{d}x,$$

$$\int_{-L} Q(x,y)\,\mathrm{d}y = -\int_L Q(x,y)\,\mathrm{d}y.$$

其中，$-L$ 表示与有向曲线弧 L 为同一曲线弧且方向相反的有向曲线弧.

注意：计算曲线积分时，一定要注意积分弧段的方向.

②（对积分弧段的可加性）如果将 L 分成 L_1 和 L_2，即 $L=L_1+L_2$，则

$$\int_L P\mathrm{d}x + Q\mathrm{d}y = \int_{L_1} P\mathrm{d}x + Q\mathrm{d}y + \int_{L_2} P\mathrm{d}x + Q\mathrm{d}y.$$

注意：性质②可推广到将 L 分成两个以上（有限个）弧段的情形.

4）对坐标的曲线积分的力学意义. $\int_L P(x,y)\,\mathrm{d}x + Q(x,y)\,\mathrm{d}y$ 在力学上表示质点在变力 $\boldsymbol{F}(x,y)=P(x,y)\boldsymbol{i}+Q(x,y)\boldsymbol{j}$ 的作用下，沿着光滑的平面曲线 L 从起点到终点，力对质点所做的功.

（2）运算——化为定积分（依据积分弧段的方程形式）

1）若曲线 L 由方程 $y=f(x)$ 给出，$x=a$，$x=b$ 分别对应 L 的起点和终点，则有

$$\int_L P(x,y)\,\mathrm{d}x + Q(x,y)\,\mathrm{d}y = \int_a^b \{P[x,f(x)] + Q[x,f(x)]f'(x)\}\,\mathrm{d}x.$$

2）若曲线 L 由方程 $x=\varphi(y)$ 给出，$y=c$，$y=d$ 分别对应 L 的起点和终点，则有

$$\int_L P(x,y)\,\mathrm{d}x + Q(x,y)\,\mathrm{d}y = \int_c^d \{P[\varphi(y),y]\varphi'(y) + Q[\varphi(y),y]\}\,\mathrm{d}y.$$

3）若曲线 L 由参数方程

$$\begin{cases} x=\varphi(t) \\ y=\psi(t) \end{cases}$$

给出，$t=\alpha$，$t=\beta$ 分别对应 L 的起点和终点，则有

$$\int_L P(x,y)\,\mathrm{d}x + Q(x,y)\,\mathrm{d}y = \int_\alpha^\beta \{P[\varphi(t),\psi(t)]\varphi'(t) + Q[\varphi(t),\psi(t)]\psi'(t)\}\,\mathrm{d}t.$$

（3）格林公式及其应用

1）格林公式. 设平面闭区域 D 由分段光滑曲线 L 围成，函数 $P(x,y)$，$Q(x,y)$ 在 D 上具有一阶连续偏导数，则有

$$\iint_D \left(\frac{\partial Q}{\partial x} - \frac{\partial P}{\partial y}\right)\mathrm{d}\sigma = \oint_L P\mathrm{d}x + Q\mathrm{d}y.$$

其中，L 是 D 的取正向的边界曲线.

注意：

① 边界曲线 L 的正向：当观察者沿着 L 的方向行走时，区域 D 内距他较近的部分总是在他的左侧.

② 对于复连通区域，格林公式右端是包括沿区域 D 的全部边界的曲线积分，且边界曲线的方向对 D 来说都是正向.

③ 格林公式相当于一元函数定积分的牛顿-莱布尼茨公式.

在一元函数积分学中，函数 $f(x)$ 在区间 $[a,b]$ 上的定积分可以用它的原函数 $F(x)$ 在区间端点处的函数值来表示，即

$$\int_a^b f(x)\,\mathrm{d}x = F(b) - F(a).$$

在平面闭区域上的二重积分可以用沿该区域的边界曲线上的曲线积分来表示，这就是格林公式.

2）格林公式的应用.

① 计算平面区域的面积：

$$\iint_D \mathrm{d}\sigma = \frac{1}{2}\oint_L x\mathrm{d}y - y\mathrm{d}x.$$

② 将计算曲线积分转化为计算二重积分：

$$\oint_L P\mathrm{d}x + Q\mathrm{d}y = \iint_D \left(\frac{\partial Q}{\partial x} - \frac{\partial P}{\partial y}\right)\mathrm{d}\sigma.$$

（4）曲线积分与路径无关的条件

1）曲线积分与路径无关的定义. 设 D 是一单连通区域，$P(x,y)$，$Q(x,y)$ 在 D 内具有一阶连续偏导数，如果对于 D 内任意指定的两点 A 和 B，以及 D 内从点 A 到点 B 的任意两条不同的分段光滑曲线弧 L_1，L_2，恒有

$$\int_{L_1} P\mathrm{d}x + Q\mathrm{d}y = \int_{L_2} P\mathrm{d}x + Q\mathrm{d}y$$

成立，则称曲线积分 $\int_L P\mathrm{d}x + Q\mathrm{d}y$ 在 D 内与路径无关.

2）曲线积分与路径无关的条件.

① 在单连通区域 D 内曲线积分与路径无关的充分必要条件是在 D 内沿任意闭曲线的曲线积分为零.

② 设 D 是一单连通区域，$P(x,y)$，$Q(x,y)$ 在 D 内具有一阶连续偏导数，则在 D 内曲线积分 $\int_L P\mathrm{d}x + Q\mathrm{d}y$ 与路径无关(或在区域 D 内沿任意闭曲线的曲线积分为零)的充分必要条件是等式

$$\frac{\partial Q}{\partial x}=\frac{\partial P}{\partial y}$$

在 D 内恒成立.

注意：

① 常用上述充要条件证明曲线积分在区域 D 内与路径无关.

② 如果曲线积分在区域 D 内与路径无关，计算给定的曲线积分时，可以选择或改变积分路径以简化计算.

二、例题解析

1. 空间解析几何

例 1　指出下列平面的特点，并画出草图.

(1) $x-y+2=0$；　(2) $x-y=0$；　(3) $x+2y+4z-4=0$.

解　(1) 方程中缺少 z，该平面过点 $(-2,0,0)$ 和 $(0,2,0)$ 且平行于 z 轴，如图 8-1a 所示.

(2) 方程中缺少 z 和常数项，即 $C=D=0$，平面过 z 轴并过点 $(1,1,0)$，如图 8-1b 所示.

(3) 可求得该平面与 x，y，z 轴的交点分别为 $(4,0,0)$，$(0,2,0)$，$(0,0,1)$，如图 8-1c 所示.

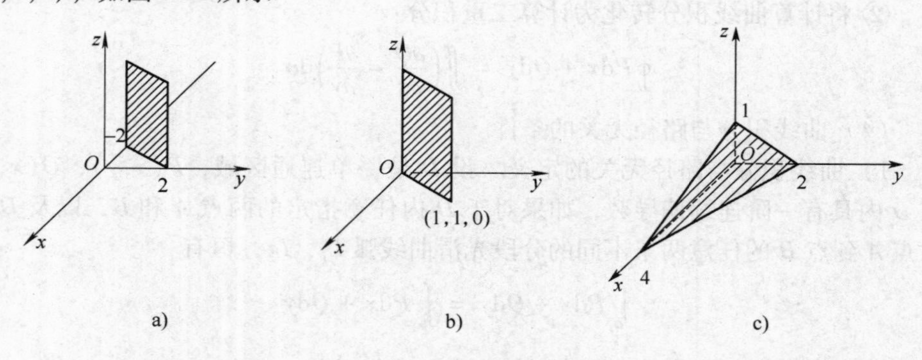

图 8-1

另外，该方程可化为$\frac{x}{4}+\frac{y}{2}+\frac{z}{1}=1$，称为平面的截距式方程. 4，2，1 分别叫作平面的横截距、纵截距和竖截距.

例 2　指出下列方程所表示的曲面，并画出草图.

（1）$z=\sqrt{4-x^2-y^2}$；　　（2）$x^2+y^2-2x=0$；

（3）$z=4-x^2-y^2$；　　（4）$x^2+y^2-z^2=0$.

解　（1）该方程表示球心为坐标原点、半径为 2 的上半个球面，如图 8-2a 所示.

（2）该方程缺少 z，其图形是以 Oxy 平面内的圆周 $x^2+y^2-2x=0$ 为准线、母线平行于 z 轴的圆柱面，如图 8-2b 所示.

（3）此方程形如 $f(x^2+y^2,z)=0$，表示 Oyz 平面内的曲线$\begin{cases}z=4-y^2\\x=0\end{cases}$或 Oxz 平面内的曲线$\begin{cases}z=4-x^2\\y=0\end{cases}$绕着 z 轴旋转而成的旋转抛物面，如图 8-2c 所示.

（4）此方程形如 $f(x^2+y^2,z)=0$，表示 Oyz 平面内的直线$\begin{cases}z=\pm y\\x=0\end{cases}$或 Oxz 平面内的直线$\begin{cases}z=\pm x\\y=0\end{cases}$绕着 z 轴旋转而成的圆锥面，如图 8-2d 所示.

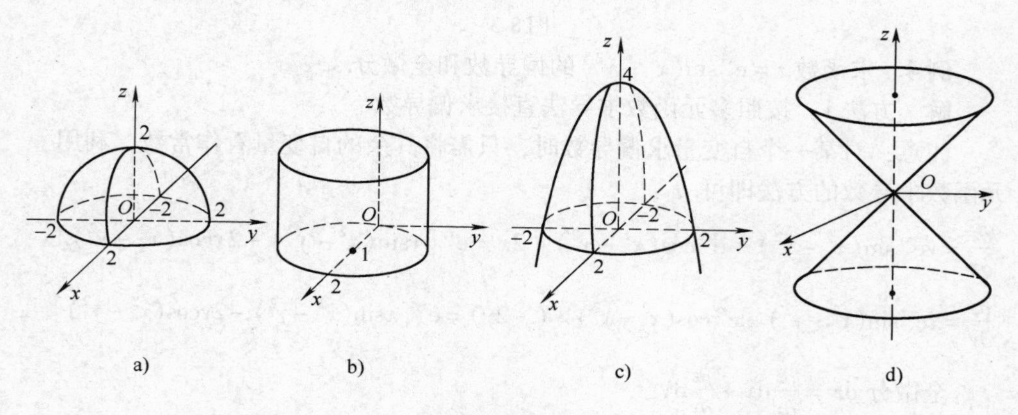

图 8-2

2. 偏导数和全微分

例 3　求二元函数的定义域，并用图加以表示.

（1）$z=\sqrt{x^2+y^2-1}+\ln(4-x^2-y^2)$；　　（2）$z=\arcsin\frac{x}{3}+\arccos\frac{y}{2}$；

（3）$z=\frac{1}{\sqrt{x+y-1}}$.

解　(1) 欲使函数有意义，须使$\begin{cases} x^2+y^2-1\geqslant 0 \\ 4-x^2-y^2>0 \end{cases}$成立，故函数的定义域为 $D=\{(x,y)\mid 1\leqslant x^2+y^2<4\}$，如图 8-3a 所示.

(2) 欲使函数有意义，须使$\begin{cases} \left|\dfrac{x}{3}\right|\leqslant 1 \\ \left|\dfrac{y}{2}\right|\leqslant 1 \end{cases}$成立，故函数的定义域为 $D=\{(x,y)\mid |x|\leqslant 3,|y|\leqslant 2\}$，如图 8-3b 所示.

(3) 欲使函数有意义，须使 $x+y-1>0$ 成立，故函数的定义域为 $D=\{(x,y)\mid x+y-1>0\}$，如图 8-3c 所示.

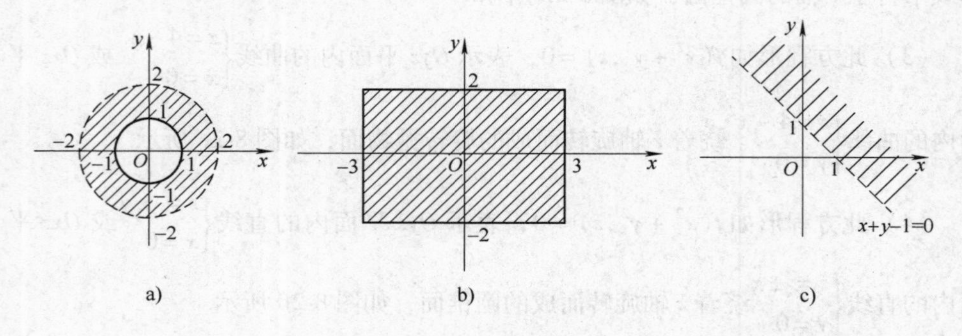

图 8-3

例 4　求函数 $z=\mathrm{e}^{xy}\sin(x^2-y^2)$ 的偏导数和全微分.

解　方法 1：按照多元函数求导法直接求偏导数.

注意：对某一个自变量求偏导数时，只需将其余的自变量看作常数，利用一元函数求导数的方法即可.

$$\frac{\partial z}{\partial x}=y\mathrm{e}^{xy}\sin(x^2-y^2)+\mathrm{e}^{xy}\cos(x^2-y^2)\cdot 2x=\mathrm{e}^{xy}[y\sin(x^2-y^2)+2x\cos(x^2-y^2)].$$

$$\frac{\partial z}{\partial y}=x\mathrm{e}^{xy}\sin(x^2-y^2)+\mathrm{e}^{xy}\cos(x^2-y^2)\cdot(-2y)=\mathrm{e}^{xy}[x\sin(x^2-y^2)-2y\cos(x^2-y^2)].$$

$$\begin{aligned}\text{全微分 } \mathrm{d}z&=\frac{\partial z}{\partial x}\mathrm{d}x+\frac{\partial z}{\partial y}\mathrm{d}y\\&=\mathrm{e}^{xy}[y\sin(x^2-y^2)+2x\cos(x^2-y^2)]\mathrm{d}x+\\&\quad\ \mathrm{e}^{xy}[x\sin(x^2-y^2)-2y\cos(x^2-y^2)]\mathrm{d}y.\end{aligned}$$

方法 2：引入中间变量，按照多元复合函数的链导法则求偏导数.

设 $xy=u$，$x^2-y^2=v$，则有 $z=\mathrm{e}^u\sin v$.

$$\begin{aligned}\frac{\partial z}{\partial x}&=\frac{\partial z}{\partial u}\frac{\partial u}{\partial x}+\frac{\partial z}{\partial v}\frac{\partial v}{\partial x}=\mathrm{e}^u\sin v\cdot y+\mathrm{e}^u\cos v\cdot 2x\\&=\mathrm{e}^{xy}\sin(x^2-y^2)\cdot y+\mathrm{e}^{xy}\cos(x^2-y^2)\cdot 2x\end{aligned}$$

$$= e^{xy}[y\sin(x^2-y^2)+2x\cos(x^2-y^2)].$$

$$\frac{\partial z}{\partial y}=\frac{\partial z}{\partial u}\frac{\partial u}{\partial y}+\frac{\partial z}{\partial v}\frac{\partial v}{\partial y}=e^u\sin v\cdot x+e^u\cos v\cdot(-2y)$$

$$= e^{xy}[x\sin(x^2-y^2)-2y\cos(x^2-y^2)].$$

例 5　$f(x,y)=\dfrac{x^2+y^2}{\cos(xy)}$，求 $f'_x(1,0)$.

解　方法1：根据偏导函数与函数在某一点的偏导数间的关系，先求 $f'_x(x,y)$ 再求 $f'_x(1,0)$.

$$f'_x(x,y)=\frac{2x\cos(xy)-(x^2+y^2)[-\sin(xy)]\cdot y}{\cos^2(xy)}=\frac{2x\cos(xy)+y(x^2+y^2)\sin(xy)}{\cos^2(xy)}.$$

将 $x=1$，$y=0$ 代入得 $f'_x(1,0)=2$.

方法2：根据函数在某一点的偏导数定义，$f'_x(1,0)$ 即一元函数 $f(x,0)$（先确定 $y=0$）在 $x=1$ 点的导数. $f(x,0)=x^2$, $f'_x(x,0)=2x$. 将 $x=1$ 代入得 $f'_x(1,0)=2$.

说明：一般地，对于二元函数 $z=f(x,y)$，计算该函数在点 (x_0,y_0) 处的偏导数 $f'_x(x_0,y_0)$（或 $f'_y(x_0,y_0)$）时，上述方法2较简便.

例 6　$z=\ln(x^2-y^2)$，求 $\dfrac{\partial^2 z}{\partial x^2}$ 和 $\dfrac{\partial^2 z}{\partial x\partial y}$.

解　$\dfrac{\partial z}{\partial x}=\dfrac{2x}{x^2-y^2}$，$\dfrac{\partial^2 z}{\partial x^2}=\dfrac{2(x^2-y^2)-2x\cdot 2x}{(x^2-y^2)^2}=-\dfrac{2(x^2+y^2)}{(x^2-y^2)^2}$.

$$\frac{\partial^2 z}{\partial x\partial y}=-\frac{2x\cdot(-2y)}{(x^2-y^2)^2}=\frac{4xy}{(x^2-y^2)^2}.$$

例 7　求下列函数的偏导数（抽象函数）.

（1）$z=f(x^3,xy,x-y)$；　　（2）$u=f\left(\dfrac{y}{x},\dfrac{z}{y}\right)$.

解　本题属于抽象的多元复合函数，求偏导数时，须清楚掌握多元复合函数的链导法则.

（1）设 $x^3=u$，$xy=v$，$x-y=w$，则有 $z=f(u,v,w)$.

$$\frac{\partial z}{\partial x}=\frac{\partial z}{\partial u}\frac{\partial u}{\partial x}+\frac{\partial z}{\partial v}\frac{\partial v}{\partial x}+\frac{\partial z}{\partial w}\frac{\partial w}{\partial x}=3x^2\frac{\partial z}{\partial u}+y\frac{\partial z}{\partial v}+\frac{\partial z}{\partial w},$$

$$\frac{\partial z}{\partial y}=\frac{\partial z}{\partial u}\frac{\partial u}{\partial y}+\frac{\partial z}{\partial v}\frac{\partial v}{\partial y}+\frac{\partial z}{\partial w}\frac{\partial w}{\partial y}=x\frac{\partial z}{\partial v}-\frac{\partial z}{\partial w}.$$

或
$$\frac{\partial z}{\partial x}=f'_1\cdot 3x^2+f'_2\cdot y+f'_3=3x^2f'_1+yf'_2+f'_3,$$

$$\frac{\partial z}{\partial y}=f'_1\cdot 0+f'_2\cdot x+f'_3\cdot(-1)=xf'_2-f'_3.$$

其中，f'_1，f'_2，f'_3 分别表示所给函数对 x^3，xy，$x-y$ 的偏导数.

（2）设$\frac{y}{x}=s$，$\frac{z}{y}=t$，则有 $u=f(s,t)$.

$$\frac{\partial u}{\partial x}=\frac{\partial u}{\partial s}\frac{\partial s}{\partial x}+\frac{\partial u}{\partial t}\frac{\partial t}{\partial x}=-\frac{y}{x^2}\frac{\partial u}{\partial s},$$

$$\frac{\partial u}{\partial y}=\frac{\partial u}{\partial s}\frac{\partial s}{\partial y}+\frac{\partial u}{\partial t}\frac{\partial t}{\partial y}=\frac{1}{x}\frac{\partial u}{\partial s}-\frac{z}{y^2}\frac{\partial u}{\partial t},$$

$$\frac{\partial u}{\partial z}=\frac{\partial u}{\partial s}\frac{\partial s}{\partial z}+\frac{\partial u}{\partial t}\frac{\partial t}{\partial z}=\frac{1}{y}\frac{\partial u}{\partial t}.$$

或

$$\frac{\partial u}{\partial x}=f_1'\cdot\left(-\frac{y}{x^2}\right)+f_2'\cdot 0=-\frac{y}{x^2}f_1',$$

$$\frac{\partial u}{\partial y}=f_1'\cdot\frac{1}{x}+f_2'\cdot\left(-\frac{z}{y^2}\right)=\frac{1}{x}f_1'-\frac{z}{y^2}f_2',$$

$$\frac{\partial u}{\partial z}=f_1'\cdot 0+f_2'\cdot\frac{1}{y}=\frac{1}{y}f_2'.$$

其中，f_1'，f_2'分别表示所给函数对$\frac{y}{x}$，$\frac{z}{y}$的偏导数.

例8 设$z=f(x,y)=\arctan\frac{y}{x}$，而$y=\sqrt{1+x^2}$，求$\frac{\mathrm{d}z}{\mathrm{d}x}$.

解 该函数是以 x 为自变量的一元函数，导数为全导数$\frac{\mathrm{d}z}{\mathrm{d}x}$.

方法1：$$\frac{\mathrm{d}z}{\mathrm{d}x}=\frac{\partial f}{\partial x}+\frac{\partial f}{\partial y}\cdot\frac{\mathrm{d}y}{\mathrm{d}x}=\frac{1}{1+\left(\frac{y}{x}\right)^2}\cdot\left(-\frac{y}{x^2}\right)+\frac{1}{1+\left(\frac{y}{x}\right)^2}\cdot\frac{1}{x}\cdot\frac{2x}{2\sqrt{1+x^2}}$$

$$=\frac{x^2-y\sqrt{1+x^2}}{(x^2+y^2)\sqrt{1+x^2}}=\frac{-1}{(2x^2+1)\sqrt{1+x^2}}.$$

方法2：将$y=\sqrt{1+x^2}$代入得$z=\arctan\frac{\sqrt{1+x^2}}{x}$，利用一元函数求导法有

$$\frac{\mathrm{d}z}{\mathrm{d}x}=\frac{1}{1+\left(\frac{\sqrt{1+x^2}}{x}\right)^2}\cdot\frac{\frac{2x}{2\sqrt{1+x^2}}\cdot x-\sqrt{1+x^2}}{x^2}=\frac{-1}{(2x^2+1)\sqrt{1+x^2}}.$$

例9 求偏导数.

（1）$x+2y+3z-2\sqrt{xyz}=0$，求$\frac{\partial z}{\partial x}$和$\frac{\partial z}{\partial y}$；（2）$x^2+y^2+z^2-4z=0$，求$\frac{\partial^2 z}{\partial x^2}$.

解 此问题为多元隐函数的偏导数问题，利用隐函数求导法.

（1）方法1：令$f(x,y,z)=x+2y+3z-2\sqrt{xyz}$，则

$$f'_x=1-\frac{yz}{\sqrt{xyz}},\ f'_y=2-\frac{xz}{\sqrt{xyz}},\ f'_z=3-\frac{xy}{\sqrt{xyz}},$$

$$\frac{\partial z}{\partial x}=-\frac{f'_x}{f'_z}=-\frac{\sqrt{xyz}-yz}{3\sqrt{xyz}-xy},\ \frac{\partial z}{\partial y}=-\frac{f'_y}{f'_z}=-\frac{2\sqrt{xyz}-xz}{3\sqrt{xyz}-xy}.$$

方法2：方程两边对 x 求偏导数(注意将 z 看作 x,y 的函数)，得

$$1+3\frac{\partial z}{\partial x}-\frac{y\left(z+x\cdot\frac{\partial z}{\partial x}\right)}{\sqrt{xyz}}=0,$$

解得$\frac{\partial z}{\partial x}=-\frac{\sqrt{xyz}-yz}{3\sqrt{xyz}-xy}$，同理可得$\frac{\partial z}{\partial y}=-\frac{2\sqrt{xyz}-xz}{3\sqrt{xyz}-xy}$.

（2）设$f(x,y,z)=x^2+y^2+z^2-4z$，则

$$f'_x=2x,\ f'_z=2z-4,$$

$$\frac{\partial z}{\partial x}=-\frac{f'_x}{f'_z}=\frac{x}{2-z},\ \frac{\partial^2 z}{\partial x^2}=\frac{\partial\left(\frac{x}{2-z}\right)}{\partial x}=\frac{2-z-x\cdot\left(-\frac{\partial z}{\partial x}\right)}{(2-z)^2}$$

$$=\frac{2-z+x\cdot\frac{x}{2-z}}{(2-z)^2}=\frac{(2-z)^2+x^2}{(2-z)^3}.$$

例10　求二元函数$f(x,y)=x^3+y^3-3x^2+3y^2+1$的极值.

解　函数的定义域为$D=\{(x,y)\mid -\infty<x<+\infty,-\infty<y<+\infty\}$，解方程组

$$\begin{cases}f'_x(x,y)=3x^2-6x=3x(x-2)=0\\ f'_y(x,y)=3y^2+6y=3y(y+2)=0\end{cases},$$

求得函数的驻点为(0,0)，(0,−2)，(2,0)，(2,−2).

$$f''_{xx}(x,y)=6x-6,\ f''_{xy}(x,y)=0,\ f''_{yy}(x,y)=6y+6,$$

列表讨论：

驻点	A	B	C	B^2-AC的符号	结　论
(0,0)	−6	0	6	+	$f(0,0)$不是极值
(0,−2)	−6	0	−6	−	$f(0,-2)=5$是极大值
(2,0)	6	0	6	−	$f(2,0)=-3$是极小值
(2,−2)	6	0	−6	+	$f(2,-2)$不是极值

所以，函数有极小值$f(2,0)=-3$，极大值$f(0,-2)=5$.

例11　求内接于半径为R的球且体积最大的长方体.

解　设长方体的三棱长分别为 x，y，z，体积为 V，则有

$$V=xyz \quad 且 \quad x^2+y^2+z^2=(2R)^2.$$

该问题是求函数 $V=xyz$ 在条件 $x^2+y^2+z^2=R^2$ 下的条件极值问题.

方法 1：化为无条件极值. 由 $x^2+y^2+z^2=4R^2$ 解出 $z=\sqrt{4R^2-x^2-y^2}$，代入 $V=xyz$，得

$$V=xy\sqrt{4R^2-x^2-y^2} \quad (x>0,y>0,x^2+y^2<4R^2).$$

解方程组 $\begin{cases}\dfrac{\partial V}{\partial x}=\dfrac{y(4R^2-2x^2-y^2)}{\sqrt{4R^2-x^2-y^2}}=0\\ \dfrac{\partial V}{\partial y}=\dfrac{x(4R^2-x^2-2y^2)}{\sqrt{4R^2-x^2-y^2}}=0\end{cases}$，得 $x=y=\dfrac{2R}{\sqrt{3}}$.

函数 $V=xy\sqrt{4R^2-x^2-y^2}$ 在其定义域内只有一个驻点 $\left(\dfrac{2R}{\sqrt{3}},\dfrac{2R}{\sqrt{3}}\right)$，据实际问题中长方体的最大体积一定存在，故当 $x=y=\dfrac{2R}{\sqrt{3}}$ 时，长方体的体积最大，此时 $z=\dfrac{2R}{\sqrt{3}}$. 因此，半径为 R 的球的内接体积最大的长方体是棱长为 $\dfrac{2R}{\sqrt{3}}$ 的正方体.

方法 2：利用拉格朗日乘数法. 构造函数

$$L(x,y,z,\lambda)=xyz+\lambda(x^2+y^2+z^2-4R^2).$$

解方程组 $\begin{cases}L'_x=yz+2\lambda x=0\\ L'_y=xz+2\lambda y=0\\ L'_z=xy+2\lambda z=0\\ x^2+y^2+z^2=4R^2\end{cases}$，　得 $x=y=z=\dfrac{2R}{\sqrt{3}}$.

这是函数唯一的可能极值点，而根据实际问题长方体的最大体积一定存在，故得结论.

3. 二重积分

例 12　计算二重积分.

(1) $\iint\limits_D x^2y\mathrm{d}x\mathrm{d}y$，其中 D 是由 $xy=2$，$x+y=3$ 所围成的闭区域；

(2) $\iint\limits_D x\mathrm{d}\sigma$，其中 D 是由抛物线 $y=x^2$ 与直线 $y=x+2$ 轴所围成的闭区域；

(3) $\iint\limits_D x^2\cos(xy)\mathrm{d}\sigma$，其中 D 是顶点为 $(0,0)$，$(1,0)$，$(1,1)$ 的三角形闭区域；

(4) $\iint\limits_D \mathrm{e}^{-y^2}\mathrm{d}\sigma$，其中 D 是由直线 $y=x$，$y=1$ 及 y 轴所围成的闭区域.

解　计算二重积分的关键点：选择积分次序.

（1）积分区域 D，如图 8-4 所示.

图 8-4

方法 1：选择先对 x 后对 y 积分. 区域 D 可表示为

$$\begin{cases}\dfrac{2}{y}\leqslant x\leqslant 3-y\\ 1\leqslant y\leqslant 2\end{cases}.$$

$$\iint\limits_D x^2 y\mathrm{d}x\mathrm{d}y = \int_1^2 y\mathrm{d}y\int_{\frac{2}{y}}^{3-y}x^2\mathrm{d}x = \int_1^2 y\mathrm{d}y\cdot\frac{1}{3}x^3\Big|_{\frac{2}{y}}^{3-y}$$

$$= \int_1^2\left(9y-9y^2+3y^3-\frac{1}{3}y^4+\frac{8}{3y^2}\right)\mathrm{d}y = \frac{7}{20}.$$

方法 2：选择先对 y 后对 x 积分. 区域 D 可表示为

$$\begin{cases}\dfrac{2}{x}\leqslant y\leqslant 3-x\\ 1\leqslant x\leqslant 2\end{cases}.$$

$$\iint\limits_D x^2 y\mathrm{d}x\mathrm{d}y = \int_1^2 x^2\mathrm{d}x\int_{\frac{2}{x}}^{3-x}y\mathrm{d}y = \int_1^2 x^2\mathrm{d}x\cdot\frac{1}{2}y^2\Big|_{\frac{2}{x}}^{3-x}$$

$$= \frac{1}{2}\int_1^2(x^4-6x^3+9x^2-4)\mathrm{d}x = \frac{7}{20}.$$

说明：对于该积分，两种积分次序难易相当.

（2）积分区域 D 如图 8-5a 所示. 解方程组$\begin{cases}y=x^2\\ y=x+2\end{cases}$，得两条线的交点（$-1$，1），（2,4）.

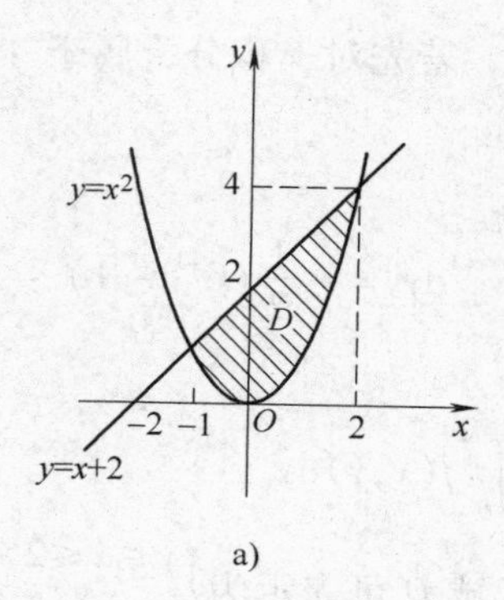

a)

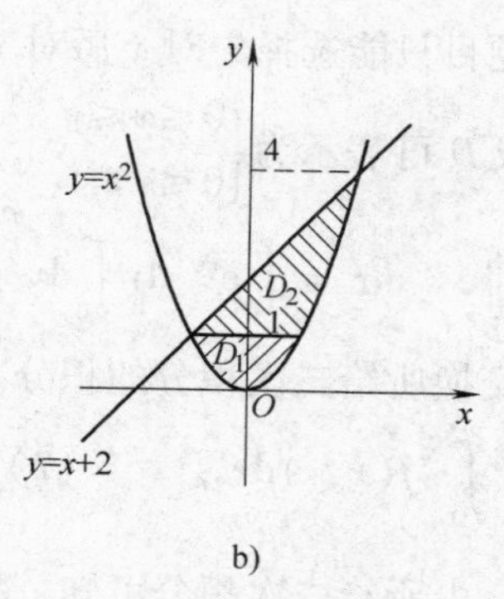

b)

图 8-5

方法 1：选择先对 y 后对 x 积分. 区域 D 可表示为

$$\begin{cases}x^2\leqslant y\leqslant x+2\\ -1\leqslant x\leqslant 2\end{cases}.$$

$$\iint_D x\mathrm{d}\sigma = \int_{-1}^{2} x\mathrm{d}x\int_{x^2}^{x+2}\mathrm{d}y = \int_{-1}^{2} x(x+2-x^2)\mathrm{d}x = \frac{9}{4}.$$

方法2：选择先对 x 后对 y 积分. 用直线 $y=1$ 将区域 D 划分为上下两部分 D_1 和 D_2，如图 8-5b 所示，利用积分对区域的可加性计算.

区域 D_1 可表示为$\begin{cases}-\sqrt{y}\leqslant x\leqslant\sqrt{y}\\0\leqslant y\leqslant 1\end{cases}$，区域 D_2 可表示为$\begin{cases}y-2\leqslant x\leqslant\sqrt{y}\\1\leqslant y\leqslant 4\end{cases}$.

$$\begin{aligned}\iint_D x\mathrm{d}\sigma &= \iint_{D_1} x\mathrm{d}\sigma + \iint_{D_2} x\mathrm{d}\sigma = \int_0^1\mathrm{d}y\int_{-\sqrt{y}}^{\sqrt{y}} x\mathrm{d}x + \int_1^4\mathrm{d}y\int_{y-2}^{\sqrt{y}} x\mathrm{d}x\\&= \int_0^1\mathrm{d}y\cdot\frac{1}{2}x^2\Big|_{-\sqrt{y}}^{\sqrt{y}} + \int_1^4\mathrm{d}y\cdot\frac{1}{2}x^2\Big|_{y-2}^{\sqrt{y}}\\&= 0+\frac{1}{2}\int_1^4(5y-y^2-4)\mathrm{d}y = \frac{9}{4}.\end{aligned}$$

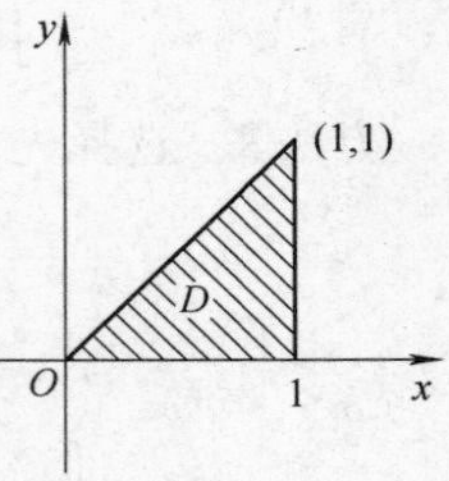

小结：此题方法1较简便，不必将区域划分.

(3) 积分区域 D 如图 8-6 所示，此题对于积分区域来说，选择两种积分次序都较简便；对于被积函数来说，选择先对 x 积分较烦琐(要经过两次分部积分法)，而选择先对 y 积分较简便. 区域 D 可表示为$\begin{cases}0\leqslant y\leqslant x\\0\leqslant x\leqslant 1\end{cases}$.

图 8-6

$$\begin{aligned}\iint_D x^2\cos(xy)\mathrm{d}\sigma &= \int_0^1 x^2\mathrm{d}x\int_0^x\cos(xy)\mathrm{d}y = \int_0^1 x^2\mathrm{d}x\cdot\frac{1}{x}\sin(xy)\Big|_0^x\\&= \int_0^1 x\sin x^2\mathrm{d}x = \frac{1}{2}(-\cos x^2)\Big|_0^1 = \frac{1}{2}(1-\cos 1).\end{aligned}$$

(4) 该题目只能选择先对 x 后对 y 积分，若先对 y 积分，属于“积不出来”的积分. 区域 D 可表示为$\begin{cases}0\leqslant x\leqslant y\\0\leqslant y\leqslant 1\end{cases}$.

$$\iint_D \mathrm{e}^{-y^2}\mathrm{d}\sigma = \int_0^1\mathrm{e}^{-y^2}\mathrm{d}y\int_0^y\mathrm{d}x = \int_0^1 y\mathrm{e}^{-y^2}\mathrm{d}y = -\frac{1}{2}(\mathrm{e}^{-1}-1).$$

例 13 交换所给二次积分的积分次序.

(1) $\int_0^1\mathrm{d}y\int_y^{2-y}f(x,y)\mathrm{d}x$； (2) $\int_1^{\mathrm{e}}\mathrm{d}x\int_0^{\ln x}f(x,y)\mathrm{d}y$.

解 (1) 由所给二次积分可知，积分区域 D 可表示为$\begin{cases}y\leqslant x\leqslant 2-y\\0\leqslant y\leqslant 1\end{cases}$，故可作出积分区域 D 如图 8-7 所示. 要选择先对 y 积分，须用直线 $x=1$ 将区域 D 划分为左右两部分 D_1 和 D_2. 区域 D_1 可表示为$\begin{cases}0\leqslant y\leqslant x\\0\leqslant x\leqslant 1\end{cases}$，区域 D_2 可表示为

$$\begin{cases}0\leqslant y\leqslant 2-x\\1\leqslant x\leqslant 2\end{cases},$$

因此有

$$\int_0^1 \mathrm{d}y\int_y^{2-y} f(x,y)\,\mathrm{d}x = \int_0^1 \mathrm{d}x\int_0^x f(x,y)\,\mathrm{d}y + \int_1^2 \mathrm{d}x\int_0^{2-x} f(x,y)\,\mathrm{d}y.$$

（2）由所给二次积分可知，积分区域 D 可表示为$\begin{cases}0\leqslant y\leqslant \ln x\\1\leqslant x\leqslant \mathrm{e}\end{cases}$，可作出积分区域 D 如图 8-8 所示. 区域 D 还可表示为$\begin{cases}\mathrm{e}^y\leqslant x\leqslant \mathrm{e}\\0\leqslant y\leqslant 1\end{cases}$，因此有

$$\int_1^{\mathrm{e}} \mathrm{d}x\int_0^{\ln x} f(x,y)\,\mathrm{d}y = \int_0^1 \mathrm{d}y\int_{\mathrm{e}^y}^{\mathrm{e}} f(x,y)\,\mathrm{d}x.$$

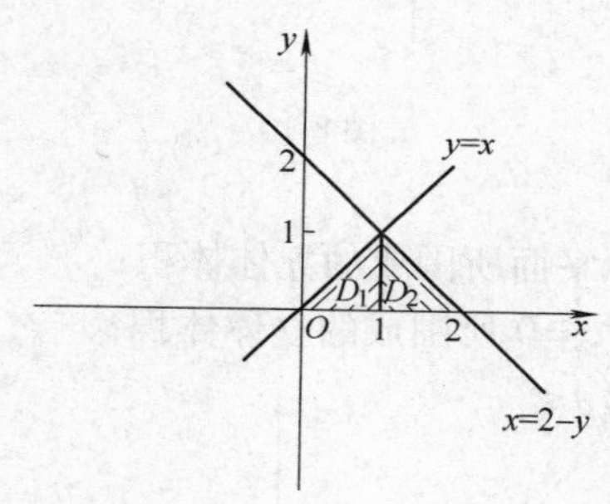

图 8-7

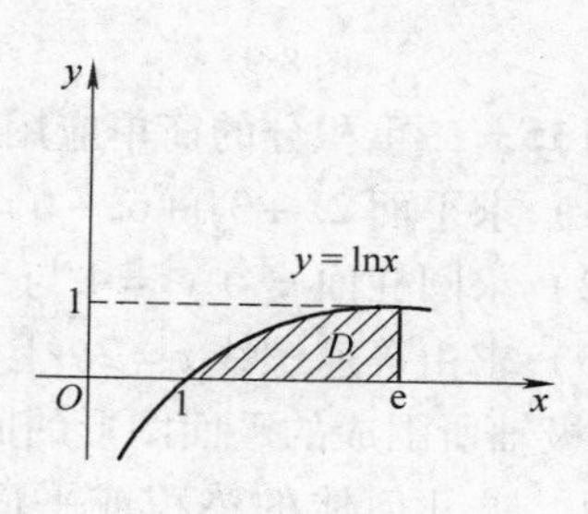

图 8-8

例 14　计算下列二重积分.

（1）$\iint\limits_D \arctan\dfrac{y}{x}\mathrm{d}x\mathrm{d}y$，其中 D：$1\leqslant x^2+y^2\leqslant 4$；

（2）$\iint\limits_D (4-x-y)\,\mathrm{d}\sigma$，其中 D 是圆域 $x^2+y^2\leqslant 2y$.

解　这两个积分的积分区域为圆域或圆域的一部分，利用极坐标计算较简便.

（1）在极坐标平面，积分区域 D 可表示为$\begin{cases}1\leqslant r\leqslant 2\\0\leqslant \theta\leqslant 2\pi\end{cases}$，如图 8-9 所示，因此

$$\iint\limits_D \arctan\frac{y}{x}\mathrm{d}x\mathrm{d}y = \iint\limits_D \theta r\mathrm{d}r\mathrm{d}\theta = \int_0^{2\pi}\theta\mathrm{d}\theta\int_1^2 r\mathrm{d}r = 3\pi^2.$$

（2）区域 D 的边界曲线方程 $x^2+y^2\leqslant 2y$ 化为极坐标形式为 $r\leqslant 2\sin\theta$. 积分区域 D 可表示为$\begin{cases}0\leqslant r\leqslant 2\sin\theta\\0\leqslant \theta\leqslant \pi\end{cases}$，如图 8-10 所示，因此

$$\iint\limits_D (4-x-y)\,\mathrm{d}\sigma = \iint\limits_D (4-r\cos\theta-r\sin\theta)r\mathrm{d}r\mathrm{d}\theta = \int_0^{\pi}\mathrm{d}\theta\int_0^{2\sin\theta}(4-r\cos\theta-r\sin\theta)r\mathrm{d}r$$

$$= \int_0^{\pi} d\theta \left[4 \cdot \frac{1}{2} r^2 - (\cos\theta + \sin\theta) \cdot \frac{1}{3} r^3 \right] \Bigg|_0^{2\sin\theta}$$

$$= 8 \int_0^{\pi} (\sin^2\theta - \frac{1}{3}\sin^3\theta\cos\theta - \frac{1}{3}\sin^4\theta) d\theta = 3\pi.$$

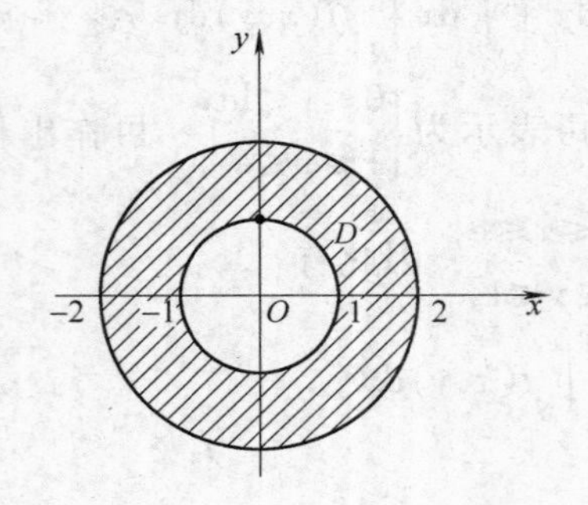

图 8-9　　　　图 8-10

例 15　二重积分的简单应用.

(1) 求平面 $2x+3y+6z-6=0$ 与三个坐标平面所围成的立体体积;

(2) 求圆柱面 $x^2+y^2=4$ 与平面 $y+z=2$, $z=0$ 所围成的立体体积;

(3) 求由等速螺线 $r=2\theta$ 上的一段弧($0\leqslant\theta\leqslant 2\pi$)与极轴所围成的平面图形的面积.

解　求几何体的体积或平面图形的面积, 首先应作出图形.

(1) 由已知作出图形如图 8-11 所示.

方法 1: 所求立体为三棱锥, 底面三角形以 $(0,0,0)$, $(3,0,0)$, $(0,2,0)$为顶点, 高为 1. 根据公式得所求体积

$$V=\frac{1}{3}\times\frac{1}{2}\times 3\times 2\times 1=1.$$

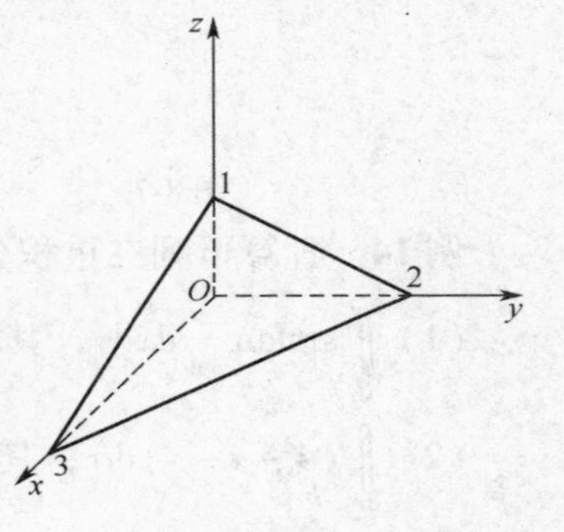

图 8-11

方法 2: 所求立体是曲顶柱体. Oxy 平面内的闭区域 D(由直线 $2x+3y-6=0$, $x=0$, $y=0$ 所围成), 曲顶即平面 $2x+3y+6z-6=0$, 由二重积分的几何意义, 得所求体积

$$V=\iint_D \left(1-\frac{x}{3}-\frac{y}{2}\right) dx dy = \int_0^3 dx \int_0^{-\frac{2}{3}x+2} \left(1-\frac{x}{3}-\frac{y}{2}\right) dy$$

$$= \int_0^3 dx \left[\left(1-\frac{x}{3}\right)\left(-\frac{2}{3}x+2\right) - \frac{y^2}{4} \Bigg|_0^{-\frac{2}{3}x+2} \right]$$

$$= \int_0^3 \left(1-\frac{x}{3}\right)^2 dx = 1.$$

（2）由已知作出图形如图 8-12 所示.

所求立体是底面为平面闭区域 D：$x^2+y^2\leqslant 4$，顶是平面 $y+z=2$ 的曲顶柱体，故体积为

$$\begin{aligned}V&=\iint_D(2-y)\mathrm{d}x\mathrm{d}y=\iint_D(2-r\sin\theta)r\mathrm{d}r\mathrm{d}\theta\\&=\int_0^{2\pi}\mathrm{d}\theta\int_0^2(2r-r^2\sin\theta)\mathrm{d}r\\&=\int_0^{2\pi}(4-\frac{8}{3}\sin\theta)\mathrm{d}\theta=8\pi.\end{aligned}$$

（3）由已知作出图形如图 8-13 所示. 所求图形为极坐标平面内的闭区域 D：$\begin{cases}0\leqslant r\leqslant 2\theta\\0\leqslant\theta\leqslant 2\pi\end{cases}$，故其面积为 $A=\iint_D\mathrm{d}\sigma=\iint_D r\mathrm{d}r\mathrm{d}\theta=\int_0^{2\pi}\mathrm{d}\theta\int_0^{2\theta}r\mathrm{d}r=\frac{16}{3}\pi^3$.

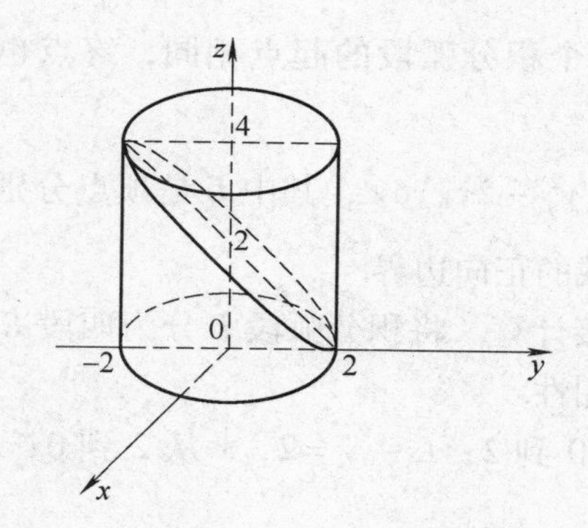

图 8-12

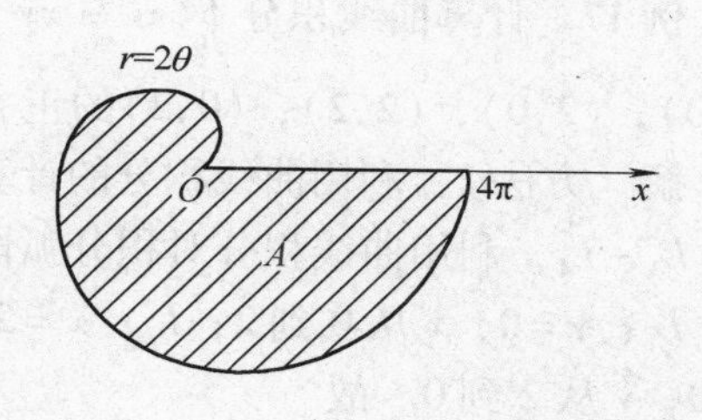

图 8-13

4. 对坐标的曲线积分

例 16　计算 $\int_L(x+y)\mathrm{d}x+(y-x)\mathrm{d}y$，其中 L 为下列几种情形(图 8-14)：

（1）沿直线由点(0,0)到点(1,1)；（2）沿折线由点(0,0)经过点(1,0)到点(1,1)；（3）沿抛物线 $y=x^2$ 由点(0,0)到点(1,1)；（4）沿抛物线 $x=y^2$ 由点(0,0)到点(1,1).

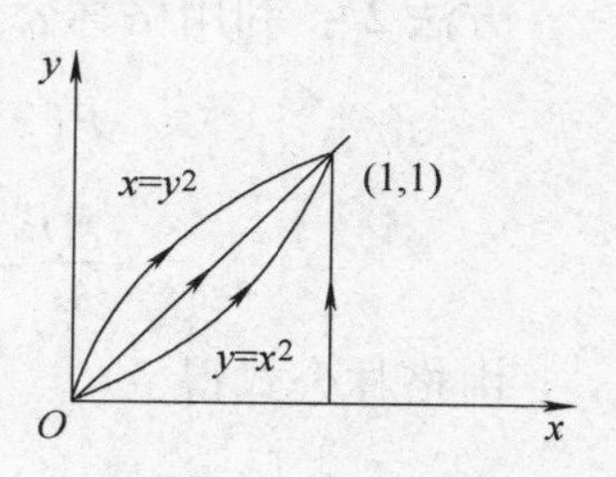

图 8-14

解　（1）积分弧段 L 的方程为 $y=x$，x 从 0 到 1，故

$$\int_L(x+y)\mathrm{d}x+(y-x)\mathrm{d}y=\int_0^1 2x\mathrm{d}x=1.$$

（2）将积分弧段 L 分为两段 L_1+L_2，其中 L_1：$y=0$，x 从 0 到 1；L_2：$x=1$，y 从 0 到 1，故有

$$\int_L (x+y)\mathrm{d}x+(y-x)\mathrm{d}y=\int_{L_1}(x+y)\mathrm{d}x+(y-x)\mathrm{d}y+\int_{L_2}(x+y)\mathrm{d}x+(y-x)\mathrm{d}y$$
$$=\int_0^1 x\mathrm{d}x+\int_0^1 (y-1)\mathrm{d}y=0.$$

（3）积分弧段 L 的方程为 $y=x^2$，x 从0到1，故

$$\int_L (x+y)\mathrm{d}x+(y-x)\mathrm{d}y=\int_0^1 (x+x^2)\mathrm{d}x+(x^2-x)2x\mathrm{d}x$$
$$=\int_0^1 (x-x^2+2x^3)\mathrm{d}x=\frac{2}{3}.$$

（4）积分弧段 L 的方程为 $x=y^2$，y 从0到1，故

$$\int_L (x+y)\mathrm{d}x+(y-x)\mathrm{d}y=\int_0^1 (y^2+y)2y\mathrm{d}y+(y-y^2)\mathrm{d}y$$
$$=\int_0^1 (2y^3+y^2+y)\mathrm{d}y=\frac{4}{3}.$$

说明：本例被积函数是同一个函数，四个积分弧段的起点相同，终点也相同，但由于积分路径不同，所得结果也不同.

例17　计算曲线积分 $\oint_L (x^2-xy^3)\mathrm{d}x+(y^2-2xy)\mathrm{d}y$，其中 L 是顶点分别为 $(0,0)$，$(2,0)$，$(2,2)$，$(0,2)$ 的正方形区域的正向边界.

解　方法1：利用曲线积分的计算法直接计算. 将积分弧段 L 分为四段 $L_1+L_2+L_3+L_4$，利用曲线积分对积分弧段的可加性.

L_1：$y=0$，x 从0到2；L_2：$x=2$，y 从0到2；L_3：$y=2$，x 从2到0；L_4：$x=0$，y 从2到0. 故

$$\oint_L (x^2-xy^3)\mathrm{d}x+(y^2-2xy)\mathrm{d}y$$
$$=\int_0^2 x^2\mathrm{d}x+\int_0^2 (y^2-4y)\mathrm{d}y+\int_2^0 (x^2-8x)\mathrm{d}x+\int_2^0 y^2\mathrm{d}y=8.$$

方法2：利用格林公式计算.

$$P(x,y)=x^2-xy^3,\ Q(x,y)=y^2-2xy,$$
$$\frac{\partial Q}{\partial x}-\frac{\partial P}{\partial y}=-2y-(-3xy^2)=3xy^2-2y.$$

由格林公式得

$$\oint_L (x^2-xy^3)\mathrm{d}x+(y^2-2xy)\mathrm{d}y=\iint_D (3xy^2-2y)\mathrm{d}x\mathrm{d}y,$$

其中，D 是顶点分别为 $(0,0)$，$(2,0)$，$(2,2)$，$(0,2)$ 的正方形闭区域，故有

$$\oint_L (x^2-xy^3)\mathrm{d}x+(y^2-2xy)\mathrm{d}y=\iint_D (3xy^2-2y)\mathrm{d}x\mathrm{d}y$$

$$= \int_0^2 dx \int_0^2 (3xy^2 - 2y)\,dy$$

$$= 4\int_0^2 (2x-1)\,dx = 8.$$

例 18　计算椭圆$\frac{x^2}{a^2}+\frac{y^2}{b^2}=1$的面积.

解　方法 1：利用一元函数定积分. 所求面积为

$$S = 4\int_0^a \frac{b}{a}\sqrt{a^2-x^2}\,dx = \pi ab \quad (\text{利用第二类换元积分法可求得}).$$

方法 2：利用格林公式. 由二重积分的性质可知，所求面积为$S=\iint\limits_D d\sigma$，其中D是椭圆$\frac{x^2}{a^2}+\frac{y^2}{b^2}=1$围成的闭域. 根据格林公式，利用椭圆的参数方程$\begin{cases} x = a\cos t \\ y = b\sin t \end{cases}$，得所求面积

$$S = \frac{1}{2}\oint_L x\,dy - y\,dx = \frac{1}{2}\int_0^{2\pi} [a\cos t(b\cos t) - b\sin t(-a\sin t)]\,dt = \pi ab.$$

例 19　证明曲线积分$\int_L (2xy-y^4+3)\,dx+(x^2-4xy^3)\,dy$在整个$Oxy$平面上与积分路径无关，并求$\int_{(1,0)}^{(2,1)} (2xy-y^4+3)\,dx+(x^2-4xy^3)\,dy$的值.

证

$$P(x,y)=2xy-y^4+3,\ Q(x,y)=x^2-4xy^3,$$

在Oxy平面上恒有$\frac{\partial Q}{\partial x}=2x-4y^3=\frac{\partial P}{\partial y}$，且两个偏导数在整个$Oxy$平面上连续，因此曲线积分$\int_L (2xy-y^4+3)\,dx+(x^2-4xy^3)\,dy$在整个$Oxy$平面上与积分路径无关.

对于积分$\int_{(1,0)}^{(2,1)} (2xy-y^4+3)\,dx+(x^2-4xy^3)\,dy$，为便于计算，选择积分路径为$L_1$，$L_2$两段直线段，其中$L_1$：$y=0$，$x$从 1 变化到 2；$L_2$：$x=2$，$y$从 0 变化到 1. 所以有

$$\int_{(1,0)}^{(2,1)} (2xy-y^4+3)\,dx+(x^2-4xy^3)\,dy = \int_1^2 3\,dx + \int_0^1 (4-8y^3)\,dy = 5.$$

例 20　一个场力方向为纵轴正向，大小等于作用点横坐标的平方，求质点在该力的作用下，沿抛物线$y^2=1-x$从点$(1,0)$移动到点$(0,1)$，场力对质点所做的功.

解　根据题意可知，场力为$\boldsymbol{F}=x^2\boldsymbol{j}$，故所求的功为$W=\int_L x^2\,dy$. 其中，$L$是

抛物线 $y^2=1-x$ 从点(1,0)到点(0,1)的一段. L 的方程可写为 $x=1-y^2$，起点对应 $y=0$，终点对应 $y=1$，所以

$$W=\int_L x^2\mathrm{d}y=\int_0^1(1-y^2)^2\mathrm{d}y=\frac{8}{15}.$$

三、自我测验题

(一) 基 础 层 次

(时间：110分钟，分数：100分)

1. 填空题(每空4分,共40分)

(1) 函数 $f(x,y)=\arcsin\frac{x^2+y^2}{4}+\frac{x}{x^2+y^2}$ 的定义域为________.

(2) 设函数 $f(x,y)=x+y-\sqrt{x^2+y^2}$，则 $f'_x(4,3)=$________.

(3) 设函数 $f(x,y)=x^2+3xy-6y^2$，则 $f'_x(x,y)=$________，$f''_{xy}(x,y)=$________，$f''_{yy}(x,y)=$________.

(4) 已知 $z=2x^3y^2-1$，则 $\mathrm{d}z=$________.

(5) 利用拉格朗日乘数法求函数 $u=f(x,y,z)$ 在条件 $\varphi(x,y,z)=0$ 下的极值，需构造的辅助函数为________.

(6) 设区域 D：$x^2+y^2\leqslant 1$，由二重积分的几何意义有，$\iint\limits_D \mathrm{d}\sigma=$________.

(7) 二次积分 $\int_0^2\mathrm{d}x\int_{x^2}^{2x}f(x,y)\mathrm{d}y$ 改变积分次序后成为________.

(8) 设曲线积分 $\int_L(x+y^2)\mathrm{d}x+(axy-3)\mathrm{d}y$ 在 Oxy 平面内与积分路径无关，则 $a=$________.

2. 计算题(每小题5分,共30分)

(1) 求 $z=\frac{x^2-y^2}{1-x}$ 的偏导数和全微分；　　(2) 设 $z=\ln(x^3-y)$，求 $\frac{\partial^2 z}{\partial x^2}$；

(3) 设 $x^3y+z^2-\mathrm{e}^z y=0$，求 $\frac{\partial z}{\partial y}$；

(4) 求 $\iint\limits_D(1-2x+y)\mathrm{d}\sigma$，其中 D 是由直线 $y=2$，$y=x$，$x=2y$ 所围成的闭区域；

(5) 求 $\int_L 5xy\mathrm{d}x-\mathrm{d}y$，其中 L 为曲线 $y^2=x$ 上从(0,0)到(1,1)的一段曲线弧；

(6) 证明曲线积分 $\int_L(2xy-y^3)\mathrm{d}x+(x^2-3xy^2)\mathrm{d}y$ 在 Oxy 面内与积分路径无

关，并求$\int_{(0,0)}^{(2,1)}(2xy-y^3)\mathrm{d}x+(x^2-3xy^2)\mathrm{d}y$的值.

3. 解答题(每小题10分,共30分)

（1）求函数$f(x,y)=x^3+y^3-3x^2-3y+3$的极值.

（2）要制表面积为$24\pi\mathrm{cm}^2$的有盖圆柱体容器，试求当容器的底面半径和高各是多少时，容器的容积最大?

（3）求由曲面$z=2-x^2-y^2$，$z=\sqrt{x^2+y^2}$所围立体的体积(作出图形).

(二) 提高层次

(时间：110分钟，分数：100分)

1. 填空题(每空4分,共40分)

（1）函数$f(x,y)=\dfrac{\ln(x^2+y^2-1)}{\sqrt{4-x^2-y^2}}$的定义域为________.

（2）设函数$f(x,y)=\mathrm{e}^{\sin xy}\cos(2x-3y)$，则$f_x'\left(\dfrac{\pi}{4},0\right)=$________.

（3）设函数$f(x,y)=x^3+xy-3y^2$，则$f_y'(x,y)=$________，$f_{yx}''(x,y)=$________，$f_{yy}''(x,y)=$________.

（4）已知$z=x^y$，则$\mathrm{d}z=$________.

（5）$f(x,y)$在点(x_0,y_0)处的偏导数存在，则$\lim\limits_{h\to0}\dfrac{f(x_0+h,y_0)-f(x_0-h,y_0)}{h}=$________.

（6）设区域D：$-1\leqslant x\leqslant1$，$0\leqslant y\leqslant3$，由二重积分的几何意义有$\iint\limits_D 2\mathrm{d}\sigma=$________.

（7）二次积分$\int_0^1\mathrm{d}x\int_0^{\sqrt{x}}f(x,y)\mathrm{d}y+\int_1^2\mathrm{d}x\int_0^{2-x}f(x,y)\mathrm{d}y$改变积分次序后为________.

（8）设C是沿着曲线$y=x^3$从点$(2,8)$到点$(1,1)$的一段，则$\int_C y\mathrm{d}x+x\mathrm{d}y=$________.

2. 计算题(每小题5分,共30分)

（1）求$z=\dfrac{2x-y^2}{y}$的偏导数和全微分；　　（2）设$z=\ln(x^3+y)$，求$\dfrac{\partial^2z}{\partial x\partial y}$;

（3）设$xy^2+z-x\mathrm{e}^z=0$，求$\dfrac{\partial z}{\partial x}$;　　（4）$\int_0^1\mathrm{d}x\int_x^{\sqrt{x}}\dfrac{\sin y}{y}\mathrm{d}y$；

（5）利用格林公式计算$\oint_L 2x^2y\mathrm{d}x+x(x^2+y^2)\mathrm{d}y$，其中$L$为逆时针方向的圆

周 $x^2+y^2=a^2$；

（6）计算曲线积分

$$\int_L (y^2\sin x-3x^2\cos y)\mathrm{d}x+(x^3\sin y-2y\cos x)\mathrm{d}y,$$

其中 L 是沿曲线 $x^2+y^2=a^2$ 上由点$(a,0)$到点$(-a,0)$，方向为逆时针.

3. 解答题(每小题 10 分,共 30 分)

（1）求函数 $f(x,y)=x^3-y^2-4x^2+2xy+1$ 的极值.

（2）制造一个容积为 $0.64\mathrm{m}^3$ 的有盖长方体容器，已知底部造价为 60 元/m^2，其他各面造价为 40 元/m^2，它的长、宽、高各是多少时，造价最低？最低造价是多少？

（3）求由曲面 $z=\sqrt{2-x^2-y^2}$，$z=x^2+y^2$ 所围立体的体积(作出图形).

参考答案

（一）基础层次

1.（1）$\{(x,y)\mid 0<x^2+y^2\leqslant 4\}$；（2）$\frac{1}{5}$；（3）$2x+3y$，3，$-12$；

（4）$6x^2y^2\mathrm{d}x+4x^3y\mathrm{d}y$；（5）$L(x,y,z,\lambda)=f(x,y,z)+\lambda\varphi(x,y,z)$；

（6）π；（7）$\int_0^4\mathrm{d}y\int_{\frac{y}{2}}^{\sqrt{y}}f(x,y)\mathrm{d}x$；（8）2.

2.（1）$\frac{\partial z}{\partial x}=\frac{2x-x^2-y^2}{(1-x)^2}$，$\frac{\partial z}{\partial y}=\frac{2y}{x-1}$，$\mathrm{d}z=\frac{2x-x^2-y^2}{(1-x)^2}\mathrm{d}x+\frac{2y}{x-1}\mathrm{d}y$；

（2）$\frac{-3x(x^3+2y)}{(x^3-y)^2}$；（3）$\frac{\mathrm{e}^z-x^3}{2z-y\mathrm{e}^z}$；（4）$-\frac{10}{3}$；（5）1；（6）证略，2.

3.（1）极大值 $f(0,-1)=5$，极小值 $f(2,1)=-3$；（2）底面半径为 2cm，高为 4cm 时，容器的容积最大；（3）$\frac{5\pi}{6}$，图略.

（二）提高层次

1.（1）$\{(x,y)\mid 1<x^2+y^2<4\}$；（2）$-2$；（3）$x-6y$，1，$-6$；

（4）$yx^{y-1}\mathrm{d}x+x^y\ln x\mathrm{d}y$；（5）$2f'_x(x_0,y_0)$；（6）12；

（7）$\int_0^1\mathrm{d}y\int_{y^2}^{2-y}f(x,y)\mathrm{d}x$；（8）$-15$.

2.（1）$\frac{\partial z}{\partial x}=\frac{2}{y}$，$\frac{\partial z}{\partial y}=-1-\frac{2x}{y^2}$，$\mathrm{d}z=\frac{2}{y}\mathrm{d}x-(1+\frac{2x}{y^2})\mathrm{d}y$；（2）$-\frac{3x^2}{(x^3+y)^2}$；

(3) $\dfrac{e^z - y^2}{1 - xe^z}$；(4) $1 - \sin 1$；(5) $\dfrac{\pi}{2}a^4$；(6) $2a^3$.

3.(1) 极大值$f(0,0)=1$；(2) 长、宽都是0.8m，高1m时造价最低，最低造价是192元；

(3) $\left(\dfrac{4\sqrt{2}}{3} - \dfrac{7}{6}\right)\pi$，图略.

第九章 无穷级数

一、知识剖析

（一）知识网络

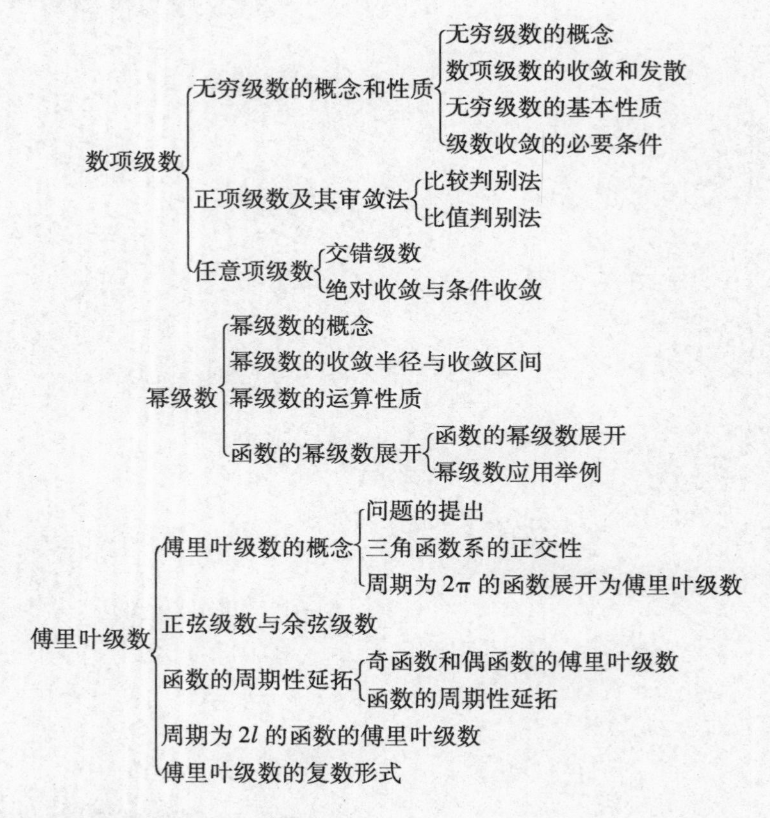

（二）知识重点与学习要求

1）理解无穷级数收敛与发散的概念，理解无穷级数收敛的必要条件，知道无穷级数的基本性质.

2）熟悉几何级数与 p-级数的敛散性，掌握正项级数的比较判别法，熟练掌握正项级数的比值判别法.

3）掌握交错级数的审敛法，理解级数的绝对收敛和条件收敛的概念.

4）掌握简单的幂级数收敛域的求法，知道幂级数在收敛域内的性质.

5）了解将函数展开成麦克劳林级数的直接展开法，知道 e^x，$\sin x$，$\cos x$，$\ln(1+x)$，$(1+x)^\alpha$ 等函数的麦克劳林展开式，并能利用这些展开式将一些简单的函数展成幂级数.

6）了解三角函数系的正交性，掌握将周期为 2π 的函数展开为傅里叶级数.

7）掌握将奇函数和偶函数展开为傅里叶级数，了解函数的周期性延拓.

8）知道将周期为 $2l$ 的函数展开为傅里叶级数的方法.

9）了解傅里叶级数的复数形式.

（三）概念理解与方法掌握

无穷级数是进行函数研究和近似计算的重要工具，它在数学和工程技术中有着广泛的应用. 本章先介绍无穷级数的基本知识，进而研究幂级数和傅里叶级数.

1. 无穷级数的概念和分类

（1）无穷级数的定义　无穷级数是无穷多项(常数或函数)相加的表达式，即

$$\sum_{n=1}^{\infty} u_n = u_1 + u_2 + \cdots + u_n + \cdots.$$

（2）无穷级数分类　若级数中每一项均为常数，则称为常数项级数；若级数中每一项均为函数，则称为函数项级数.

2. 常数项级数

重点：判断常数项级数的敛散性，即级数的和是否存在.

（1）利用定义

1）部分和 $S_n = u_1 + u_2 + \cdots + u_n$.

2）$\lim\limits_{n\to\infty} S_n = S \Leftrightarrow \sum\limits_{n=1}^{\infty} u_n$ 收敛，和为 S.

$\lim\limits_{n\to\infty} S_n$ 不存在 $\Leftrightarrow \sum\limits_{n=1}^{\infty} u_n$ 发散. 发散的级数没有和.

说明：①利用定义判断级数的敛散性，首先要求 $S_n = u_1 + u_2 + \cdots + u_n$，即中学学过的数列的前 n 项和的求法，用公式(如等差、等比数列)或找规律，然后求极限 $\lim\limits_{n\to\infty} S_n$，对于收敛的级数用此种方法可以求出它的和. ②由于很多情况下，部分和 S_n 很难或无法求出，因此无法用定义判断其敛散性，因此，还要学习其他判断级数敛散性的方法. ③实际中，若判断出级数收敛，即它的和 S 存在但很难或无法求出时，常用其部分和 S_n 近似代替 S.

余项：$r_n = S - S_n$，易知 $\lim\limits_{n\to\infty} r_n = 0$，即用级数的部分和 S_n 近似代替 S 所产生

的绝对误差随着 n 的无限增大而无限缩小.

因此，判断级数的敛散性比求级数的和更重要.

（2）利用无穷级数的性质

性质 1：收敛级数各项乘以同一个常数 C 后仍收敛；其和为原级数和的 C 倍.

注意：一个级数的各项同乘以一个不为零的常数，其敛散性不变.

性质 2：两收敛级数，各项对应相加或相减得到的新级数仍收敛，其和等于原来两级数的和相加或相减.

综合性质 1、2 可得：若级数 $\sum\limits_{n=1}^{\infty} u_n$，$\sum\limits_{n=1}^{\infty} v_n$ 收敛，其和分别为 S，σ，则级数 $\sum\limits_{n=1}^{\infty}(C_1u_n \pm C_2v_n)$ 收敛(其中 C_1, C_2 为常数)，其和为 $C_1S \pm C_2\sigma$.

性质 3：一个级数增加或去掉有限项，不改变级数的敛散性(但收敛级数的和要变).

（3）利用级数收敛的必要条件　级数 $\sum\limits_{n=1}^{\infty} u_n$ 收敛$\Rightarrow \lim\limits_{n\to\infty} u_n = 0$，即收敛级数的通项极限为零.

注意：以上命题的逆命题不成立，即当 $\lim\limits_{n\to\infty} u_n = 0$ 时，$\sum\limits_{n=1}^{\infty} u_n$ 不一定收敛.

重要结论：若 $\lim\limits_{n\to\infty} u_n = 0$ 不成立，则级数 $\sum\limits_{n=1}^{\infty} u_n$ 一定发散.

我们常常用此结论来判断级数发散. 要注意，“$\lim\limits_{n\to\infty} u_n = 0$ 不成立”包括 $\lim\limits_{n\to\infty} u_n$ 不存在或该极限存在不为零两种情况.

（4）正项级数的审敛法

如果级数 $\sum\limits_{n=1}^{\infty} u_n$ 的每一项 $u_n \geqslant 0$，则称该级数为正项级数.

1）比较判别法.

用法：找一个已知敛散性的正项级数 $\sum\limits_{n=1}^{\infty} v_n$，若出现下列情形之一，则可以得出结论：

① $u_n \leqslant v_n(n=1,2,3,\cdots)$，且 $\sum\limits_{n=1}^{\infty} v_n$ 收敛，则 $\sum\limits_{n=1}^{\infty} u_n$ 收敛；

② $u_n \geqslant v_n(n=1,2,3,\cdots)$，且 $\sum\limits_{n=1}^{\infty} v_n$ 发散，则 $\sum\limits_{n=1}^{\infty} u_n$ 发散；

③ $\lim\limits_{n\to\infty}\dfrac{u_n}{v_n} = a\ (0 < a < +\infty)$，则 $\sum\limits_{n=1}^{\infty} u_n$ 与 $\sum\limits_{n=1}^{\infty} v_n$ 的敛散性相同.

比较判别法的记忆："大"收敛则"小"收敛；"小"发散则"大"发散.

利用比较判别法时常用的级数有以下几个.

① 等比级数(又称几何级数)：$a+aq+aq^2+\cdots+aq^{n-1}+\cdots\ (a\neq 0)$，当 $|q|<1$ 时级数收敛，其和为 $S=\dfrac{a}{1-q}$；当 $|q|\geqslant 1$ 时，级数发散.

② p-级数：$\sum\limits_{n=1}^{\infty}\dfrac{1}{n^p}\quad (p>0)$，当 $p\leqslant 1$ 时发散，当 $p>1$ 时收敛.

③ 调和级数($p=1$ 时的 p-级数)：$\sum\limits_{n=1}^{\infty}\dfrac{1}{n}=1+\dfrac{1}{2}+\dfrac{1}{3}+\cdots+\dfrac{1}{n}+\cdots$发散.

注意：要熟记以上常用级数的敛散性. 比较判别法常用"放缩法"把原级数各项放大或缩小成上述级数，若放大后的级数是收敛的，原级数一定收敛；若缩小成发散的级数，原级数一定发散.

放大原级数各项的一般方法：放大分子或缩小分母，正、余弦函数在分子上可放大到 1.

缩小原级数各项的一般方法：缩小分母或放大分子.

2） 比值判别法.

$$\lim_{n\to\infty}\frac{u_{n+1}}{u_n}=\rho\begin{cases}\rho<1 & \text{级数收敛}\\ \rho>1\,(\text{或}+\infty) & \text{级数发散.}\\ \rho=1 & \text{另行判定}\end{cases}$$

说明：一般地，正项级数的通项中含有 a^n(a 为常数)，n^n 以及 $n!$ 时，常采用比值判别法. 这种方法比比较判别法便于操作. 但当 $\lim\limits_{n\to\infty}\dfrac{u_{n+1}}{u_n}=1$ 时，此法失效，就要寻找别的方法来判别级数的敛散性了.

判断正项级数敛散性的一般思路：

① 若 $\lim\limits_{n\to\infty}u_n$ 易求，先考察 $\lim\limits_{n\to\infty}u_n=0$ 是否满足，若不满足，则必有 $\sum\limits_{n=1}^{\infty}u_n$ 发散；

② 若 $\lim\limits_{n\to\infty}u_n$ 不易求或 $\lim\limits_{n\to\infty}u_n=0$，可考察比值判别法；

③ 若比值判别法失效($\lim\limits_{n\to\infty}\dfrac{u_{n+1}}{u_n}=1$)或 $\lim\limits_{n\to\infty}\dfrac{u_{n+1}}{u_n}$ 较难求，可考虑比较判别法；

④ 若比较判别法失效，则应利用级数收敛定义判定敛散性.

（5） 交错级数及审敛法

要明白什么样的级数为交错级数，交错级数有它独特的判别法.

对于交错级数 $\sum\limits_{n=1}^{\infty}(-1)^{n-1}u_n\ (u_n>0, n=1,2,3,\cdots)$，若同时满足以下两个条件：

1）$u_n \geqslant u_{n+1}$ $(n=1,2,3,\cdots)$；

2）$\lim\limits_{n\to\infty} u_n = 0$，

则级数收敛，且和 $S \leqslant u_1$；余项 r_n 的绝对值 $|r_n| \leqslant u_{n+1}$.

注意：①判断交错级数收敛，要验证同时满足以上两个条件；相反，两个条件只要一个不满足，则可断定级数发散. ② $\sum\limits_{n=1}^{\infty}(-1)^{n-1}u_n$ 与 $\sum\limits_{n=1}^{\infty}(-1)^{n}u_n$ $(u_n > 0, n=1,2,3,\cdots)$ 的敛散性相同.

（6）任意项级数及其审敛法

1）任意项级数：级数中各项可正、可负、可为零的级数，即 $\sum\limits_{n=1}^{\infty} u_n$ $(u_n \in \mathbf{R})$.

2）几个结论：

① 若级数 $\sum\limits_{n=1}^{\infty}|u_n|$ 收敛，则级数 $\sum\limits_{n=1}^{\infty} u_n$ 一定收敛，此时称级数 $\sum\limits_{n=1}^{\infty} u_n$ 绝对收敛；

② 若级数 $\sum\limits_{n=1}^{\infty}|u_n|$ 发散，则级数 $\sum\limits_{n=1}^{\infty} u_n$ 可能收敛，也可能发散；

③ 若级数 $\sum\limits_{n=1}^{\infty}|u_n|$ 发散，而级数 $\sum\limits_{n=1}^{\infty} u_n$ 收敛，则称 $\sum\limits_{n=1}^{\infty} u_n$ 条件收敛.

判断任意项级数敛散性思路：

① 把任意项级数的各项都取绝对值后变成正项级数，用正项级数的审敛法判别级数的敛散性. 若此正项级数收敛，则原级数一定收敛，原级数称为绝对收敛.

② 把任意项级数的各项都取绝对值后，变成正项级数. 若此正项级数不收敛，原级数的收敛性采用其他方法判别. 若此级数为交错级数，可按交错级数审敛法判别其敛散性，若此交错级数收敛，原级数称为条件收敛.

③ 把任意项级数的各项都取绝对值后，变成正项级数. 若此正项级数不收敛，原级数又不是交错级数，只能用级数收敛的定义来判别其敛散性了.

3. 函数项级数

（1）理解函数项级数及其相关概念

1）级数 $\sum\limits_{n=1}^{\infty} u_n(x)$，$x \in I$ 称为函数项级数，其中 $u_n(x)$ 是 x 的函数.

2）函数项级数的几个相关概念.

收敛点：$x_0 \in I$，$\sum\limits_{n=1}^{\infty} u_n(x_0)$ 收敛，则点 x_0 称为函数项级数的收敛点.

发散点：$x_0 \in I$，$\sum\limits_{n=1}^{\infty} u_n(x_0)$ 发散，则点 x_0 称为函数项级数的发散点.

收敛域：函数项级数的收敛点集.

发散域：函数项级数的发散点集.

和函数：在函数项级数的收敛域内，级数的和随自变量变化的函数，即

$$S(x)=\sum_{n=1}^{\infty}u_n(x),\ x\in\text{收敛域}.$$

3）函数项级数研究的主要问题

①讨论函数项级数的收敛域与和函数. 与常数项级数类似，判断函数项级数的收敛域较求级数的和函数更重要. ②将函数展开为函数项级数(如幂级数、傅里叶级数).

（2）幂级数

1）幂级数的概念.

一般形式：$\sum_{n=0}^{\infty}a_n(x-x_0)^n$，$x\in(-\infty,+\infty)$.

特例：$\sum_{n=0}^{\infty}a_nx^n$，$x\in(-\infty,+\infty)$，

其中，a_n $(n=1,2,\cdots)$称为幂函数的系数.

本部分的重点：求幂级数的收敛区间(即收敛域).

2）幂级数的收敛半径和收敛区间的求法.

对于级数 $\sum_{n=0}^{\infty}a_nx^n$ $(a_n\neq 0)$，$\lim_{n\to\infty}\left|\frac{a_n}{a_{n+1}}\right|=R$，$R$ 为幂级数的收敛半径.

① 若 $R>0$，收敛区间为 $x\in(-R,R)$，点 $x=\pm R$ 可能收敛，也可能发散.

② 若 $R=+\infty$，收敛区间为 $x\in(-\infty,+\infty)$，即任何点都收敛.

③ 若 $R=0$，级数仅在点 $x=0$ 处收敛.

具体步骤如下：

① 计算收敛半径 $R=\lim_{n\to\infty}\left|\frac{a_n}{a_{n+1}}\right|$；

② 验证在点 $x=\pm R$ 处的敛散性；

③ 确定收敛区间.

对于缺项的级数，如 $\sum_{n=0}^{\infty}a_{2n+1}x^{2n+1}$(缺少偶次项)，可利用正项级数的比值审敛法，对后项与前项绝对值之比取极限$\lim_{n\to\infty}\left|\frac{a_{2(n+1)+1}x^{2(n+1)+1}}{a_{2n+1}x^{2n+1}}\right|=\lim_{n\to\infty}\left|\frac{a_{2n+3}}{a_{2n+1}}\right|x^2$. 若令$\lim_{n\to\infty}\left|\frac{a_{2n+3}}{a_{2n+1}}\right|=\rho$，则 $\rho x^2<1$ 时，原级数收敛；$\rho x^2>1$ 时，原级数发散；$\rho x^2=1$ 时，可能收敛也可能发散.

① $\rho\neq0$ 时，收敛半径 $R=\frac{1}{\sqrt{\rho}}$，$x\in(-R,R)$时级数收敛，当 $x=\pm R$ 时级数可能收敛，也可能发散，需要进一步判断.

② $\rho=0$ 时，收敛半径 $R=+\infty$，收敛区间为 $x\in(-\infty,+\infty)$，即任何点都收敛.

③ $\rho=+\infty$，收敛半径 $R=0$，级数仅在点 $x=0$ 处收敛.

3）幂级数的收敛性质.

① 设幂级数 $\sum\limits_{n=0}^{\infty}a_nx^n$ 和 $\sum\limits_{n=0}^{\infty}b_nx^n$ 的收敛半径分别为 R_1 和 R_2，和函数分别为 $S_1(x)$ 和 $S_2(x)$，$R=\min(R_1,R_2)$，则幂级数 $\sum\limits_{n=1}^{\infty}(a_n\pm b_n)x^n$ 的收敛半径为 R，且

$$\sum_{n=0}^{\infty}a_nx^n\pm\sum_{n=0}^{\infty}b_nx^n=\sum_{n=0}^{\infty}(a_n\pm b_n)x^n=S_1(x)\pm S_2(x),\ -R<x<R,$$

即两个幂级数在公共收敛区间内做和、差可以逐项进行.

② 收敛级数可以在它的收敛区间内逐项求导或逐项积分.

③ 利用逐项求导、逐项积分的性质可以求一些级数的和函数与收敛半径.

在求一些级数的和函数时，可以对级数逐项求导(或逐项积分)得到收敛区间及和函数已知的级数，再对此和函数求积分(或导数)，即可求出所给级数的和函数.

求级数的收敛区间时，虽然幂级数逐项求导或积分后收敛半径不变，但在收敛区间的端点处，敛散性可能有变化，要经过判断以后再写出所给级数的收敛区间.

4）函数的幂级数展开.

将初等函数展开为幂级数的方法通常有两种，即直接展开法和间接展开法. 要求主要掌握间接展开法.

用直接展开法一般是把初等函数 $f(x)$ 展开成麦克劳林级数(或称 $f(x)$ 在 $x=0$ 处的泰勒级数)，步骤如下：

① 求出 $f(x)$ 在 $x=0$ 处的各阶导数. 这往往要求找出规律，写出 $f^{(n)}(x)$ 的通式.

② 需求出余项 $R_n(x)=\frac{f^{(n)}(\xi)}{(n+1)!}x^{n+1}$，$\xi\in(0,x)$，$-R<x<R$，并判断 $\lim\limits_{n\to\infty}R_n(x)=0$ 是否成立，若成立，则有

$$f(x)=\sum_{n=0}^{\infty}\frac{f^{(n)}(0)}{n!}x^n=f(0)+\frac{f'(0)}{1!}x+\frac{f''(0)}{2!}x^2+\cdots+\frac{f^{(n)}(0)}{n!}x^n+\cdots.$$

间接展开法是将初等函数展开为幂级数的简便方法，它是利用已知函数的展

开式，按照要求将所给函数$f(x)$化为相应的"形式"进行展开，或者利用幂级数的性质（如逐项求导、逐项积分）将初等函数展开为幂级数（具体展法参看例题）. 几个常用的标准展开式（麦克劳林展开式）如下：

① $e^x=1+\frac{x}{1!}+\frac{x^2}{2!}+\cdots+\frac{x^n}{n!}+\cdots\quad(-\infty<x<+\infty)$；

② $\sin x=x-\frac{x^3}{3!}+\frac{x^5}{5!}-\cdots+(-1)^n\frac{x^{2n+1}}{(2n+1)!}+\cdots\quad(-\infty<x<+\infty)$；

③ $\cos x=1-\frac{x^2}{2!}+\frac{x^4}{4!}-\cdots+(-1)^n\frac{x^{2n}}{2n!}+\cdots\quad(-\infty<x<+\infty)$；

④ $\ln(1+x)=x-\frac{x^2}{2}+\frac{x^3}{3}-\cdots+(-1)^n\frac{x^{n+1}}{n+1}+\cdots\quad(-1<x\leqslant 1)$；

⑤ $\frac{1}{1-x}=1+x+x^2+x^3+\cdots+x^n+\cdots\quad(-1<x<1)$；

⑥ $\frac{1}{(1-x)^2}=\sum_{n=1}^{\infty}nx^{n-1}=1+2x+3x^2+4x^3+\cdots+nx^{n-1}+\cdots$；

⑦ $(1+x)^\alpha=1+\alpha x+\frac{\alpha(\alpha-1)}{2!}x^2+\frac{\alpha(\alpha-1)(\alpha-2)}{3!}x^3+\cdots+$

$$\frac{\alpha(\alpha-1)(\alpha-2)\cdots(\alpha-n+1)}{n!}+\cdots\quad(-1<x<1);$$

（3） 傅里叶级数

本节重点：将函数展开为傅里叶级数的方法.

1） 将周期为$2l$的函数$f(x)$展开为傅里叶级数.

一般具有周期性的函数均可以展开为傅里叶级数，步骤如下：

① 求函数$f(x)$的傅里叶系数

$$\begin{cases}a_n=\frac{1}{l}\int_{-l}^{l}f(x)\cos\frac{n\pi x}{l}\mathrm{d}x & n=0,1,2,\cdots\\ b_n=\frac{1}{l}\int_{-l}^{l}f(x)\sin\frac{n\pi x}{l}\mathrm{d}x & n=1,2,3,\cdots\end{cases}.$$

注意：常出现a_0需要单独计算的情况.

② 写出函数$f(x)$的傅里叶级数

$$\frac{a_0}{2}+\sum_{n=1}^{\infty}\left(a_n\cos\frac{n\pi x}{l}+b_n\sin\frac{n\pi x}{l}\right).$$

③ 利用狄利克雷定理，判断函数$f(x)$是否满足定理的条件，及其傅里叶级数的和函数是否为$f(x)$，即函数$f(x)$是否可以展开为傅里叶级数.

方法：作出函数$f(x)$的图形，找到函数的连续点和间断点（一般所给函数均满足定理的条件，因此间断点都是第一类间断点），写出函数$f(x)$的傅里叶级数展开式

$$f(x)=\frac{a_0}{2}+\sum_{n=1}^{\infty}\left(a_n\cos\frac{n\pi x}{l}+b_n\sin\frac{n\pi x}{l}\right)\quad(x\in f(x)\text{的连续点集}).$$

特别注意：当 x 是 $f(x)$ 的连续点时，级数收敛于 $f(x)$；当 x 是 $f(x)$ 的第一类间断点时，级数收敛于 $\frac{1}{2}[f(x-0)+f(x+0)]$．在写出 $f(x)$ 的傅里叶级数展式后要写出 x 的取值范围，注意要去掉函数的间断点，因为在间断点处，傅里叶级数不能收敛于 $f(x)$ 的函数值．

特例：当 $f(x)$ 为奇函数时，

$$\begin{cases}a_n=0 & n=0,1,2,3,\cdots\\ b_n=\dfrac{2}{l}\displaystyle\int_0^l f(x)\sin\frac{n\pi x}{l}\mathrm{d}x & n=1,2,3,\cdots\end{cases},$$

函数 $f(x)$ 的傅里叶级数是正弦级数 $\sum_{n=1}^{\infty}b_n\sin\frac{n\pi x}{l}$．

当 $f(x)$ 为偶函数时，

$$\begin{cases}a_n=\dfrac{2}{l}\displaystyle\int_0^l f(x)\cos\frac{n\pi x}{l}\mathrm{d}x & n=0,1,2,3,\cdots\\ b_n=0 & n=1,2,3,\cdots\end{cases},$$

函数 $f(x)$ 的傅里叶级数是余弦级数 $\frac{a_0}{2}+\sum_{n=1}^{\infty}a_n\cos\frac{n\pi x}{l}$．

即：奇函数的傅里叶级数是正弦级数，偶函数的傅里叶级数是余弦级数．

注意：在计算函数的傅里叶系数时，只用到函数 $f(x)$ 在 $[-l,l]$ 上的表达式，因此，函数在该区间以外的表达式不必写出；当函数具有奇偶性时，只要知道函数 $f(x)$ 在 $[0,l]$ 上的表达式即可．

说明：当 $l=\pi$ 时，上述方法即为将周期为 2π 的函数展开为傅里叶级数的方法．

2）定义在区间 $[-l,l]$ 上的函数展开为傅里叶级数．

定义在 $[-l,l]$ 上的函数，如果满足收敛定理的条件，则可以展开为傅里叶级数．具体方法如下：

① 将函数进行周期性延拓．构造一个周期为 $2l$ 的函数 $F(x)$，当 $x\in[-l,l]$（或 $(-l,l)$）时，$F(x)\equiv f(x)$（不必写出 $F(x)$ 的表达式）．

② 将 $F(x)$ 展开为傅里叶级数．

③ 限制 $x\in[-l,l]$，便得到 $f(x)$ 的傅里叶展开式（注意间断点，函数的傅里叶级数展开式中，自变量须是函数的连续点）．

说明：当 $l=\pi$ 时，该方法即为将定义在 $[-\pi,\pi]$ 上的函数展开为傅里叶级数的方法．

3）定义在区间$[0,l]$上的函数展开为正弦级数（或余弦级数）.

定义在$[0,l]$上的函数，如果满足收敛定理的条件，则可展开为正弦级数（或余弦级数），具体方法如下：

① 将函数进行奇延拓（或偶延拓）. 补充函数在$(-l,0)$的定义，得到定义在$(-l,l]$的函数$F(x)$，使得$F(x)$在$(-l,l)$上成为奇函数（或偶函数）（作图显示即可，不必写出$F(x)$的表达式）.

② 将$F(x)$展开为正弦级数（或余弦级数）.

③ 限制$x\in[0,l]$，即可得到$f(x)$的正弦级数（或余弦级数）展开式（注意间断点，函数的傅里叶级数展开式中，自变量须是函数的连续点）.

注意：补充函数$f(x)$的定义得到$(-l,l)$上的奇函数$F(x)$时，如果$f(0)\neq 0$，应规定$F(0)=0$.

说明：当$l=\pi$时，上述方法即为将定义在$[0,\pi]$上的函数展开为正弦级数（或余弦级数）的方法.

4）傅里叶级数的复数形式.

傅里叶级数的复数形式只是傅里叶级数的另一种表达式，两种形式本质上是一样的，复数形式看起来比较简单，有时应用起来比较方便.

大家要了解傅里叶级数复数形式和傅里叶系数的求法公式，以备应用.

傅里叶级数的复数形式：$\sum\limits_{n=-\infty}^{+\infty} c_n \mathrm{e}^{in\omega x}$，其中$\omega=\dfrac{\pi}{l}$.

傅里叶系数求法公式：$c_n=\dfrac{1}{2l}\int_{-l}^{l} f(x)\mathrm{e}^{-in\omega x}\mathrm{d}x \quad \left(\omega=\dfrac{\pi}{l};n=0,\pm1,\pm2,\cdots\right)$.

4. 疑难解答

1）两个发散级数逐项相加所得级数是否为发散级数？如果一个级数收敛，一个级数发散，情况又如何呢？

答：两个发散级数逐项相加所得的级数可能收敛，也可能发散. 例如，级数$\sum\limits_{n=1}^{\infty}(-1)^n$和$\sum\limits_{n=1}^{\infty}(-1)^{n-1}$都是发散级数，而逐项相加得

$$\sum_{n=1}^{\infty}\left[(-1)^n+(-1)^{n-1}\right]=\sum_{n=1}^{\infty}0$$

是收敛的；但发散级数$\sum\limits_{n=1}^{\infty}u_n=\sum\limits_{n=1}^{\infty}[1+(-1)^n]$和发散级数$\sum\limits_{n=1}^{\infty}v_n=\sum\limits_{n=1}^{\infty}[1+(-1)^{n-1}]$逐项相加得$\sum\limits_{n=1}^{\infty}(u_n+v_n)=\sum\limits_{n=1}^{\infty}2$，仍然发散.

如果一个收敛级数$\sum\limits_{n=1}^{\infty}u_n$和一个发散级数$\sum\limits_{n=1}^{\infty}v_n$逐项相加，则所得级数$\sum\limits_{n=1}^{\infty}w_n=$

$\sum_{n=1}^{\infty}(u_n+v_n)$必定是发散的. 事实上，假设 $\sum_{n=1}^{\infty}w_n$ 收敛，则由 $v_n=w_n-u_n$ 及收敛级数的基本性质知，级数 $\sum_{n=1}^{\infty}v_n$ 必然收敛，与题设矛盾. 故级数 $\sum_{n=1}^{\infty}w_n=\sum_{n=1}^{\infty}(u_n+v_n)$ 必定发散.

2）设有两个级数 $\sum_{n=1}^{\infty}a_n$ 和 $\sum_{n=1}^{\infty}b_n$，如果 $\lim\limits_{n\to\infty}\frac{a_n}{b_n}=l>0$，那么它们是否具有相同的敛散性?

答：比较审敛法只对正项级数适用. 本问题中的两个级数未指明为正项级数，仅凭所给条件不能断定两级数具有相同的敛散性.

例如，级数 $\sum_{n=1}^{\infty}\left[\frac{(-1)^n}{\sqrt{n}}+\frac{1}{n}\right]$及$\sum_{n=1}^{\infty}\frac{(-1)^n}{\sqrt{n}}$，有

$$\lim_{n\to\infty}\frac{\left[\frac{(-1)^n}{\sqrt{n}}+\frac{1}{n}\right]}{\frac{(-1)^n}{\sqrt{n}}}=\lim_{n\to\infty}\left[1+\frac{(-1)^n}{\sqrt{n}}\right]=1.$$

由莱布尼茨审敛法知，级数 $\sum_{n=1}^{\infty}\frac{(-1)^n}{\sqrt{n}}$收敛，但级数 $\sum_{n=1}^{\infty}\left[\frac{(-1)^n}{\sqrt{n}}+\frac{1}{n}\right]$却是发散的.

3）对幂级数 $\sum_{n=1}^{\infty}\frac{2+(-1)^{n+1}}{2^n}x^n$，有

$$\left|\frac{a_{n+1}}{a_n}\right|=\frac{1}{2}\cdot\frac{2+(-1)^{n+1}}{2+(-1)^n}=\begin{cases}\frac{3}{2} & n\text{ 为奇数}\\ \frac{1}{6} & n\text{ 为偶数}\end{cases},$$

则此级数的收敛半径究竟是$\frac{2}{3}$还是6?

答：此幂级数的收敛半径既不是$\frac{2}{3}$也不是6. 由于$\lim\limits_{n\to\infty}\left|\frac{a_{n+1}}{a_n}\right|$不存在，因此它的收敛半径不能用比值法确定. 其收敛半径应按下面方法来求：

因为幂级数 $\sum_{n=1}^{\infty}\frac{2}{2^n}x^n$ 和 $\sum_{n=1}^{\infty}\frac{(-1)^{n+1}}{2^n}x^n$ 都在 $|x|<2$ 时收敛，所以原级数在 $|x|<2$ 收敛. 当 $x=2$ 时，原级数为 $\sum_{n=1}^{\infty}[2+(-1)^{n+1}]$，是发散的. 因此当 $|x|\geqslant 2$ 时原级数发散，从而可知原级数的收敛半径为 $R=2$.

二、例题解析

例1　根据级数收敛与发散的定义，判别下列级数的敛散性. 如果收敛，求其和.

(1) $\sum\limits_{n=1}^{\infty}\frac{1}{(2n-1)(2n+1)}$；　　(2) $\sum\limits_{n=1}^{\infty}(\sqrt{n+2}-2\sqrt{n+1}+\sqrt{n})$；

(3) $\sum\limits_{n=1}^{\infty}n\ln\left(1+\frac{1}{n}\right)$.

解　首先考察$\lim\limits_{n\to\infty}u_n=0$是否成立，如果不成立，则级数发散. 然后再利用级数收敛与发散的定义，进一步考虑$\lim\limits_{n\to\infty}S_n$是否存在.

(1) 因为$\frac{1}{(2n-1)(2n+1)}=\frac{1}{2}\left(\frac{1}{2n-1}-\frac{1}{2n+1}\right)$，所以该级数的部分和为

$$S_n=\frac{1}{2}\left(1-\frac{1}{3}\right)+\frac{1}{2}\left(\frac{1}{3}-\frac{1}{5}\right)+\cdots+\frac{1}{2}\left(\frac{1}{2n-1}-\frac{1}{2n+1}\right)=\frac{1}{2}\left(1-\frac{1}{2n+1}\right)=\frac{n}{2n+1},$$

而$\lim\limits_{n\to\infty}S_n=\lim\limits_{n\to\infty}\frac{n}{2n+1}=\frac{1}{2}$，因此级数$\sum\limits_{n=1}^{\infty}\frac{1}{(2n-1)(2n+1)}$收敛，其和为$\frac{1}{2}$.

(2)
$$\begin{aligned}S_n&=(\sqrt{3}-2\sqrt{2}+1)+(\sqrt{4}-2\sqrt{3}+\sqrt{2})\\&\quad+(\sqrt{5}-2\sqrt{4}+\sqrt{3})+\cdots+(\sqrt{n+2}-2\sqrt{n+1}+\sqrt{n})\\&=\sqrt{n+2}-\sqrt{n+1}-\sqrt{2}+1,\end{aligned}$$

$$\lim_{n\to\infty}S_n=\lim_{n\to\infty}(\sqrt{n+2}-\sqrt{n+1}-\sqrt{2}+1)=1-\sqrt{2},$$

所以，级数$\sum\limits_{n=1}^{\infty}(\sqrt{n+2}-2\sqrt{n+1}+\sqrt{n})$收敛，其和为$1-\sqrt{2}$.

(3) $u_n=n\ln\left(1+\frac{1}{n}\right)=\ln\left(1+\frac{1}{n}\right)^n$,

$$\lim_{n\to\infty}\ln\left(1+\frac{1}{n}\right)^n=\ln\lim_{n\to\infty}\left(1+\frac{1}{n}\right)^n=\ln e=1,$$

由级数收敛的必要条件得级数是发散的.

例2　判别下列级数的敛散性.

(1) $\sum\limits_{n=1}^{\infty}\frac{1}{\sqrt{n(n+1)}}$；　　(2) $\sum\limits_{n=1}^{\infty}\frac{1}{1+a^n}$　$(a>0)$；(3) $\sum\limits_{n=1}^{\infty}\frac{3^n\cdot n!}{n^n}$.

解　分析：①利用比较判别法判定级数的敛散性时，需要找到一个与之比较的收敛级数或发散级数，一般选用p-级数、等比级数和调和级数；②对含有a^n，$n!$，n^n等的级数，首选比值判别法.

（1）因为$\frac{1}{\sqrt{n(n+1)}}>\frac{1}{n+1}$，而级数$\sum_{n=1}^{\infty}\frac{1}{n+1}$是发散的，所以级数$\sum_{n=1}^{\infty}\frac{1}{\sqrt{n(n+1)}}$是发散的.

（2）① 当$0<a<1$时，$\lim_{n\to\infty}\frac{1}{1+a^n}=1$，由级数收敛的必要条件得级数是发散的.

② 当$a=1$时，$\lim_{n\to\infty}\frac{1}{1+a^n}=\frac{1}{2}$，此时级数发散.

③ 当$a>1$时，因为$\frac{1}{1+a^n}<\frac{1}{a^n}=\left(\frac{1}{a}\right)^n$，级数$\sum_{n=1}^{\infty}\left(\frac{1}{a}\right)^n$是公比为$\frac{1}{a}$的等比级数，是收敛的，所以级数$\sum_{n=1}^{\infty}\frac{1}{1+a^n}$收敛.

综上所述，当$a>1$时，级数$\sum_{n=1}^{\infty}\frac{1}{1+a^n}$收敛；当$0<a\leqslant 1$时，级数$\sum_{n=1}^{\infty}\frac{1}{1+a^n}$发散.

（3）因为$\lim_{n\to\infty}\frac{u_{n+1}}{u_n}=\lim_{n\to\infty}\frac{\frac{3^{n+1}\cdot(n+1)!}{(n+1)^{n+1}}}{\frac{3^n\cdot n!}{n^n}}=\lim_{n\to\infty}3\left(1-\frac{1}{n+1}\right)^n=\frac{3}{\mathrm{e}}>1$，所以级数$\sum_{n=1}^{\infty}\frac{3^n\cdot n!}{n^n}$是发散的.

例 3　判定下列级数的敛散性. 如果收敛，指出是绝对收敛还是条件收敛.

（1）$\sum_{n=1}^{\infty}(-1)^{n-1}\frac{n}{3^{n-1}}$；　　（2）$\sum_{n=1}^{\infty}(-1)^{n-1}\frac{1}{\sqrt{n+1}}$.

解　分析：①首先考虑是否绝对收敛，即$\sum_{n=1}^{\infty}|u_n|$是否收敛；②若不收敛，再判别其是否条件收敛，或利用其他方法（必要性）判别其发散.

（1）对于级数$\sum_{n=1}^{\infty}\frac{n}{3^{n-1}}$，因为$\lim_{n\to\infty}\frac{u_{n+1}}{u_n}=\lim_{n\to\infty}\frac{\frac{n+1}{3^n}}{\frac{n}{3^{n-1}}}=\frac{1}{3}<1$是收敛的，所以级数$\sum_{n=1}^{\infty}(-1)^{n-1}\frac{n}{3^{n-1}}$绝对收敛.

（2）$\sum_{n=1}^{\infty}\left|(-1)^{n-1}\frac{1}{\sqrt{n+1}}\right|=\sum_{n=1}^{\infty}\frac{1}{\sqrt{n+1}}$是去掉首项的$p=\frac{1}{2}$的$p$-级数，是

发散的，即级数不是绝对收敛. $u_n=\frac{1}{\sqrt{n+1}}$，$u_{n+1}=\frac{1}{\sqrt{n+2}}$，显然 $u_n>u_{n+1}$ 且 $\lim\limits_{n\to\infty}\frac{1}{\sqrt{n+1}}=0$，所以级数收敛. 故级数 $\sum\limits_{n=1}^{\infty}(-1)^{n-1}\frac{1}{\sqrt{n+1}}$ 为条件收敛.

例 4　求幂级数 $\sum\limits_{n=1}^{\infty}3^n(x-3)^n$ 的收敛半径和收敛区间.

解　分析：①首先求出幂级数的收敛半径，而后考虑区间端点处级数的敛散性；②当幂级数为 $\sum\limits_{n=1}^{\infty}a_n\varphi^n(x)$ 的形式时，可将 $\varphi(x)$ 记为 y，即原函数为 $\sum\limits_{n=1}^{\infty}a_ny^n$，可以求出关于 y 的幂级数的收敛区间，从而得到原级数的收敛域.

令 $t=x-3$，则级数变为 $\sum\limits_{n=1}^{\infty}3^nt^n$，级数的收敛半径为

$$R=\lim_{n\to\infty}\left|\frac{a_n}{a_{n+1}}\right|=\lim_{n\to\infty}\left|\frac{3^n}{3^{n+1}}\right|=\frac{1}{3}.$$

当 $t=\frac{1}{3}$ 时，带入幂级数得 $\sum\limits_{n=1}^{\infty}1^n$，级数发散；当 $t=-\frac{1}{3}$ 时，带入幂级数得 $\sum\limits_{n=1}^{\infty}(-1)^n$，级数发散，因此收敛区间为 $-\frac{1}{3}<t<\frac{1}{3}$，代入 $t=x-3$，得

$$-\frac{1}{3}<x-3<\frac{1}{3}，即\frac{8}{3}<x<\frac{10}{3},$$

所以原级数的收敛区间为 $\left(\frac{8}{3},\frac{10}{3}\right)$.

例 5　求幂级数 $\sum\limits_{n=1}^{\infty}(-1)^n(2n+1)x^{2n}$ 的和函数，并求 $\sum\limits_{n=1}^{\infty}\frac{(-1)^n(2n+1)}{4^n}$ 的值.

解　分析：当幂级数只含有 x 的奇次幂或偶次幂时，可根据级数的比值判别法求出收敛域. 由于所给幂级数缺奇次项，所以不能用定理求收敛半径 R，由比值审敛法，得

$$\lim_{n\to\infty}\left|\frac{u_{n+1}}{u_n}\right|=\lim_{n\to\infty}\left|\frac{(2n+3)x^{2n+2}}{(2n+1)x^{2n}}\right|=\lim_{n\to\infty}\left|\frac{(2n+3)}{(2n+1)}\right||x^2|=x^2.$$

由比值审敛法，当 $|x^2|<1$ 时，即 $|x|<1$ 时，级数收敛；当 $|x|>1$ 时，级数发散；当 $x=\pm1$ 时，级数为 $\sum\limits_{n=1}^{\infty}(-1)^n(2n+1)$，级数发散，所以级数的收敛区间为 $(-1,1)$.

设和函数为 $S(x)$，因为 $\int_0^x(2n+1)t^{2n}\mathrm{d}t=x^{2n+1}$，所以

$$\int_0^x S(t)\,dt = \int_0^x \sum_{n=0}^{\infty} (-1)^n (2n+1) t^{2n} dt = \sum_{n=0}^{\infty} (-1)^n \int_0^x (2n+1) t^{2n} dt$$

$$= \sum_{n=0}^{\infty} (-1)^n x^{2n+1} = \frac{x}{1+x^2}.$$

两边求导，得

$$S(x) = \left(\frac{x}{1+x^2}\right)' = \frac{1-x^2}{(1+x^2)^2}.$$

将 $x=\frac{1}{2}$ 代入，得

$$\sum_{n=1}^{\infty} \frac{(-1)^n (2n+1)}{4^n} = \frac{1-\left(\frac{1}{2}\right)^2}{\left[1+\left(\frac{1}{2}\right)^2\right]^2} = \frac{12}{25}.$$

例 6 将函数 $y=\ln(1+x)$ 展开成 $(x-1)$ 的幂级数，并指出收敛区间.

解 $\ln(1+x) = \ln[2+(x-1)] = \ln\left[2\left(1+\frac{x-1}{2}\right)\right] = \ln 2 + \ln\left(1+\frac{x-1}{2}\right)$

$$= \ln 2 + \sum_{n=1}^{\infty} (-1)^n \frac{\left(\frac{x-1}{2}\right)^n}{n} \quad \left(-1 < \frac{x-1}{2} \leqslant 1\right)$$

$$= \ln 2 + \sum_{n=1}^{\infty} \frac{(-1)^{n-1}(x-1)^n}{n \cdot 2^n} \quad (-1 < x \leqslant 3).$$

例 7 求 $\int_0^{0.2} e^{-x^2} dx$ 的近似值，取展开式的前三项.

解 分析：将函数通过变形化为已知展开式的基本函数的组合，然后逐一展开，而后合并. 注意，函数展开成幂级数有一个自变量 x 的范围——收敛域的问题.

被积函数的原函数不是初等函数，将被积函数按幂级数展开，有

$$e^{-x^2} = 1 - \frac{x^2}{1!} + \frac{x^4}{2!} + \cdots + (-1)^n \frac{x^{2n}}{n!} + \cdots,$$

两边积分，得

$$\int_0^{0.2} e^{-x^2} dx = \int_0^{0.2} \left[1 - \frac{x^2}{1!} + \frac{x^4}{2!} + \cdots + (-1)^{n-1} \frac{x^{2n}}{n!} + \cdots\right] dx,$$

取展开式前三项，得

$$\int_0^{0.2} e^{-x^2} dx \approx \left(x - \frac{1}{3}x^3 + \frac{1}{10}x^5\right)\Big|_0^{0.2} = 0.19765.$$

例 8 将周期为 2π 的函数 $f(x) = \begin{cases} \pi + x & -\pi \leqslant x < 0 \\ \pi - x & 0 \leqslant x < \pi \end{cases}$ 展开成傅里叶级数，并

作出和函数的图形.

解　分析：①计算傅里叶系数；②写出 $f(x)$ 对应的傅里叶级数；③根据狄利克雷定理，写出傅里叶级数在连续点、间断点的收敛情况.

① 计算傅里叶系数：

$$a_0=\frac{1}{\pi}\int_{-\pi}^{\pi}f(x)\,\mathrm{d}x=\frac{1}{\pi}\left[\int_0^{\pi}(\pi-x)\,\mathrm{d}x+\int_{-\pi}^{0}(\pi+x)\,\mathrm{d}x\right]=0,$$

$$a_n=\frac{1}{\pi}\int_{-\pi}^{\pi}f(x)\cos nx\mathrm{d}x=\frac{1}{\pi}\left[\int_{-\pi}^{0}(\pi+x)\cos nx\mathrm{d}x+\int_0^{\pi}(\pi-x)\cos nx\mathrm{d}x\right]$$

$$=\int_{-\pi}^{0}\cos nx\mathrm{d}x+\frac{1}{\pi}\int_{-\pi}^{0}x\cos nx\mathrm{d}x+\int_0^{\pi}\cos nx\mathrm{d}x-\frac{1}{\pi}\int_0^{\pi}x\cos nx\mathrm{d}x$$

$$=\frac{1}{\pi}\left(\frac{x\sin nx}{n}+\frac{\cos nx}{n^2}\right)\bigg|_{-\pi}^{0}-\frac{1}{\pi}\left(\frac{x\sin nx}{n}+\frac{\cos nx}{n^2}\right)\bigg|_0^{\pi}$$

$$=\frac{2}{\pi n^2}(1-\cos n\pi)=\begin{cases}\dfrac{4}{\pi n^2} & n=1,\ 3,\ 5,\ \cdots\\ 0 & n=2,\ 4,\ 6,\ \cdots\end{cases},$$

$$b_n=\frac{1}{\pi}\int_{-\pi}^{\pi}f(x)\sin nx\mathrm{d}x=\frac{1}{\pi}\int_{-\pi}^{0}(\pi+x)\sin nx\mathrm{d}x+\frac{1}{\pi}\int_0^{\pi}(\pi-x)\sin nx\mathrm{d}x$$

$$=\frac{1}{\pi}\int_{-\pi}^{\pi}\pi\sin nx\mathrm{d}x-\frac{1}{\pi}\int_{-\pi}^{\pi}|x|\sin nx\mathrm{d}x=0\quad(n=1,2,3,\cdots).$$

② 写出傅里叶级数：

$$\frac{4}{\pi}\left(\cos x+\frac{1}{3^2}\cos 3x+\frac{1}{5^2}\cos 5x+\cdots\right).$$

③ 讨论敛散性. $f(x)$ 满足收敛定理的条件且在 $(-\infty,+\infty)$ 上连续，所以由收敛定理可得

$$f(x)=\frac{4}{\pi}\left(\cos x+\frac{1}{3^2}\cos 3x+\frac{1}{5^2}\cos 5x+\cdots\right).$$

$f(x)$ 即为傅里叶级数的和函数，其图形如图 9-1 所示.

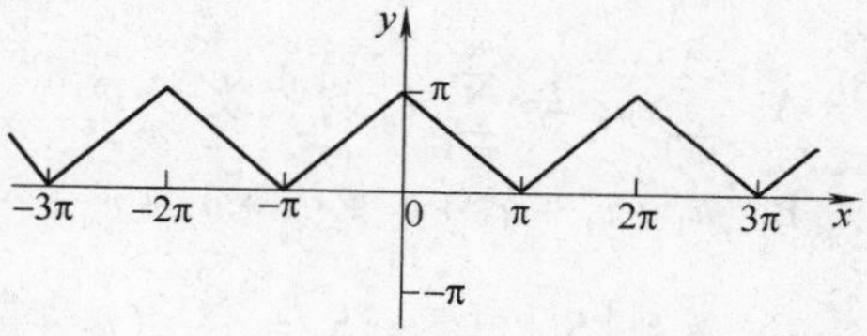

图 9-1

例 9　将函数 $f(x)=\dfrac{\pi-x}{2}\ (0\leqslant x\leqslant\pi)$ 展开为正弦级数.

解　分析：把定义在 $[0,\pi]$ 的函数展开为正弦级数，首先要补充 $f(x)$ 在 $[-\pi,0]$ 的定义，使 $f(x)$ 在 $[-\pi,\pi]$ 上为奇函数，即将 $f(x)$ 进行奇延拓. 函数的傅里叶系数公式为

$$a_n=0\quad(n=0,1,2,\cdots),$$

$$b_n=\frac{2}{\pi}\int_0^{\pi}f(x)\sin nx\mathrm{d}x\quad(n=0,1,2,\cdots).$$

先求正弦级数. 为此对函数 $f(x)$ 进行奇延拓，如图 9-2 所示.

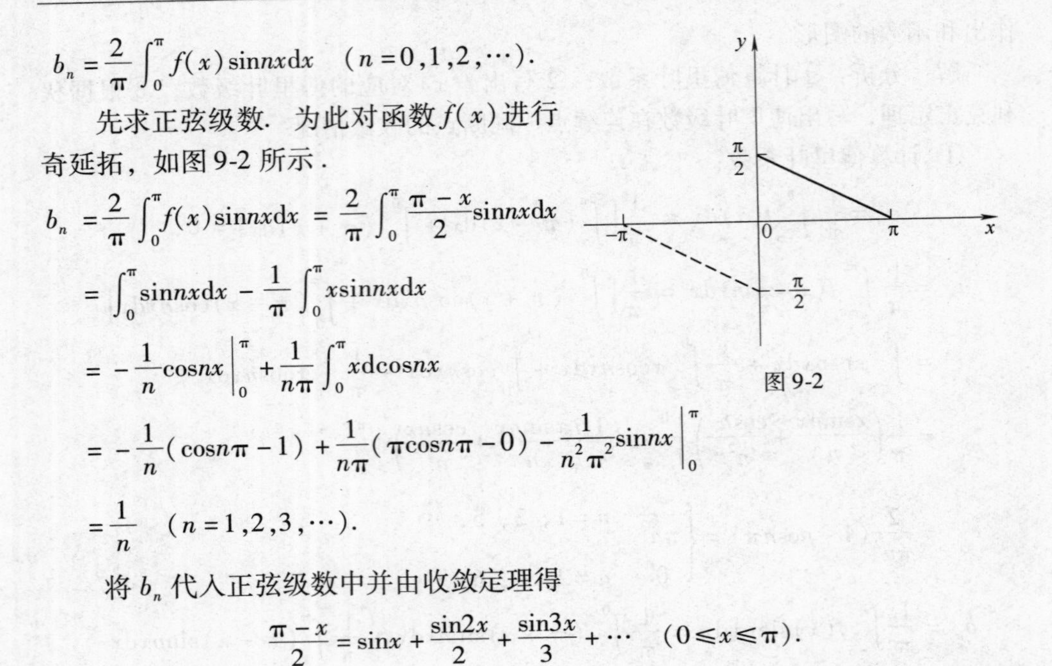

图 9-2

$$b_n=\frac{2}{\pi}\int_0^{\pi}f(x)\sin nx\mathrm{d}x=\frac{2}{\pi}\int_0^{\pi}\frac{\pi-x}{2}\sin nx\mathrm{d}x$$

$$=\int_0^{\pi}\sin nx\mathrm{d}x-\frac{1}{\pi}\int_0^{\pi}x\sin nx\mathrm{d}x$$

$$=-\frac{1}{n}\cos nx\Big|_0^{\pi}+\frac{1}{n\pi}\int_0^{\pi}x\mathrm{d}\cos nx$$

$$=-\frac{1}{n}(\cos n\pi-1)+\frac{1}{n\pi}(\pi\cos n\pi-0)-\frac{1}{n^2\pi^2}\sin nx\Big|_0^{\pi}$$

$$=\frac{1}{n}\quad(n=1,2,3,\cdots).$$

将 b_n 代入正弦级数中并由收敛定理得

$$\frac{\pi-x}{2}=\sin x+\frac{\sin 2x}{2}+\frac{\sin 3x}{3}+\cdots\quad(0\leqslant x\leqslant\pi).$$

三、自我测验题

(一) 基础层次

(时间：110 分钟，分数：100 分)

1. 选择题(每小题 2 分,共 10 分)

(1) 若级数 $\sum\limits_{n=1}^{\infty}(u_n+v_n)$ 收敛，则(　　).

A. $\sum\limits_{n=1}^{\infty}u_n$ 与 $\sum\limits_{n=1}^{\infty}v_n$ 均收敛

B. $u_1+v_1+u_2+v_2+\cdots+u_n+v_n+\cdots$ 收敛

C. 数列 $\{S_n\}$ 有界，$S_n=\sum\limits_{k=1}^{n}(u_k+v_k)$

D. $\sum\limits_{n=1}^{\infty}\left(u_n+v_n+\frac{1}{n}\right)$ 收敛

(2) 设级数 $\sum\limits_{n=1}^{\infty}a_n,\sum\limits_{n=1}^{\infty}b_n$ 及 $\sum\limits_{n=1}^{\infty}c_n$ 的通项之间有关系 $a_n\leqslant b_n\leqslant c_n\quad(n=1,2,3,\cdots)$，则下列结论正确的是(　　).

A. $\sum_{n=1}^{\infty} b_n$ 收敛，则 $\sum_{n=1}^{\infty} a_n$ 收敛

B. $\sum_{n=1}^{\infty} b_n$ 收敛，则 $\sum_{n=1}^{\infty} c_n$ 收敛

C. 若 $\sum_{n=1}^{\infty} a_n$，$\sum_{n=1}^{\infty} c_n$ 都收敛，则 $\sum_{n=1}^{\infty} b_n$ 收敛

D. 若 $\sum_{n=1}^{\infty} a_n$，$\sum_{n=1}^{\infty} c_n$ 都发散，则 $\sum_{n=1}^{\infty} b_n$ 发散

(3) 级数 $\sum_{n=1}^{\infty} \frac{1}{1+q^n}$ 收敛的充分条件是(　　).

A. $q=0$　　B. $0<q<1$　　C. $q=1$　　D. $q>1$

(4) 已知 $\sum_{n=1}^{\infty} a_n$ 与 $\sum_{n=1}^{\infty} b_n$ 都发散，则(　　).

A. $\sum_{n=1}^{\infty} (a_n+b_n)$ 必发散　　B. $\sum_{n=1}^{\infty} a_n b_n$ 必发散

C. $\sum_{n=1}^{\infty} (|a_n|+|b_n|)$ 必发散　　D. $\sum_{n=1}^{\infty} (a_n^2+b_n^2)$ 必发散

(5) 下列命题中正确的是(　　).

A. 若 $\sum_{n=1}^{\infty} u_n$ 收敛，则 $\sum_{n=1}^{\infty} (-1)^{n-1} u_n$ 条件收敛

B. 若 $\sum_{n=1}^{\infty} u_n$ 收敛，则 $\sum_{n=1}^{\infty} (u_n+A)$ $(A>0)$ 条件收敛

C. 若 $\sum_{n=1}^{\infty} u_n$ 与 $\sum_{n=1}^{\infty} v_n$ 都发散，则 $\sum_{n=1}^{\infty} (u_n+v_n)$ 发散

D. 若 $\sum_{n=1}^{\infty} (-1)^{n-1} u_n$ $(u_n>0)$ 条件收敛，则 $\sum_{n=1}^{\infty} u_n$ 发散

2. 填空题(每空 2 分，共 10 分)

(1) 级数 $\sum_{n=1}^{\infty} \frac{(\ln 3)^n}{2^n}$ 的和为________.

(2) 当 $k \in$ ________ 时，正项级数 $\sum_{n=1}^{\infty} \frac{k^n n!}{n^n}$ 收敛.

(3) 级数 $\sum_{n=1}^{\infty} n! x^n$ 的收敛半径为________.

(4) 将 $f(x)=\frac{1}{9+x^2}$ 展开成 x 的幂级数为 $f(x)=$ ________.

(5) 设周期函数 $f(x)=\frac{x^3}{2}\cos 3x$　$(-\pi \leqslant x < \pi)$，则它的傅里叶系数

$a_n =$ ________.

3. 判别下列级数的敛散性(每小题 5 分,共 20 分)

(1) $\sum_{n=1}^{\infty} \ln\left(1+\frac{1}{n}\right)$;　　(2) $\sum_{n=1}^{\infty}\left(\frac{1}{2^n}+\frac{1}{3^n}\right)$;

(3) $\sum_{n=1}^{\infty} (n+1)^2 \frac{\pi}{2^n}$;　　(4) $\sum_{n=1}^{\infty} \frac{1}{2^n+n}$.

4. 判别下列级数的敛散性. 若收敛，指出是条件收敛还是绝对收敛(每小题 5 分,共 10 分)

(1) $\sum_{n=1}^{\infty} \frac{(-1)^n}{n-\ln n}$;　　(2) $\sum_{n=1}^{\infty} \frac{(-1)^n n^2}{n^2+1}$.

5. 求下列幂级数的收敛区域(每题 5 分,共 10 分)

(1) $\sum_{n=1}^{\infty} \frac{x^n}{n \cdot 4^n}$;　　(2) $\sum_{n=1}^{\infty} \frac{2^n}{n(n+1)} x^{2n}$.

6. 求下列数项级数的和(每小题 5 分,共 10 分)

(1) $\sum_{n=1}^{\infty} \frac{1}{n! \cdot 2^n}$;　　(2) $\sum_{n=1}^{\infty} \frac{n}{3^n}$.

7. 解答题(每小题 10 分,共 30 分)

(1) 求级数 $\sum_{n=1}^{\infty} (2n-1)x^n$ 的和函数.

(2) 将函数 $f(x)=(1+x)e^{-x}$ 展开成麦克劳林级数.

(3) 将函数 $f(x)=\begin{cases} x-1 & -\pi \leqslant x < 0 \\ x+1 & 0 \leqslant x < \pi \end{cases}$ 展开成傅里叶级数.

(二) 提高层次

(时间：110 分钟，分数：100 分)

1. 选择题(每小题 2 分,共 10 分)

(1) 下列说法正确的是(　　).

A. 若 $\sum_{n=1}^{\infty} u_n^2$ 和 $\sum_{n=1}^{\infty} v_n^2$ 都收敛，则 $\sum_{n=1}^{\infty} (u_n+v_n)^2$ 收敛

B. 若 $\sum_{n=1}^{\infty} |u_n v_n|$ 收敛，则 $\sum_{n=1}^{\infty} u_n^2$ 和 $\sum_{n=1}^{\infty} v_n^2$ 都收敛

C. 若正项级数 $\sum_{n=1}^{\infty} u_n$ 发散，则 $u_n \geqslant \frac{1}{n}$

D. 若正项级数 $\sum_{n=1}^{\infty} u_n$ 收敛，且 $u_n \geqslant v_n$ $(n=1,2,\cdots)$，则级数 $\sum_{n=1}^{\infty} v_n$ 也收敛

(2) 下列级数中，发散的级数为(　　).

A. $\sum_{n=1}^{\infty}\frac{1}{n^{\frac{4}{3}}}$　B. $\sum_{n=1}^{\infty}\left(\frac{3}{4}\right)^{n}$　C. $\sum_{n=1}^{\infty}\cos\frac{1}{n^{2}}$　D. $\sum_{n=1}^{\infty}\frac{1}{n(n+1)}$

(3) 设$0\leqslant a_n<\frac{1}{n}$ $(n=1,2,\cdots)$，则下列级数中一定收敛的是(　　).

A. $\sum_{n=1}^{\infty}a_n$　B. $\sum_{n=1}^{\infty}(-1)^{n}a_n$　C. $\sum_{n=1}^{\infty}\sqrt{a_n}$　D. $\sum_{n=1}^{\infty}(-1)^{n}a_n^{2}$

(4) 设常数$\lambda>0$，而级数$\sum_{n=1}^{\infty}a_n^{2}$收敛，则级数$\sum_{n=1}^{\infty}(-1)^{n}\frac{a_n}{\sqrt{n^{2}+\lambda}}$(　　).

A. 发散　B. 条件收敛

C. 绝对收敛　D. 散敛性与λ无关

(5) 设幂级数$\sum_{n=1}^{\infty}a_nx^{n}$与$\sum_{n=1}^{\infty}b_nx^{n}$的收敛半径分别为$\frac{\sqrt{5}}{3}$与$\frac{1}{3}$，则幂级数$\sum_{n=1}^{\infty}\frac{a_n^{\ 2}}{b_n^{\ 2}}x^{n}$的收敛半径为(　　).

A. 5　B. $\frac{\sqrt{5}}{3}$　C. $\frac{1}{3}$　D. $\frac{1}{5}$

2. 填空题(每空2分,共12分)

(1) 若级数$\sum_{n=1}^{\infty}u_n$的部分和为$S_n=\frac{2n}{n+1}$，则$u_n=$________，$\sum_{n=1}^{\infty}u_n=$________.

(2) 若级数$\sum_{n=1}^{\infty}u_n$收敛于S，则$\sum_{n=1}^{\infty}(u_n+u_{n+1}-u_{n+2})$收敛于________.

(3) 幂级数$\sum_{n=1}^{\infty}\frac{x^{n}}{\sqrt{n+1}}$的收敛域为________.

(4) $\sum_{n=1}^{\infty}n\left(\frac{1}{2}\right)^{n-1}=$________.

(5) 将$f(x)=\frac{\mathrm{d}}{\mathrm{d}x}\left(\frac{\mathrm{e}^{x}-1}{x}\right)$展开成$x$的幂级数，则$f(x)=$________.

3. 判别下列级数的敛散性(每小题5分,共20分)

(1) $\sum_{n=1}^{\infty}(\sqrt{n+2}-2\sqrt{n+1}+\sqrt{n})$；　(2) $\sum_{n=1}^{\infty}\frac{1}{\sqrt{n^{2}+n}}$；

(3) $\sum_{n=1}^{\infty}\left(\frac{1}{n}-\ln\frac{n+1}{n}\right)$；　(4) $\sum_{n=1}^{\infty}\frac{3^{n}n!}{n^{n}}$.

4. 判别下列级数的敛散性. 若收敛，说明是条件收敛还是绝对收敛(每小题6分,共12分)

(1) $\sum_{n=1}^{\infty}(-1)^n\ln\frac{n+1}{n}$;　　(2) $\sum_{n=1}^{\infty}(-1)^n\frac{n}{3^{n-1}}$.

5. 求下列幂级数的收敛域(每小题6分,共12分)

(1) $\sum_{n=1}^{\infty}\frac{x^n}{n^2\cdot 2^n}$;　　(2) $\sum_{n=1}^{\infty}\frac{(-1)^n}{n\cdot 4^n}(x-1)^{2n-1}$.

6. 求下列级数的和函数(每小题6分,共12分)

(1) $\sum_{n=1}^{\infty}n(n+1)x^n$;　　(2) $\sum_{n=1}^{\infty}\frac{x^n}{n!}$.

7. 将下列函数展开为指定的幂级数(每小题6分,共12分)

(1) $\ln\frac{1+x}{1-x}$，展开为 x 的幂级数；　　(2) e^x，展开为 $x-1$ 的幂级数.

8. 解答题(10分)

将函数 $f(x)=x^2\ (0\leqslant x\leqslant 1)$ 展开成正弦级数和余弦级数.

参考答案

(一) 基础层次

1. (1) C; (2) C; (3) D; (4) C; (5) D.

2. (1) $\frac{\ln 3}{2-\ln 3}$; (2) $[0,1)$; (3) $R=0$;

(4) $\sum_{n=1}^{\infty}(-1)^{n-1}\frac{x^{2n-2}}{3^{2n}}$，$x\in(-3,3)$; (5) 0.

3. (1) 发散; (2) 收敛; (3) 收敛; (4) 收敛.

4. (1) 条件收敛; (2) 发散.

5. (1) $[-4,4)$; (2) $\left[-\frac{\sqrt{2}}{2},\frac{\sqrt{2}}{2}\right]$.

6. (1) 由 $\sum_{n=1}^{\infty}\frac{x^n}{n!}=e^x-1$，得 $\sum_{n=1}^{\infty}\frac{1}{n!\ \cdot 2^n}=e^{\frac{1}{2}}-1=\sqrt{e}-1$;

(2) 由 $\sum_{n=1}^{\infty}nx^{n-1}=\frac{1}{(1-x)^2}$，得 $\sum_{n=1}^{\infty}\frac{n}{3^n}=\frac{1}{3}\sum_{n=1}^{\infty}\frac{n}{3^{n-1}}=\frac{\frac{1}{3}}{\left(1-\frac{1}{3}\right)^2}=\frac{3}{4}$.

7. (1) $S(x)=\frac{x+x^2}{(1-x)^2}$，$x\in(-1,1)$;

(2) $f(x)=e^{-x}+xe^{-x}=1+\sum_{n=1}^{\infty}\frac{(-1)^n\cdot n}{(n+1)!}x^{n+1}\ (-\infty<x<+\infty)$;

(3) $f(x)=\left(2+\frac{4}{\pi}\right)\sin x-\sin 2x+\left(\frac{2}{3}+\frac{4}{3\pi}\right)\sin 3x-\frac{1}{2}\sin 4x+\cdots\quad(-\infty<x<+\infty;x\neq k\pi,k\in\mathbf{Z})$.

(二) 提高层次

1. (1) A; (2) C; (3) D; (4) C; (5) A.

2. (1) $\frac{2}{n(n+1)}$, 2; (2) $S+u_2$; (3) $[-1,1)$;　(4) 4;

(5) $\frac{1}{2!}+\frac{2x}{3!}+\cdots+\frac{(n-1)}{n!}x^{n-2}+\cdots\quad(x\neq 0)$.

3. (1) 收敛; (2) 发散; (3) 收敛; (4) 收敛.

4. (1) 条件收敛; (2) 绝对收敛.

5. (1) $[-2,2]$; (2) $[-1,3]$.

6. (1) $S(x)=\frac{2x}{(1-x)^3}$, $|x|<1$;

(2) $S(x)=e^x$, 收敛域是$(-\infty,+\infty)$.

7. (1)
$$\ln\frac{1+x}{1-x}=\ln(1+x)-\ln(1-x)=\sum_{n=1}^{\infty}\frac{(-1)^{n-1}}{n}x^n-\sum_{n=1}^{\infty}\frac{-1}{n}x^n$$
$$=\sum_{n=1}^{\infty}\frac{(-1)^{n-1}+1}{n}x^n=\sum_{n=1}^{\infty}\frac{2}{2n+1}x^{2n+1},\ x\in(-1,1);$$

(2) 令 $y=x-1$, 则 $e^{y+1}=e\,e^y=e\sum_{n=1}^{\infty}\frac{y^n}{n!}=e\sum_{n=1}^{\infty}\frac{(x-1)^n}{n!}\quad(|x|<+\infty)$.

8. $f(x)=\frac{2}{\pi}\sum_{n=1}^{\infty}\left[\frac{2}{n^3\pi^2}(\cos n\pi-1)-\frac{1}{n}\cos n\pi\right]\sin n\pi x,\ x\in[0,1)$;

$f(x)=\frac{1}{3}+\frac{4}{\pi^2}\sum_{n=1}^{\infty}(-1)^n\cos n\pi x,\ x\in[0,1)$.

第十章　拉普拉斯变换

一、知识剖析

（一）知识网络

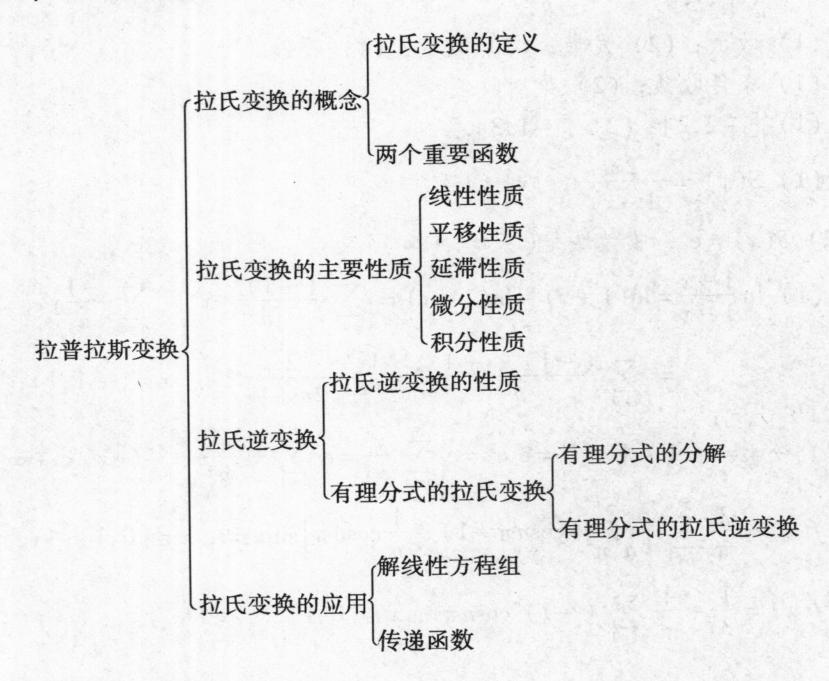

（二）知识重点与学习要求

1）理解拉氏变换的概念，熟悉两个重要函数.

2）掌握拉氏变换的主要性质，熟练掌握常用函数的拉氏变换.

3）理解拉氏逆变换的性质，熟悉有理分式的分解，掌握有理分式的拉氏逆变换.

4）掌握利用拉氏变换解微分方程的方法，了解利用拉氏变换求传递函数的方法.

（三）概念理解与方法掌握

拉普拉斯变换是分析和求解常系数线性微分方程的常用方法，在分析综合线性系统的运动过程等工程上有着广泛的应用.

1. 拉氏变换的概念

（1）求一个函数拉氏变换的过程就是在区间$[0,+\infty)$上求定积分的过程，计算公式为

$$F(s)=L[f(t)]=\int_0^{+\infty}e^{-st}f(t)\,dt.$$

要想掌握好这个公式，必须对定积分的求法要相当熟悉，尤其是对分部积分法. 并且，在求函数的拉氏变换时，只要求$f(t)$在$[0,+\infty)$上有定义. 因此，我们总假定在$(-\infty,0)$内，$f(t)\equiv 0$.

（2）两个重要函数

1）单位阶梯函数$I(t)$. $I(t)=\begin{cases}0 & t<0\\ 1 & t\geqslant 0\end{cases}$，将$I(t)$的图像向右平移$|a|$个单位，得$I(t-a)=\begin{cases}0 & t<a\\ 1 & t\geqslant a\end{cases}$；设$a<b$，则$I(t-a)-I(t-b)=\begin{cases}1 & a\leqslant t<b\\ 0 & t<a\text{ 或 }t\geqslant b\end{cases}$.

利用单位阶梯函数，可以将分段函数合写成一个函数，再进一步求拉氏变换.

2）狄拉克函数(单位脉冲函数).

$\delta(t)=\begin{cases}\infty & t=0\\ 0 & t\neq 0\end{cases}$，且$L[\delta(t)]=1$，此函数是在工程中应用较多的函数.

2. 拉氏变换的主要性质

在拉氏变换中，大家务必记住拉氏变换性质和表中常用函数的拉氏变换，结合在一起使用会使问题变得更简单、更容易. 为了大家应用方便，在此重新附表如下，见表10-1和表10-2.

表10-1

序号	拉氏变换性质（设$L[f(t)]=F(s)$）
1	$L[af_1(t)+bf_2(t)]=aL[f_1(t)]+bL[f_2(t)]=aF_1[s]+bF_2[s]$
2	$L[e^{-at}f(t)]=F(s+a)$
3	$L[f(t-a)]=e^{-as}F(s)\quad(a>0)$
4	$L[f'(t)]=sF(s)-f(0)$
5	$L[f^{(n)}(t)]=s^nF(s)-[s^{n-1}f(0)+s^{n-2}f'(0)+\cdots+f^{(n-1)}(0)]$
6	$L\left[\int_0^t f(x)\,dx\right]=\dfrac{L[f(t)]}{s}=\dfrac{F(s)}{s}$
7	$L[f(at)]=\dfrac{1}{a}F(\dfrac{s}{a})\quad(a>0)$
8	$L[t^nf(t)]=(-1)^nF^{(n)}(s)$
9	$L[\dfrac{f(t)}{t}]=\int_s^{+\infty}F(t)\,dt$

（续）

序号	拉氏变换性质（设 $L[f(t)]=F(s)$）
10	$\lim\limits_{t\to\infty}f(t)=\lim\limits_{s\to0}sF(s)$
11	$\lim\limits_{t\to0^+}f(t)=\lim\limits_{s\to\infty}sF(s)$
12	如果 $f(t)$ 有周期 $T>0$，即 $f(t+T)=f(t)$，则 $L[f(t)]=\dfrac{1}{1-e^{-sT}}\int_0^T e^{-st}f(t)\,dt$

表 10-2

序 号	$f(t)$	拉氏变换 $F(s)=\int_0^{+\infty}e^{-st}f(t)\,dt$
1	$\delta(t)$	1
2	1	$\dfrac{1}{s}$
3	t^n（n 为正整数）	$\dfrac{n!}{s^{n+1}}$
4	$\sin\omega t$	$\dfrac{\omega}{s^2+\omega^2}$
5	$\cos\omega t$	$\dfrac{s}{s^2+\omega^2}$
6	$t\sin\omega t$	$\dfrac{2s\omega}{(s^2+\omega^2)^2}$
7	$t\cos\omega t$	$\dfrac{s^2-\omega^2}{(s^2+\omega^2)^2}$
8	$\dfrac{1}{\sqrt{\pi t}}$	$\dfrac{1}{\sqrt{s}}$
9	$2\sqrt{\dfrac{t}{\pi}}$	$\dfrac{1}{s\sqrt{s}}$
10	$\delta(t-a)$	e^{-as}
11	$e^{\lambda t}$	$\dfrac{1}{s-\lambda}$
12	$t^n e^{\lambda t}$（n 为正整数）	$\dfrac{n!}{(s-\lambda)^{n+1}}$
13	$e^{\lambda t}\sin\omega t$	$\dfrac{\omega}{(s-\lambda)^2+\omega^2}$
14	$e^{\lambda t}\cos\omega t$	$\dfrac{s-\lambda}{(s-\lambda)^2+\omega^2}$
15	$te^{\lambda t}\sin\omega t$	$\dfrac{2\omega(s-\lambda)}{[(s-\lambda)^2+\omega^2]^2}$
16	$te^{\lambda t}\cos\omega t$	$\dfrac{(s-\lambda)^2-\omega^2}{[(s-\lambda)^2+\omega^2]^2}$

（续）

序　号	$f(t)$	拉氏变换 $F(s)=\int_0^{+\infty}e^{-st}f(t)\,dt$
17	$\mathrm{sh}\omega t$	$\dfrac{\omega}{s^2-\omega^2}$
18	$\mathrm{ch}\omega t$	$\dfrac{s}{s^2-\omega^2}$
19	$\sin(\omega t+\varphi)$	$\dfrac{s\sin\varphi+\omega\cos\varphi}{s^2+\omega^2}$
20	$\cos(\omega t+\varphi)$	$\dfrac{s\cos\varphi-\omega\sin\varphi}{s^2+\omega^2}$
21	$e^{at}-e^{bt}$	$\dfrac{a-b}{(s-a)(s-b)}$
22	$ae^{at}-be^{bt}$	$\dfrac{s(a-b)}{(s-a)(s-b)}$
23	$\sin\omega t-\omega t\cos\omega t$	$\dfrac{2\omega^3}{(s^2+\omega^2)^2}$

3. 拉氏逆变换

（1）拉式逆变换的性质　对拉氏逆变换的性质与拉氏变换的性质进行比较记忆，会更加容易理解一些. 主要的性质有：线性性质、平移性质和延滞性质 .

（2）有理分式的拉氏逆变换　在有理分式的拉氏逆变换的计算过程中，最主要的是真分式的分解，之后再根据拉氏逆变换的性质和常用函数的拉氏变换进行计算.

推广：真分式的分解，不仅可以应用于拉氏逆变换的计算，还可以应用于积分的计算. 例如，学完不定积分后，对于 $\int\frac{x+3}{x^2-5x+6}dx$，我们无法求解. 而如果对分式进行分解，则有

$$\int\frac{x+3}{x^2-5x+6}dx=\int\left(\frac{-5}{x-2}+\frac{6}{x-3}\right)dx=-5\ln|x-2|+6\ln|x-3|+C.$$

4. 拉氏变换的应用——解线性微分方程

用拉氏变换解微分方程的一般步骤为：

① 对方程两边分别求拉氏变换；

② 解出未知函数的拉氏变换；

③ 求出像函数的拉氏逆变换，解出未知函数.

二、例题解析

例 1　求函数 $f(t)=\begin{cases}-1 & 0\leqslant t\leqslant 4\\ 1 & t>4\end{cases}$ 的拉氏变换.

解　由拉氏变换定义，得

$$\begin{aligned}L[f(t)]&=\int_0^{+\infty}f(t)\mathrm{e}^{-st}\mathrm{d}t\\&=\int_0^4-\mathrm{e}^{-st}\mathrm{d}t+\int_4^{+\infty}\mathrm{e}^{-st}\mathrm{d}t\\&=\frac{1}{s}\mathrm{e}^{-st}\bigg|_0^4-\frac{1}{s}\mathrm{e}^{-st}\bigg|_4^{+\infty}\\&=\frac{1}{s}\mathrm{e}^{-4s}-\frac{1}{s}-\left[0-\frac{1}{s}\mathrm{e}^{-4s}\right]\\&=\frac{2}{s}\mathrm{e}^{-4s}-\frac{1}{s}.\end{aligned}$$

例 2　求下列函数的拉氏变换.

(1) $f(t)=t^2\cos 3t$；　(2) $f(t)=\mathrm{e}^{-3t}\sin 5t\cos 2t$；(3) $f(t)=u(1-\mathrm{e}^{-t})$.

解　(1) 由公式 $L[t^nf(t)]=(-1)^nF^{(n)}(s)$ 及 $L[\cos 3t]=\frac{s}{s^2+9}$ 可得

$$\begin{aligned}L[f(t)]=L[t^2\cos 3t]=L[t^2\cos 3t]&=(-1)^2\left(\frac{s}{s^2+9}\right)''\\&=\frac{2s(s^2-27)}{(s^2+9)^3}.\end{aligned}$$

(2) $$\begin{aligned}L[f(t)]=L[\mathrm{e}^{-3t}\sin 5t\cos 2t]&=L\left[\mathrm{e}^{-3t}\cdot\frac{1}{2}(\sin 7t+\sin 3t)\right]\\&=\frac{1}{2}L[\mathrm{e}^{-3t}\sin 7t]+\frac{1}{2}L[\mathrm{e}^{-3t}\sin 3t],\end{aligned}$$

由公式 $L[\mathrm{e}^{\lambda t}\sin\omega t]=\frac{\omega}{(s-\lambda)^2+\omega^2}$ 可得

$$L[f(t)]=\frac{1}{2}\left[\frac{7}{(s+3)^2+49}+\frac{3}{(s+3)^2+9}\right].$$

(3) $u(1-\mathrm{e}^{-t})=\begin{cases}1 & 1-\mathrm{e}^{-t}>0\\ 0 & 1-\mathrm{e}^{-t}<0\end{cases}$，即 $u(1-\mathrm{e}^{-t})=\begin{cases}1 & t>0\\ 0 & t<0\end{cases}$，

所以

$$L[f(t)]=L[1]=\frac{1}{s}.$$

例3　求下列函数的拉氏逆变换.

(1) $F(s)=\dfrac{5s^2-7s-3}{(s-2)(s+1)^2}$；　(2) $F(s)=\dfrac{4s-2}{(s^2+1)^2}$.

解　(1) 设 $F(s)=\dfrac{A}{s-2}+\dfrac{B}{s+1}+\dfrac{C}{(s+1)^2}$，解得 $A=\dfrac{1}{3}$，$B=\dfrac{14}{3}$，$C=-3$，所以

$$F(s)=\frac{\frac{1}{3}}{(s-2)}+\frac{\frac{14}{3}}{s+1}+\frac{-3}{(s+1)^2}.$$

于是，$f(t)=L^{-1}[F(s)]$

$$=L^{-1}\left[\frac{\frac{1}{3}}{(s-2)}+\frac{\frac{14}{3}}{s+1}+\frac{-3}{(s+1)^2}\right]=\frac{1}{3}e^{2t}+\frac{14}{3}e^{-t}-3te^{-t}.$$

(2) $$F(s)=\frac{4s}{(s^2+1)^2}-\frac{2}{(s^2+1)^2}=\frac{4s}{(s^2+1)^2}-\frac{(s^2+1)-(s^2-1)}{(s^2+1)^2}$$

$$=\frac{4s}{(s^2+1)^2}-\frac{1}{s^2+1}+\frac{(s^2-1)}{(s^2+1)^2},$$

于是，$f(t)=L^{-1}[F(s)]=L^{-1}\left[\dfrac{4s}{(s^2+1)^2}-\dfrac{1}{s^2+1}+\dfrac{(s^2-1)}{(s^2+1)^2}\right]$

$=2t\sin t-\sin t+t\cos t.$

例4　解微分方程 $y''(t)-3y'(t)+2y(t)=e^{3t}$，$y(0)=1$，$y'(0)=0$.

解　对方程两端取拉氏变换，并设 $Y=Y(s)=L[y(t)]$，得

$$L[y''(t)-3y'(t)+2y(t)]=L[e^{3t}].$$

由拉氏变换的性质得

$$[s^2L[y(t)]-sy(0)-y'(0)]-3[sL[y(t)]-y(0)]+2L[y(t)]=L[e^{3t}].$$

设 $L[y(t)]=Y$，并将 $y(0)=1$，$y'(0)=0$ 代入，得

$$(s^2-3s+2)Y-s+3=\frac{1}{s-3},$$

解得

$$Y=\frac{\frac{1}{s-3}+s-3}{s^2-3s+2}=\frac{5}{2}\cdot\frac{1}{s-1}-2\cdot\frac{1}{s-2}+\frac{1}{2}\cdot\frac{1}{s-3}.$$

对上式取拉氏逆变换，得

$$y(t)=L^{-1}[Y]=L^{-1}\left[\frac{5}{2}\cdot\frac{1}{s-1}-2\cdot\frac{1}{s-2}+\frac{1}{2}\cdot\frac{1}{s-3}\right]=\frac{5}{2}e^{t}-2e^{2t}+\frac{1}{2}e^{3t}.$$

例5　求如图10-1所示电路的传递函数. 这里输入电压为 $u_{sr}(t)$，输出电压为 $u_{sc}(t)$. 并求当输入电压为 $u_{sr}(t)=\begin{cases}1 & 0\leqslant t<T\\ 0 & t<0 \text{ 或 } t\geqslant T\end{cases}$ 时的输出电压.

解　设电路的左网孔的电流为 $i(t)$，由回路电压法，得

$$\begin{cases} Ri(t) + \dfrac{1}{C}\displaystyle\int_0^t i(t)\,\mathrm{d}t = u_{sr}(t) \\ u_{sc}(t) = Ri(t) \end{cases}.$$

对此方程取拉氏变换，得

$$\begin{cases} RL[i(t)] + \dfrac{1}{Cs}L[i(t)] = L[u_{sr}(t)] & (1) \\ L[u_{sc}(t)] = RL[i(t)] & (2) \end{cases}.$$

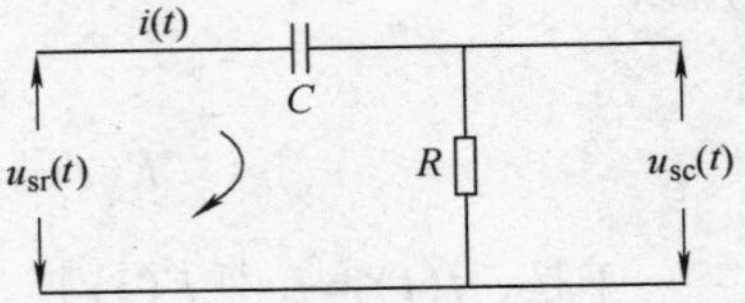

图 10-1

由式(2)得，$L[i(t)] = \dfrac{1}{R}L[u_{sc}(t)]$，代入式 (1) 得

$$L[u_{sc}(t)] + \frac{1}{RCs}L[u_{sc}(t)] = L[u_{sr}(t)],$$

故该电路的传递函数是

$$W(s) = \frac{L[u_{sc}(t)]}{L[u_{sr}(t)]} = \frac{RCs}{1+RCs}.$$

当 $u_{sr}(t) = \begin{cases} 1 & 0 \leqslant t < T \\ 0 & t < 0 \text{ 或 } t \geqslant T \end{cases}$，即 $u_{sr}(t) = I(t) - I(t-T)$ 时，

$$L[u_{sc}(t)] = \frac{1}{s} - \frac{1}{s}\mathrm{e}^{-Ts} = \frac{1}{s}(1-\mathrm{e}^{-Ts}).$$

此时，

$$L[u_{sc}(t)] = L[u_{sr}(t)] \cdot W(s) = \frac{RCs}{1+RCs} \cdot \frac{1}{s}(1-\mathrm{e}^{-Ts})$$

$$= \frac{RCs}{1+RCs} - \frac{RC\mathrm{e}^{-Ts}}{1+RCs}.$$

再求其逆变换，可得输出电压为

$$u_{sc}(t) = \mathrm{e}^{-\frac{1}{RC}} - \mathrm{e}^{-\frac{t-T}{RC}}I(t-T).$$

三、自我测验题

(一) 基 础 层 次

（时间：110 分钟，分数：100 分）

1. 填空题(每小题 2 分,共 16 分)

(1) $L\left[\sin\dfrac{t}{2}\right] =$ ________；　　(2) $L[\sin^2 t] =$ ________；

(3) $L[4e^{\frac{2}{3}t}]=$______；　(4) $L[-t\sin 3t]=$______；

(5) $L^{-1}\left[\frac{1}{s^4}\right]=$______；　(6) $L^{-1}\left[\frac{1}{s+3}\right]=$______；

(7) $L^{-1}\left[\frac{s}{s+2}\right]=$______；　(8) $L^{-1}[e^{-3s}]=$______.

2. **求下列函数的拉氏变换**(每小题6分,共24分)

(1) $f(t)=t^2+3t+2$；　(2) $f(t)=(t-1)^2e^t$；

(3) $f(t)=\int_0^t xe^{-3x}\sin 2x\,dx$；(4) $f(t)=e^{-2t}\sin 6t$.

3. **求下列函数的拉氏逆变换**(每小题6分,共24分)

(1) $F(s)=\frac{s}{(s-a)(s-b)}$；　(2) $F(s)=\frac{s+3}{(s+1)(s-3)}$；

(3) $F(s)=\frac{2s+5}{s^2+4s+13}$；　(4) $F(s)=\frac{s^2+2s-1}{s(s-1)^2}$.

4. **求下列微分方程式及方程组的解**(每小题6分,共24分)

(1) $y''+4y=2\sin 2t,\ y(0)=0,\ y'(0)=1$；

(2) $y''+4y'+3y=e^{-t},\ y(0)=y'(0)=1$；

(3) $y'''+3y''+3y'+y=1,\ y(0)=y'(0)=y''(0)=0$；

(4) $\begin{cases}x'+x-y=e^t\\3x+y'-2y=2e^t\end{cases},\ x(0)=y(0)=1.$

5. **证明题**(共12分)

对下列每一函数，验证：$L[f'(t)]=sL[f(t)]-f(0)$.

(1) $f(t)=3e^{2t}$；　(2) $f(t)=\cos 5t$.

(二) 提 高 层 次

(时间：110分钟，分数：100分)

1. **填空题**(每小题2分,共16分)

(1) $L[\mathrm{sh}kt]=$______；　(2) $L[-e^t]=$______；

(3) $L[4\sin t-3\cos t]=$______；　(4) $L[t^2]=$______；

(5) $L^{-1}\left[\frac{1}{(s+1)^4}\right]=$______；　(6) $L^{-1}\left[\frac{2s+3}{s^2+9}\right]=$______；

(7) $L^{-1}\left[\frac{6-3s}{s^2}\right]=$______；　(8) $L^{-1}\left[\frac{1}{s^2+a^2}\right]=$______.

2. **求下列函数的拉氏变换**(每小题6分,共24分)

(1) $1-te^t$；　(2) $e^{3t}\cos 4t$；

(3) $f(t)=t\cos 2t$；　(4) $f(t)=u(3t-5)$.

3. 求下列函数的拉氏逆变换(每小题6分,共24分)

(1) $F(s)=\dfrac{s^2+2a^2}{(s^2+a^2)^2}$; (2) $F(s)=\dfrac{s+1}{s^2+s-6}$;

(3) $F(s)=\dfrac{1}{s^2(s^2-1)}$; (4) $F(s)=\dfrac{1}{(s^4+5s^2+4)}$.

4. 求下列微分方程式及方程组的解(每小题6分,共24分)

(1) $y''-y=4\sin t+5\cos 2t$, $y(0)=-1$, $y'(0)=-2$;

(2) $y''-2y'+2y=2e^t\cos t$, $y(0)=y'(0)=0$;

(3) $y'''+y'=e^{2t}$, $y(0)=y'(0)=y''(0)=0$;

(4) $\begin{cases}(2x''-x'+9x)-(y''+y'+3y)=0 & x(0)=x'(0)=1\\(2x''+x'+7x)-(y''-y'+5y)=0 & y(0)=y'(0)=0\end{cases}$.

5. 证明题(共12分)

对下列每一函数,验证:$L[f''(t)]=s^2L[f(t)]-sf(0)-f'(0)$.

(1) $f(t)=t^2+2t-4$; (2) $f(t)=t\sin t$.

参考答案

(一) 基础层次

1. (1) $\dfrac{2}{4s^2+1}$; (2) $\dfrac{2}{s(s^2+4)}$; (3) $\dfrac{12}{3s-2}$; (4) $-\dfrac{6s}{(s^2+9)^2}$; (5) $\dfrac{1}{6}t^3$;

(6) e^{-3t}; (7) $\delta(t)-2e^{-2t}$; (8) $\delta(t-3)$.

2. (1) $\dfrac{2}{s^3}+\dfrac{3}{s^2}+\dfrac{2}{s}$; (2) $\dfrac{s^2-4s+5}{(s-1)^3}$;

(3) $\dfrac{4s+12}{s[(s+3)^2+4]^2}$; (4) $\dfrac{6}{(s+2)^2+36}$.

3. (1) $\dfrac{1}{a-b}(ae^{at}-be^{bt})$; (2) $\dfrac{3}{2}e^{3t}-\dfrac{1}{2}e^{-t}$; (3) $\dfrac{1}{3}e^{-2t}(6\cos 3t+\sin 3t)$;

(4) $-\delta(t)+2e^t+2te^t$.

4. (1) $y(t)=\dfrac{3}{4}\sin 2t-\dfrac{1}{2}t\cos 2t$; (2) $y(t)=\dfrac{1}{4}[(2t+7)e^{-t}-3e^{-3t}]$;

(3) $y(t)=1-\left(\dfrac{t^2}{2}+t+1\right)e^{-t}$; (4) $\begin{cases}x(t)=e^t\\y(t)=e^t\end{cases}$.

5. 略.

(二) 提高层次

1. (1) $\dfrac{k}{s^2-k^2}$; (2) $\dfrac{1}{1-s}$; (3) $\dfrac{4-3s}{1+s^2}$; (4) $\dfrac{2}{s^3}$; (5) $\dfrac{1}{6}t^3e^{-t}$;

（6）$2\cos3t+\sin3t$；（7）$6t-3$；（8）$\dfrac{\sin at}{a}$.

2.（1）$\dfrac{1}{s}-\dfrac{1}{(s-1)^2}$；（2）$\dfrac{s-3}{(s-3)^2+16}$；（3）$\dfrac{s^2-4}{(s^2+4)^2}$；（4）$\dfrac{e^{-\frac{5}{3}s}}{s}$.

3.（1）$\dfrac{3}{2a}\sin at-\dfrac{1}{2}t\cos at$；（2）$\dfrac{3}{5}e^{2t}+\dfrac{2}{5}e^{-3t}$；（3）$\mathrm{sh}t-t$；（4）$\dfrac{1}{3}\sin t-\dfrac{1}{6}\sin2t$.

4.（1）$y(t)=-2\sin t-\cos2t$；（2）$y(t)=te^t\sin t$；

（3）$y(t)=\dfrac{1}{10}e^{2t}-\dfrac{1}{2}+\dfrac{2}{5}\cos t-\dfrac{1}{5}\sin t$；（4）$\begin{cases}x(t)=\dfrac{1}{3}e^t+\dfrac{2}{3}\cos2t+\dfrac{1}{3}\sin2t\\y(t)=\dfrac{2}{3}e^t-\dfrac{2}{3}\cos2t-\dfrac{1}{3}\sin2t\end{cases}$.

5. 略.

第十一章　线性代数

一、知识剖析

（一）知识网络

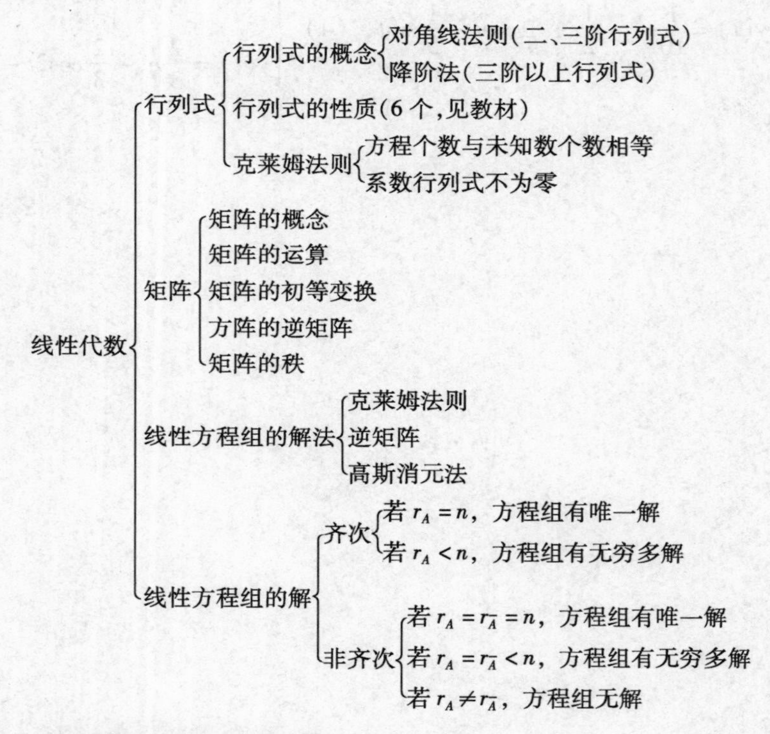

（二）知识重点与学习要求

1）理解行列式的概念，元素的余子式、代数余子式的概念；掌握二、三阶行列式展开的对角线法则；掌握行列式按一行(列)展开的方法.

2）熟练掌握上、下三角行列式的计算方法；掌握行列式的性质，会用行列式的性质计算行列式的值.

3）掌握克莱姆法则.

4）理解矩阵的定义，清楚地认识矩阵与行列式的区别；掌握矩阵的加、减、数乘、乘法、转置以及方阵的幂、方阵对应的行列式的计算方法和有关性质，掌握这些运算的前提条件.

5）理解逆矩阵的概念，掌握用伴随矩阵求二、三阶矩阵逆矩阵的方法.

6）理解初等变换、矩阵的秩、阶梯形矩阵、简化阶梯形矩阵、初等矩阵的概念；掌握用矩阵的初等变换求矩阵的秩的方法；了解左乘初等矩阵、右乘初等矩阵对矩阵所做的初等变换；掌握使用初等变换求逆矩阵的方法.

7）理解线性方程组的通解、特解的定义；掌握用消元法解线性方程组的方法；掌握用系数矩阵和增广矩阵的秩判断线性方程组解的方法.

（三）概念理解与方法掌握

1. 行列式的概念

行列式是人们在研究线性方程组的解的需求中建立起来的，是解线性方程组的重要工具，行列式是一个“运算符号”，它的行数和列数相等，称为行列式的阶数. 行列式在展开后，得到一个常数. 其计算方式是按一行或一列展开. 对于行列式中的某元素，在原行列式中去掉此元素所在的行和列，其他元素按原来的位置不变，得到的行列式称为此元素的余子式，这个余子式再乘以$(-1)^{i+j}$，其中i表示此元素的所在的行数，j代表此元素所在的列数，所得到的带符号的行列式称为此元素的代数余子式.

例如，$\begin{vmatrix}1 & 2 & -3 & 0\\4 & -1 & 2 & -5\\2 & 1 & -3 & 4\\0 & 2 & -1 & 3\end{vmatrix}$为一个四阶行列式，第二行第三列元素2的余子式为去掉第二行第三列元素的行列式$\begin{vmatrix}1 & 2 & 0\\2 & 1 & 4\\0 & 2 & 3\end{vmatrix}$，其代数余子式为

$$(-1)^{2+3}\begin{vmatrix}1 & 2 & 0\\2 & 1 & 4\\0 & 2 & 3\end{vmatrix}=-\begin{vmatrix}1 & 2 & 0\\2 & 1 & 4\\0 & 2 & 3\end{vmatrix}.$$

2. 行列式的性质

行列式有6条性质，使用行列式的性质可以简化行列式的计算，用得比较多的是性质5，即行列式一行(或列)乘以一个非零的常数c加到另一行(或列)上，行列式的值不变. 一般用来把所给行列式化成上(下)三角行列式，从而求出其值.

上(下)三角行列式的值等于主对角线上各元素的乘积，即

$$\begin{vmatrix} a_{11} & a_{12} & a_{13} & \cdots & a_{1n} \\ 0 & a_{22} & a_{23} & \cdots & a_{2n} \\ 0 & 0 & a_{33} & \cdots & a_{3n} \\ \vdots & \vdots & \vdots & & \vdots \\ 0 & 0 & 0 & \cdots & a_{nn} \end{vmatrix} = \begin{vmatrix} a_{11} & 0 & 0 & \cdots & 0 \\ a_{21} & a_{22} & 0 & \cdots & 0 \\ a_{31} & a_{32} & a_{33} & \cdots & 0 \\ \vdots & \vdots & \vdots & & \vdots \\ a_{n1} & a_{n2} & a_{n3} & \cdots & a_{nn} \end{vmatrix} = a_{11}a_{22}\cdots a_{nn}.$$

行列式计算：用行列式的定义和性质来计算行列式的值. 二、三阶行列式使用对角线法则，四阶以上行列式可以使用降阶法(按行或列展开)或使用行列式的性质，一般能把行列式化为上(下)三角行列式的就化为三角行列式.

3. 克莱姆法则

可以求解方程个数与未知量个数相同且系数行列式不等于零的线性方程组. 此种方法是用行列式来求线性方程组的解.

4. 矩阵

(1) 矩阵的概念　矩阵就是一个矩形数表. 高斯消元法就是把线性方程组转化成矩阵的形式，进而对矩阵实行初等行变换，最终求出方程组的解的一种方法. 可见，矩阵是解线性方程组的一个有利工具. 注意理解行矩阵、列矩阵、单位矩阵、零矩阵的概念.

(2) 矩阵的计算　矩阵的运算包括：加、减、数乘、乘积、矩阵的转置、方阵的幂、方阵对应的行列式.

注意：

1) 矩阵的乘法要求左边矩阵的列数与右边矩阵的行数相等，否则两矩阵不能做乘法.

2) 矩阵的乘法一般不满足交换律，即 $\boldsymbol{AB}\neq\boldsymbol{BA}$.

3) 任何矩阵与单位矩阵相乘都等于与它本身.

4) 矩阵的乘法不满足消去律，即 $\boldsymbol{AB}=\boldsymbol{AC}$ 一般不能推出 $\boldsymbol{B}=\boldsymbol{C}$.

5) $\boldsymbol{A}\neq\boldsymbol{O}$ 且 $\boldsymbol{B}\neq\boldsymbol{O}$，但可能有 $\boldsymbol{AB}=\boldsymbol{O}$.

5. 逆矩阵

对于方阵 $\boldsymbol{A}$，如果有方阵 $\boldsymbol{C}$，使得 $\boldsymbol{CA}=\boldsymbol{AC}=\boldsymbol{E}$，则称 $\boldsymbol{C}$ 为 $\boldsymbol{A}$ 的逆矩阵，记作 $\boldsymbol{A}^{-1}$.

注意：方阵 $\boldsymbol{A}$ 可逆的充要条件是 $|\boldsymbol{A}|\neq 0$；若方阵可逆，则它是满秩的(秩等于行数)；若方阵可逆，则它是非奇异的. 求逆矩阵应先判断方阵是否可逆，再用 $\boldsymbol{A}^{-1}=\dfrac{\boldsymbol{A}^*}{|\boldsymbol{A}|}$ 求出，其中 $\boldsymbol{A}^*$ 为 $\boldsymbol{A}$ 的伴随矩阵.

6. 矩阵的秩

(1) 矩阵的秩的概念

1) 矩阵中不等于零的子式的最高阶数. 要理解什么是矩阵的子式.

2）矩阵经过初等变换化为阶梯形矩阵后，阶梯形矩阵中不全为零的行（列）的个数.

一般来说，求矩阵的秩使用初等变换把矩阵化为阶梯形矩阵，找出不全为零的行（列）的个数即可. 注意：矩阵的行秩与列秩相等.

（2）矩阵的初等变换　矩阵有三种初等变换：矩阵某两行（列）互相交换；矩阵某行（列）乘以一个不为零的常数；矩阵的某行（列）乘以一个常数加到另一行（列）上.

矩阵的初等变换包括行初等变换和列初等变换，矩阵的初等变换是求逆矩阵（使用行或列变换其中之一）、求矩阵的秩（行、列变换可混合使用）、解线性方程组（只能使用初等行变换）的有利工具.

（3）理解阶梯形矩阵与简化阶梯形矩阵的概念　定义见教材第 158 页. 例如，下列矩阵

$$\boldsymbol{A}=\begin{pmatrix}1&3&5&-2\\0&-1&2&4\\0&0&0&3\\0&0&0&0\end{pmatrix},\ \boldsymbol{B}=\begin{pmatrix}1&2&0&0\\0&0&1&0\\0&0&0&1\\0&0&0&0\end{pmatrix},$$

$$\boldsymbol{C}=\begin{pmatrix}1&-2&1&3\\0&1&4&2\\0&0&1&-5\\0&0&0&0\end{pmatrix},\ \boldsymbol{D}=\begin{pmatrix}1&0&0&0&2\\0&1&0&0&-3\\0&0&1&0&5\\0&0&0&1&4\end{pmatrix}.$$

其中，$\boldsymbol{A}$，$\boldsymbol{C}$ 为行阶梯形矩阵；$\boldsymbol{B}$，$\boldsymbol{D}$ 为行最简形矩阵.

注意：求矩阵的秩，把矩阵化为阶梯形矩阵即可；用“高斯消元法”解线性方程组，要把增广矩阵化为“行最简形矩阵”.

（4）初等矩阵　初等矩阵是由单位矩阵经过初等变换得到的. 初等矩阵的作用为：初等矩阵左乘矩阵 $\boldsymbol{A}$，相当于对 $\boldsymbol{A}$ 进行初等行变换；初等矩阵右乘矩阵 $\boldsymbol{A}$，相当于对 $\boldsymbol{A}$ 进行初等列变换.

（5）方阵的逆矩阵的另一种求法

$$(\boldsymbol{A}\,\vdots\,\boldsymbol{E})\xrightarrow{\text{初等行变换}}(\boldsymbol{E}\,\vdots\,\boldsymbol{A}^{-1})，\text{或}\begin{pmatrix}\boldsymbol{A}\\\cdots\\\boldsymbol{E}\end{pmatrix}\xrightarrow{\text{初等列变换}}\begin{pmatrix}\boldsymbol{E}\\\cdots\\\boldsymbol{A}^{-1}\end{pmatrix}，$$
即当 $\boldsymbol{A}$ 变换为 $\boldsymbol{E}$，$\boldsymbol{E}$ 就变换为 $\boldsymbol{A}$ 的逆矩阵.

7. 一般线性方程组的解

（1）线性方程组　一般由 m 个方程 n 个未知数构成，未知数的次数都是一次，这样的方程组称为线性方程组. 若线性方程组等号右边的常数项 b_1，b_2，…，b_m 不全为零，即

$$\begin{cases} a_{11}x_1+a_{12}x_2+\cdots+a_{1n}x_n=b_1 \\ a_{21}x_1+a_{22}x_2+\cdots+a_{2n}x_n=b_2 \\ \qquad\vdots \\ a_{m1}x_1+a_{m2}x_2+\cdots+a_{mn}x_n=b_m \end{cases}$$ 对应的矩阵为 $\overline{\boldsymbol{A}}=\begin{pmatrix} a_{11} & a_{12} & \cdots & a_{1n} & b_1 \\ a_{21} & a_{22} & \cdots & a_{2n} & b_2 \\ \vdots & \vdots & & \vdots & \vdots \\ a_{m1} & a_{m2} & \cdots & a_{mn} & b_m \end{pmatrix}$，

称此方程组为非齐次线性方程组，$\overline{\boldsymbol{A}}$ 为方程组的增广矩阵. $\boldsymbol{A}=\begin{pmatrix} a_{11} & a_{12} & \cdots & a_{1n} \\ a_{21} & a_{22} & \cdots & a_{2n} \\ \vdots & \vdots & & \vdots \\ a_{m1} & a_{m2} & \cdots & a_{mn} \end{pmatrix}$为方程组的系数矩阵. r_A 表示系数矩阵的秩，$r_{\overline{A}}$表示增广矩阵的秩，n 表示未知数个数.

若线性方程组的常数项 b_1，b_2，…，b_m 全部为零，即

$$\begin{cases} a_{11}x_1+a_{12}x_2+\cdots+a_{1n}x_n=0 \\ a_{21}x_1+a_{22}x_2+\cdots+a_{2n}x_n=0 \\ \qquad\vdots \\ a_{m1}x_1+a_{m2}x_2+\cdots+a_{mn}x_n=0 \end{cases},$$

称此方程组为齐次线性方程组.

（2）高斯消元法　它是解线性方程组最常用的方法. 方法为：将线性方程组转化为增广矩阵，再对此矩阵进行初等变换，最终将增广矩阵变为行最简形矩阵，从而得出方程组的解.

（3）线性方程组的解　满足方程组的一组常数称为方程组的一组解或特解；方程组的所有解称为方程组的通解. 解齐次线性方程组用系数矩阵的初等行变换求解即可. 因为不管用哪种初等变换，其常数项总是零，但求解时要记得省略了一列全为零的常数项. 非齐次线性方程组用增广矩阵的初等行变换来求解.

对于齐次线性方程组，若 $r_A=n$，则方程组只有零解；若 $r_A<n$，则方程组有无穷多解(或非零解).

对于非齐次线性方程组，若 $r_{\overline{A}}=r_A=n$，则方程组有唯一解；若 $r_{\overline{A}}=r_A<n$，则方程组有无穷多解；若 $r_{\overline{A}}\neq r_A$，则方程组无解.

8. 基本计算方法总结

（1）行列式计算　用行列式的定义和性质来计算行列式的值. 二、三阶行列式使用对角线法则，四阶以上行列式可以使用降阶法(按行或列展开)或使用行列式的性质，把行列式化为上(下)三角行列式来计算.

（2）矩阵的运算　矩阵的运算分为：加、减、数乘、乘积、矩阵的转置、方阵的幂、方阵对应的行列式，要明确这些运算的前提条件、能够运用的运算律. 例如，矩阵相加减必须保证两矩阵的行数和列数对应相等，矩阵的乘法必须

满足左矩阵的列数等于右矩阵的行数等.

（3）求矩阵的秩　求矩阵的秩有以下两种方法.

1）求矩阵中不等于零的子式的最高阶数，即从矩阵中的最高阶子式开始计算，一阶一阶递减求下去，其 r 阶子式中至少有一个不为零，$r+1$ 阶子式全为零，则 r 为此矩阵的秩.

2）用矩阵的初等变换(行或列)，化为阶梯形矩阵，阶梯形矩阵中不全为零的行(列)数，即为矩阵的秩.

（4）求方阵的逆矩阵　逆矩阵的求法有两种.

1）用伴随矩阵法：$\boldsymbol{A}^{-1}=\dfrac{1}{|\boldsymbol{A}|}\boldsymbol{A}^{*}$，$\boldsymbol{A}^{*}=\begin{pmatrix} A_{11} & A_{21} & \cdots & A_{n1} \\ A_{12} & A_{22} & \cdots & A_{n2} \\ \vdots & \vdots & & \vdots \\ A_{1n} & A_{2n} & \cdots & A_{nn} \end{pmatrix}$，其中 A_{ij} 是元素 a_{ij} 的代数余子式.

2）用初等行变换法：$(\boldsymbol{A} \vdots \boldsymbol{E}) \xrightarrow{\text{初等行变换}} (\boldsymbol{E} \vdots \boldsymbol{A}^{-1})$.

（5）线性方程组的求解方法

1）克莱姆法则、逆矩阵法(方程个数与未知数个数相同的方程).

2）高斯消元法：适用于任何类型的线性方程组.

二、例题解析

例1　计算下列行列式.

(1) $\begin{vmatrix} -1 & 1 & 2 \\ 0 & 2 & 5 \\ -2 & 1 & 3 \end{vmatrix}$；　　(2) $\begin{vmatrix} 3 & -1 & -1 & -2 \\ 1 & 1 & 2 & 3 \\ 2 & 3 & -1 & -1 \\ 1 & 2 & 3 & -1 \end{vmatrix}$.

解　(1) 三阶行列式可采用对角线法则、降阶法、用性质化为上(下)三角行列式的方法来解.

方法1：对角线法则.

$\begin{vmatrix} -1 & 1 & 2 \\ 0 & 2 & 5 \\ -2 & 1 & 3 \end{vmatrix} = -1\times2\times3+0\times1\times2+1\times5\times(-2)-2\times2\times(-2)-5\times1\times(-1)-1\times0\times3=-3.$

方法2：降阶法(行列式可按一行或列展开)，一般选择含“0”个数多的行或列. 我们按第一列展开.

$$\begin{vmatrix} -1 & 1 & 2 \\ 0 & 2 & 5 \\ -2 & 1 & 3 \end{vmatrix} = (-1)\times(-1)^{1+1}\begin{vmatrix} 2 & 5 \\ 1 & 3 \end{vmatrix} + (-2)\times(-1)^{3+1}\begin{vmatrix} 1 & 2 \\ 2 & 5 \end{vmatrix}$$

$$= -1-2 = -3.$$

方法 3：用性质化为上(下)三角行列式.

$$\begin{vmatrix} -1 & 1 & 2 \\ 0 & 2 & 5 \\ -2 & 1 & 3 \end{vmatrix} \xlongequal{(3)+(-2)\times(1)} \begin{vmatrix} -1 & 1 & 2 \\ 0 & 2 & 5 \\ 0 & -1 & -1 \end{vmatrix} \xlongequal{(2)\leftrightarrow(3)} -\begin{vmatrix} -1 & 1 & 2 \\ 0 & -1 & -1 \\ 0 & 2 & 5 \end{vmatrix}$$

$$\xlongequal{(3)+2\times(2)} -\begin{vmatrix} -1 & 1 & 2 \\ 0 & -1 & -1 \\ 0 & 0 & 3 \end{vmatrix} = -3.$$

(2) 三阶以上行列式用降阶法或用性质化为上(下)三角行列式，后一种方法用得较多.

$$\begin{vmatrix} 3 & -1 & -1 & -2 \\ 1 & 1 & 2 & 3 \\ 2 & 3 & -1 & -1 \\ 1 & 2 & 3 & -1 \end{vmatrix} \xlongequal{(1)\leftrightarrow(2)} -\begin{vmatrix} 1 & 1 & 2 & 3 \\ 3 & -1 & -1 & -2 \\ 2 & 3 & -1 & -1 \\ 1 & 2 & 3 & -1 \end{vmatrix} \xlongequal[(4)+(-1)\times(1)]{(2)+(-3)\times(1) \atop (3)+(-2)\times(1)}$$

$$-\begin{vmatrix} 1 & 1 & 2 & 3 \\ 0 & -4 & -7 & -11 \\ 0 & 1 & -5 & -7 \\ 0 & 1 & 1 & -4 \end{vmatrix} \xlongequal{(2)\leftrightarrow(4)} \begin{vmatrix} 1 & 1 & 2 & 3 \\ 0 & 1 & 1 & -4 \\ 0 & 1 & -5 & -7 \\ 0 & -4 & -7 & -11 \end{vmatrix} \xlongequal[(4)+4\times(2)]{(3)+(-1)\times(2)}$$

$$\begin{vmatrix} 1 & 1 & 2 & 3 \\ 0 & 1 & 1 & -4 \\ 0 & 0 & -6 & -3 \\ 0 & 0 & -3 & -27 \end{vmatrix} \xlongequal{(3)\leftrightarrow(4)} -\begin{vmatrix} 1 & 1 & 2 & 3 \\ 0 & 1 & 1 & -4 \\ 0 & 0 & -3 & -27 \\ 0 & 0 & -6 & -3 \end{vmatrix} \xlongequal{(4)+(-2)\times(3)}$$

$$-\begin{vmatrix} 1 & 1 & 2 & 3 \\ 0 & 1 & 1 & -4 \\ 0 & 0 & -3 & -27 \\ 0 & 0 & 0 & 51 \end{vmatrix} = 153.$$

例 2　计算下列行列式.

(1) $\begin{vmatrix} 2 & 1 & 1 & 1 & 1 \\ 1 & 3 & 1 & 1 & 1 \\ 1 & 1 & 4 & 1 & 1 \\ 1 & 1 & 1 & 5 & 1 \\ 1 & 1 & 1 & 1 & 6 \end{vmatrix}$；　(2) $\begin{vmatrix} a & b & 0 & \cdots & 0 & 0 \\ 0 & a & b & \cdots & 0 & 0 \\ \vdots & \vdots & \vdots & & \vdots & \vdots \\ 0 & 0 & 0 & \cdots & a & b \\ b & 0 & 0 & \cdots & 0 & a \end{vmatrix}$ (n 阶)；

$$(3)\begin{vmatrix}1+a_1 & 2+a_1 & \cdots & n+a_1\\ 1+a_2 & 2+a_2 & \cdots & n+a_2\\ \vdots & \vdots & & \vdots\\ 1+a_n & 2+a_n & \cdots & n+a_n\end{vmatrix};\ (4)\begin{vmatrix}a_1-b & a_2 & \cdots & a_n\\ a_1 & a_2-b & \cdots & a_n\\ \vdots & \vdots & & \vdots\\ a_1 & a_2 & \cdots & a_n-b\end{vmatrix}.$$

解　(1)

$$\begin{vmatrix}2&1&1&1&1\\1&3&1&1&1\\1&1&4&1&1\\1&1&1&5&1\\1&1&1&1&6\end{vmatrix}\xlongequal[(2)-(1)]{(5)-(4)\ (4)-(3)\ (3)-(2)}\begin{vmatrix}2&1&1&1&1\\-1&2&0&0&0\\0&-2&3&0&0\\0&0&-3&4&0\\0&0&0&-4&5\end{vmatrix}\xlongequal{\text{按第一列展开}}$$

$$2\times\begin{vmatrix}2&0&0&0\\-2&3&0&0\\0&-3&4&0\\0&0&-4&5\end{vmatrix}+\begin{vmatrix}1&1&1&1\\-2&3&0&0\\0&-3&4&0\\0&0&-4&5\end{vmatrix}\xlongequal[\text{后式按第一列展开}]{\text{前式是下三角行列式}}$$

$$2\times120+1\times\begin{vmatrix}3&0&0\\-3&4&0\\0&-4&5\end{vmatrix}+(-1)^{2+1}\times(-2)\begin{vmatrix}1&1&1\\-3&4&0\\0&-4&5\end{vmatrix}$$

$$=240+60+2\times\left(\begin{vmatrix}4&0\\-4&5\end{vmatrix}+3\times\begin{vmatrix}1&1\\-4&5\end{vmatrix}\right)=240+60+2\times(20+27)=394.$$

注意：1）此题用到下三角行列式，其值等于主对角线(从左向右)上各元素的乘积.

$$\begin{vmatrix}2&0&0&0\\-2&3&0&0\\0&-3&4&0\\0&0&-4&5\end{vmatrix}=2\times3\times4\times5=120.$$

2）用到行列式可以按一行(列)展开，即行列式的值等于它某一行乘以它各元素对应的代数余子式，再相加.

$$(2)\begin{vmatrix}a&b&0&\cdots&0&0\\0&a&b&\cdots&0&0\\\vdots&\vdots&\vdots&&\vdots&\vdots\\0&0&0&\cdots&a&b\\b&0&0&\cdots&0&a\end{vmatrix}\xlongequal{\text{按第一行展开}}a\times\begin{vmatrix}a&b&\cdots&0&0\\\vdots&\vdots&&\vdots&\vdots\\0&0&\cdots&a&b\\0&0&\cdots&0&a\end{vmatrix}+$$

$$(-1)^{1+2}b\begin{vmatrix}0&b&\cdots&0&0\\\vdots&\vdots&&\vdots&\vdots\\0&0&\cdots&a&b\\b&0&\cdots&0&a\end{vmatrix}\xlongequal{\text{第二式按第一列展开}}a^n+(-1)^{n+1}b^n.$$

(3) $$\begin{vmatrix} 1+a_1 & 2+a_1 & \cdots & n+a_1 \\ 1+a_2 & 2+a_2 & \cdots & n+a_2 \\ \vdots & \vdots & & \vdots \\ 1+a_n & 2+a_n & \cdots & n+a_n \end{vmatrix} \xlongequal{\text{第一列乘}(-1)\text{加到各列上}}$$

$$\begin{vmatrix} 1+a_1 & 1 & \cdots & n-1 \\ 1+a_2 & 1 & \cdots & n-1 \\ \vdots & \vdots & & \vdots \\ 1+a_n & 1 & \cdots & n-1 \end{vmatrix} = 0.$$

注意：两行(列)元素对应成比例，行列式为零.

(4) $$\begin{vmatrix} a_1-b & a_2 & \cdots & a_n \\ a_1 & a_2-b & \cdots & a_n \\ \vdots & \vdots & & \vdots \\ a_1 & a_2 & \cdots & a_n-b \end{vmatrix} \xlongequal{\text{后一行乘}(-1)\text{加到前一行上}}$$

$$\begin{vmatrix} -b & b & 0 & 0 & \cdots & 0 & 0 \\ 0 & -b & b & 0 & \cdots & 0 & 0 \\ 0 & 0 & -b & b & \cdots & 0 & 0 \\ \vdots & \vdots & \vdots & \vdots & & \vdots & \vdots \\ 0 & 0 & 0 & 0 & \cdots & -b & b \\ a_1 & a_2 & a_3 & a_4 & \cdots & a_{n-1} & a_n-b \end{vmatrix}$$

$$\xlongequal{\text{其他各列加到第一列上}} \begin{vmatrix} 0 & b & 0 & 0 & \cdots & 0 & 0 \\ 0 & -b & b & 0 & \cdots & 0 & 0 \\ 0 & 0 & -b & b & \cdots & 0 & 0 \\ \vdots & \vdots & \vdots & \vdots & & \vdots & \vdots \\ 0 & 0 & 0 & 0 & \cdots & -b & b \\ \sum_{i=1}^{n} a_i - b & a_2 & a_3 & a_4 & \cdots & a_{n-1} & a_n-b \end{vmatrix}$$

$$\xlongequal{\text{按第一列展开}} (-1)^{n+1}\left(\sum_{i=1}^{n} a_i - b\right) \begin{vmatrix} b & 0 & 0 & 0 & \cdots & 0 & 0 \\ -b & b & 0 & 0 & \cdots & 0 & 0 \\ 0 & -b & b & 0 & \cdots & 0 & 0 \\ \vdots & \vdots & \vdots & \vdots & & \vdots & \vdots \\ 0 & 0 & 0 & 0 & \cdots & -b & b \end{vmatrix}$$

$$= (-1)^{n+1}\left(\sum_{i=1}^{n} a_i - b\right) b^{n-1} = (-b)^{n-1}\left(\sum_{i=1}^{n} a_i - b\right).$$

例3　说明下列齐次线性方程组$\begin{cases} x_1+x_2+x_3+x_4=0 \\ -x_1+x_2+x_3+x_4=0 \\ -x_1-x_2+x_3+x_4=0 \\ -x_1-x_2-x_3+x_4=0 \end{cases}$是否只有零解.

分析：若齐次线性方程组的系数行列式不等于零，则这个方程组只有零解. 也就是说，如果齐次线性方程组有非零解，那么它的系数行列式一定等于零.

解　由于方程的系数行列式

$$\begin{vmatrix} 1 & 1 & 1 & 1 \\ -1 & 1 & 1 & 1 \\ -1 & -1 & 1 & 1 \\ -1 & -1 & -1 & 1 \end{vmatrix} \xlongequal[(4)+(1)]{\substack{(2)+(1)\\(3)+(1)}} \begin{vmatrix} 1 & 1 & 1 & 1 \\ 0 & 2 & 2 & 2 \\ 0 & 0 & 2 & 2 \\ 0 & 0 & 0 & 2 \end{vmatrix} = 8 \neq 0,$$

所以,此线性方程组只有零解.

例4　当k为何值时,齐次线性方程组$\begin{cases} x_1+x_2+kx_3=0 \\ -x_1+kx_2+x_3=0 \\ x_1-x_2+2x_3=0 \end{cases}$有非零解?

解　齐次方程组有非零解,则其系数行列式等于零. 由于

$$\begin{vmatrix} 1 & 1 & k \\ -1 & k & 1 \\ 1 & -1 & 2 \end{vmatrix} \xlongequal[(3)+(-1)\times(1)]{(2)+(1)} \begin{vmatrix} 1 & 1 & k \\ 0 & k+1 & 1+k \\ 0 & -2 & 2-k \end{vmatrix}$$

$$=(1+k)\begin{vmatrix} 1 & 1 & k \\ 0 & 1 & 1 \\ 0 & -2 & 2-k \end{vmatrix} \xlongequal{(3)+2\times(2)} (1+k)\begin{vmatrix} 1 & 1 & k \\ 0 & 1 & 1 \\ 0 & 0 & 4-k \end{vmatrix},$$

为使方程组有非零解，需$(1+k)\begin{vmatrix} 1 & 1 & k \\ 0 & 1 & 1 \\ 0 & 0 & 4-k \end{vmatrix}=0$，即$(1+k)(4-k)=0$. 即当$k=-1$或$k=4$时，方程组有非零解.

例5　求作一个二次多项式$f(x)$，使得$f(1)=1$，$f(2)=3$，$f(-1)=9$.

解　设$f(x)=ax^2+bx+c$，代入$f(1)=1$，$f(2)=3$，$f(-1)=9$，得

$$\begin{cases} a+b+c=1 \\ 4a+2b+c=3. \\ a-b+c=9 \end{cases}$$

解此线性方程组，使用高斯消元法，有

$$\overline{A}=\left(\begin{array}{ccc:c}1&1&1&1\\4&2&1&3\\1&-1&1&9\end{array}\right)\xrightarrow[(3)+(-1)\times(1)]{(2)+(-4)\times(1)}\left(\begin{array}{ccc:c}1&1&1&1\\0&-2&-3&-1\\0&-2&0&8\end{array}\right)\xrightarrow{(3)\leftrightarrow(2)}\left(\begin{array}{ccc:c}1&1&1&1\\0&-2&0&8\\0&-2&-3&-1\end{array}\right)$$

$$\xrightarrow{\left(-\frac{1}{2}\right)\times(2)}\left(\begin{array}{ccc:c}1&1&1&1\\0&1&0&-4\\0&-2&-3&-1\end{array}\right)\xrightarrow[(3)+2\times(2)]{(1)+(-1)\times(2)}\left(\begin{array}{ccc:c}1&0&1&5\\0&1&0&-4\\0&0&-3&-9\end{array}\right)\xrightarrow{\left(-\frac{1}{3}\right)\times(3)}$$

$$\left(\begin{array}{ccc:c}1&0&1&5\\0&1&0&-4\\0&0&1&3\end{array}\right)\xrightarrow{(1)+(-1)\times(3)}\left(\begin{array}{ccc:c}1&0&0&2\\0&1&0&-4\\0&0&1&3\end{array}\right).$$

由上式得$\begin{cases}a=2\\b=-4\\c=3\end{cases}$，所以 $f(x)=2x^2-4x+3$.

注意：高斯消元法对矩阵的变换是初等行变换.

例 6　设 $\boldsymbol{A}$，$\boldsymbol{B}$ 均为 n 阶矩阵，$\boldsymbol{A}\neq\boldsymbol{O}$，且 $\boldsymbol{AB}=\boldsymbol{O}$，则下列结论必成立的是(　　).

A. $\boldsymbol{BA}=\boldsymbol{O}$　　B. $\boldsymbol{B}=\boldsymbol{O}$　　C. $(\boldsymbol{A}+\boldsymbol{B})(\boldsymbol{A}-\boldsymbol{B})=\boldsymbol{A}^2-\boldsymbol{B}^2$

D. $(\boldsymbol{A}-\boldsymbol{B})^2=\boldsymbol{A}^2+\boldsymbol{BA}-\boldsymbol{B}^2$　　E. $|3\boldsymbol{A}|=3|\boldsymbol{A}|$

F. 若 $|\boldsymbol{A}|\neq 0$，且 $\boldsymbol{AB}=\boldsymbol{O}$，则 $\boldsymbol{B}=\boldsymbol{O}$

解　A 不成立. 因为矩阵的乘法不满足交换律.

B 不成立. 如 $\boldsymbol{A}=\begin{pmatrix}0&1\\0&2\end{pmatrix}$，$\boldsymbol{B}=\begin{pmatrix}0&3\\0&0\end{pmatrix}$，$\boldsymbol{AB}=\boldsymbol{O}$，但 $\boldsymbol{B}\neq\boldsymbol{O}$.

C 不成立. 因为矩阵乘法满足左右分配率与结合律，不满足交换律.

$$(\boldsymbol{A}+\boldsymbol{B})(\boldsymbol{A}-\boldsymbol{B})=\boldsymbol{A}(\boldsymbol{A}-\boldsymbol{B})+\boldsymbol{B}(\boldsymbol{A}-\boldsymbol{B})=\boldsymbol{A}^2-\boldsymbol{AB}+\boldsymbol{BA}-\boldsymbol{B}^2,$$

又因为 $\boldsymbol{AB}\neq\boldsymbol{BA}$，且 $\boldsymbol{AB}=\boldsymbol{O}$，所以

$$(\boldsymbol{A}+\boldsymbol{B})(\boldsymbol{A}-\boldsymbol{B})=\boldsymbol{A}^2+\boldsymbol{BA}-\boldsymbol{B}^2.$$

由此可知选项 D 成立.

E 不成立. 设 $\boldsymbol{A}$ 为 n 阶矩阵，由于 $3\boldsymbol{A}$ 中的每项都有 3，每行提取一个公因子 3，可得行列式 $|3\boldsymbol{A}|=3^n|\boldsymbol{A}|$.

F 成立. 因为 $|\boldsymbol{A}|\neq 0$，其逆矩阵存在，又因为 $\boldsymbol{AB}=\boldsymbol{O}$，由 $\boldsymbol{B}=\boldsymbol{A}^{-1}\boldsymbol{AB}=\boldsymbol{A}^{-1}\boldsymbol{O}=\boldsymbol{O}$.

综上所述，选项 D 与 F 为正确答案.

例 7　求矩阵 $\boldsymbol{A}=\begin{pmatrix}1&2&3\\2&-1&2\\1&3&0\end{pmatrix}$ 的逆矩阵.

解　求矩阵的逆矩阵一般使用两种方法：伴随矩阵法和初等变换法.

方法1：伴随矩阵法. 当$|\boldsymbol{A}|\neq 0$时，$\boldsymbol{A}^{-1}=\frac{1}{|\boldsymbol{A}|}\boldsymbol{A}^{*}$. 因为

$$|\boldsymbol{A}|=\begin{vmatrix}1&2&3\\2&-1&2\\1&3&0\end{vmatrix}=19\neq 0,$$

所以该矩阵可逆. 下面求A的伴随矩阵A^{*}.

$A_{11}=(-1)^{1+1}\begin{vmatrix}-1&2\\3&0\end{vmatrix}=-6$，$A_{12}=(-1)^{1+2}\begin{vmatrix}2&2\\1&0\end{vmatrix}=2$，$A_{13}=(-1)^{1+3}\begin{vmatrix}2&-1\\1&3\end{vmatrix}=7$；$A_{21}=(-1)^{2+1}\begin{vmatrix}2&3\\3&0\end{vmatrix}=9$，$A_{22}=(-1)^{2+2}\begin{vmatrix}1&3\\1&0\end{vmatrix}=-3$，$A_{23}=(-1)^{2+3}\begin{vmatrix}1&2\\1&3\end{vmatrix}=-1$；$A_{31}=(-1)^{3+1}\begin{vmatrix}2&3\\-1&2\end{vmatrix}=7$，$A_{32}=(-1)^{3+2}\begin{vmatrix}1&3\\2&2\end{vmatrix}=4$，$A_{33}=(-1)^{3+3}\begin{vmatrix}1&2\\2&-1\end{vmatrix}=-5$.

$$\boldsymbol{A}^{*}=\begin{pmatrix}-6&9&7\\2&-3&4\\7&-1&-5\end{pmatrix}，所以\boldsymbol{A}^{-1}=\frac{1}{19}\begin{pmatrix}-6&9&7\\2&-3&4\\7&-1&-5\end{pmatrix}.$$

方法2：初等变换法. $(\boldsymbol{A}\vdots\boldsymbol{E})\xrightarrow{初等行变换}(\boldsymbol{E}\vdots\boldsymbol{A}^{-1})$或$\begin{pmatrix}\boldsymbol{A}\\ \cdots\\ \boldsymbol{E}\end{pmatrix}\xrightarrow{初等列变换}\begin{pmatrix}\boldsymbol{E}\\ \cdots\\ \boldsymbol{A}^{-1}\end{pmatrix}$.

$$因为\left(\begin{array}{ccc:ccc}1&2&3&1&0&0\\2&-1&2&0&1&0\\1&3&0&0&0&1\end{array}\right)\xrightarrow[(3)+(-1)\times(1)]{(2)+(-2)\times(1)}\left(\begin{array}{ccc:ccc}1&2&3&1&0&0\\0&-5&-4&-2&1&0\\0&1&-3&-1&0&1\end{array}\right)$$

$$\xrightarrow{(2)\leftrightarrow(3)}\left(\begin{array}{ccc:ccc}1&2&3&1&0&0\\0&1&-3&-1&0&1\\0&-5&-4&-2&1&0\end{array}\right)\xrightarrow[(3)+5\times(2)]{(1)+(-2)\times(2)}$$

$$\left(\begin{array}{ccc:ccc}1&0&9&3&0&-2\\0&1&-3&-1&0&1\\0&0&-19&-7&1&5\end{array}\right)\xrightarrow{-\frac{1}{19}\times(3)}\left(\begin{array}{ccc:ccc}1&0&9&3&0&-2\\0&1&-3&-1&0&1\\0&0&1&\frac{7}{19}&-\frac{1}{19}&-\frac{5}{19}\end{array}\right)\xrightarrow[(2)+3\times(3)]{(1)+(-9)\times(3)}$$

$$\left(\begin{array}{ccc:ccc}1&0&0&-\frac{6}{19}&\frac{9}{19}&\frac{7}{19}\\0&1&0&\frac{2}{19}&-\frac{3}{19}&\frac{4}{19}\\0&0&1&\frac{7}{19}&-\frac{1}{19}&-\frac{5}{19}\end{array}\right),$$

所以 $A^{-1}=\frac{1}{19}\begin{pmatrix}-6 & 9 & 7\\ 2 & -3 & 4\\ 7 & -1 & -5\end{pmatrix}$.

注意：一般二、三阶矩阵求逆矩阵用伴随矩阵法，三阶以上矩阵求逆矩阵使用初等变换法(用初等行变换).

例 8　求矩阵 $A=\begin{pmatrix}1 & -1 & -1 & 1\\ 2 & 1 & 1 & 2\\ 2 & -2 & -2 & 2\\ 4 & 2 & 2 & 4\end{pmatrix}$ 的秩.

解　求矩阵的秩有两种方法：求最高阶不为零的子式；初等变换化成阶梯形矩阵.

由于用子式法求矩阵的秩比较烦琐，所以一般采用初等变换法. 做变换时，可以混合使用行或列初等变换，因为矩阵的行的秩等于列的秩.

$$A=\begin{pmatrix}1 & -1 & -1 & 1\\ 2 & 1 & 1 & 2\\ 2 & -2 & -2 & 2\\ 4 & 2 & 2 & 4\end{pmatrix}\xrightarrow[(4)+(-4)\times(1)]{\substack{(2)+(-2)\times(1)\\(3)+(-2)\times(1)}}\begin{pmatrix}1 & -1 & -1 & 1\\ 0 & 3 & 3 & 0\\ 0 & 0 & 0 & 0\\ 0 & 6 & 6 & 0\end{pmatrix}$$

$$\xrightarrow{(4)+(-2)\times(2)}\begin{pmatrix}1 & -1 & -1 & 1\\ 0 & 3 & 3 & 0\\ 0 & 0 & 0 & 0\\ 0 & 0 & 0 & 0\end{pmatrix}.$$

再也不能把某行元素全化为零了，不为零的行的个数为 2，所以矩阵的秩 $r=2$.

注意：求矩阵的秩可以混合使用行或列初等变换.

例 9　对于线性方程组 $\begin{cases}x_1+x_2+2x_3+3x_4=1\\ x_1+3x_2+6x_3+x_4=3\\ 3x_1-x_2-ax_3+15x_4=3\\ x_1-5x_2-10x_3+13x_4=b\end{cases}$，问 a，b 各为何值时，方程组无解？有唯一解？有无穷多解？当有无穷多解时，求出解来.

解　$\overline{A}=\left(\begin{array}{cccc|c}1 & 1 & 2 & 3 & 1\\ 1 & 3 & 6 & 1 & 3\\ 3 & -1 & -a & 15 & 3\\ 1 & -5 & -10 & 13 & b\end{array}\right)\xrightarrow[(4)+(-1)\times(1)]{\substack{(2)+(-1)\times(1)\\(3)+(-3)\times(1)}}\left(\begin{array}{cccc|c}1 & 1 & 2 & 3 & 1\\ 0 & 2 & 4 & -2 & 2\\ 0 & -4 & -6-a & 6 & 0\\ 0 & -6 & -12 & 10 & b-1\end{array}\right)$

$$\xrightarrow[(4)+3\times(2)]{(3)+2\times(2)}\left(\begin{array}{cccc|c}1 & 1 & 2 & 3 & 1\\0 & 2 & 4 & -2 & 2\\0 & 0 & 2-a & 2 & 4\\0 & 0 & 0 & 4 & b+5\end{array}\right).$$

由上式可以看出，若 $2-a\neq0$，则增广矩阵的秩与系数矩阵的秩相等，$r_A=r_{\overline{A}}=4$，即 $a\neq2$ 时，线性方程组有唯一解.

当 $a=2$ 时，增广矩阵变为

$$\overline{A}=\left(\begin{array}{cccc|c}1 & 1 & 2 & 3 & 1\\0 & 2 & 4 & -2 & 2\\0 & 0 & 0 & 2 & 4\\0 & 0 & 0 & 4 & b+5\end{array}\right)\xrightarrow{\frac{1}{2}\times(3)}\left(\begin{array}{cccc|c}1 & 1 & 2 & 3 & 1\\0 & 1 & 2 & -1 & 1\\0 & 0 & 0 & 1 & 2\\0 & 0 & 0 & 4 & b+5\end{array}\right)\xrightarrow{(1)+(-1)\times(2)}$$

$$\left(\begin{array}{cccc|c}1 & 0 & 0 & 4 & 0\\0 & 1 & 2 & -1 & 1\\0 & 0 & 0 & 1 & 2\\0 & 0 & 0 & 4 & b+5\end{array}\right)\xrightarrow[\substack{(2)+(3)\\(4)+(-4)\times(3)}]{(1)+(-4)\times(3)}\left(\begin{array}{cccc|c}1 & 0 & 0 & 0 & -8\\0 & 1 & 2 & 0 & 3\\0 & 0 & 0 & 1 & 2\\0 & 0 & 0 & 0 & b-3\end{array}\right).$$

由上式可知，若 $b\neq3$，$r_A=3$，$r_{\overline{A}}=4$，$r_A\neq r_{\overline{A}}$，则线性方程组无解.

当 $b=3$ 时，$r_A=r_{\overline{A}}=3<4$，线性方程组有无穷多解.

所以，当 $a\neq2$ 时方程组有唯一解；当 $a=2$，$b\neq3$ 时，方程组无解；当 $a=2$，$b=3$ 时，方程组有无穷多解，其解为 $\begin{cases}x_1=-8\\x_2=3-2x_3\\x_4=2\end{cases}$，$x_3$ 为自由未知量.

例 10　设方程组 $\begin{cases}x_1+2x_2+3x_3=\lambda x_1\\2x_1+x_2+3x_3=\lambda x_2\\3x_1+3x_2+6x_3=\lambda x_3\end{cases}$ 有非零解，试确定 λ 的值.

解　方程组可化为 $\begin{cases}(\lambda-1)x_1-2x_2-3x_3=0\\-2x_1+(\lambda-1)x_2-3x_3=0\\-3x_1-3x_2+(\lambda-6)x_3=0\end{cases}$，为齐次线性方程组. 若方程组有非零解，则系数行列式等于零，即 $\begin{vmatrix}\lambda-1 & -2 & -3\\-2 & \lambda-1 & -3\\-3 & -3 & \lambda-6\end{vmatrix}=0$. 注意到前两行第三个元素相同，采用下列解法：

$$\begin{vmatrix}\lambda-1 & -2 & -3\\-2 & \lambda-1 & -3\\-3 & -3 & \lambda-6\end{vmatrix}\overset{(1)+(-1)\times(2)}{=\!=\!=\!=}\begin{vmatrix}\lambda+1 & -1-\lambda & 0\\-2 & \lambda-1 & -3\\-3 & -3 & \lambda-6\end{vmatrix}\overset{[2]+[1]}{=\!=\!=}$$

$$\begin{vmatrix} \lambda+1 & 0 & 0 \\ -2 & \lambda-3 & -3 \\ -3 & -6 & \lambda-6 \end{vmatrix}=0.$$

上式按第一行展开，得

$$(\lambda+1)\begin{vmatrix} \lambda-3 & -3 \\ -6 & \lambda-6 \end{vmatrix}=(\lambda+1)[(\lambda-3)(\lambda-6)-18]=\lambda(\lambda+1)(\lambda-9)=0,$$

解得 $\lambda=-1, 0, 9$.

例 11　设矩阵 $\boldsymbol{A}=\begin{pmatrix} 1 & 0 & 1 \\ 1 & 2 & 2 \\ 1 & -2 & 0 \end{pmatrix}$，$\boldsymbol{B}=\begin{pmatrix} 0 & 0 & 1 \\ 1 & 0 & 1 \\ 1 & -3 & -1 \end{pmatrix}$，问是否存在 3 阶矩阵 $\boldsymbol{X}$，使 $\boldsymbol{AX}=\boldsymbol{BX}+\boldsymbol{A}$？若存在，则求出矩阵 $\boldsymbol{X}$.

解　由 $\boldsymbol{AX}=\boldsymbol{BX}+\boldsymbol{A}$，可得 $(\boldsymbol{A}-\boldsymbol{B})\boldsymbol{X}=\boldsymbol{A}$，$\boldsymbol{X}=(\boldsymbol{A}-\boldsymbol{B})^{-1}\boldsymbol{A}$.

又因为 $\boldsymbol{A}-\boldsymbol{B}=\begin{pmatrix} 1 & 0 & 0 \\ 0 & 2 & 1 \\ 0 & 1 & 1 \end{pmatrix}$，$|\boldsymbol{A}-\boldsymbol{B}|=1$，所以 $(\boldsymbol{A}-\boldsymbol{B})^{-1}$ 存在，下面求 $(\boldsymbol{A}-\boldsymbol{B})^{-1}$.

$$(\boldsymbol{A}-\boldsymbol{B} \vdots \boldsymbol{E})=\left(\begin{array}{ccc:ccc} 1 & 0 & 0 & 1 & 0 & 0 \\ 0 & 2 & 1 & 0 & 1 & 0 \\ 0 & 1 & 1 & 0 & 0 & 1 \end{array}\right)\xrightarrow{(2)\leftrightarrow(3)}\left(\begin{array}{ccc:ccc} 1 & 0 & 0 & 1 & 0 & 0 \\ 0 & 1 & 1 & 0 & 0 & 1 \\ 0 & 2 & 1 & 0 & 1 & 0 \end{array}\right)\xrightarrow{(3)+(-2)\times(2)}$$

$$\left(\begin{array}{ccc:ccc} 1 & 0 & 0 & 1 & 0 & 0 \\ 0 & 1 & 1 & 0 & 0 & 1 \\ 0 & 0 & -1 & 0 & 1 & -2 \end{array}\right)\xrightarrow[(-1)\times(3)]{(2)+(3)}\left(\begin{array}{ccc:ccc} 1 & 0 & 0 & 1 & 0 & 0 \\ 0 & 1 & 0 & 0 & 1 & -1 \\ 0 & 0 & 1 & 0 & -1 & 2 \end{array}\right),$$

所以 $(\boldsymbol{A}-\boldsymbol{B})^{-1}=\begin{pmatrix} 1 & 0 & 0 \\ 0 & 1 & -1 \\ 0 & -1 & 2 \end{pmatrix}$，$\boldsymbol{X}=(\boldsymbol{A}-\boldsymbol{B})^{-1}\boldsymbol{A}=\begin{pmatrix} 1 & 0 & 0 \\ 0 & 1 & -1 \\ 0 & -1 & 2 \end{pmatrix}\begin{pmatrix} 1 & 0 & 1 \\ 1 & 2 & 2 \\ 1 & -2 & 0 \end{pmatrix}$

$$=\begin{pmatrix} 1 & 0 & 1 \\ 0 & 4 & 2 \\ 1 & -6 & -2 \end{pmatrix}.$$

***例 12**（专接本增加内容）　设矩阵 $\boldsymbol{A}$ 可逆，求证 $\boldsymbol{A}^*$ 也可逆．并推出有关 $(\boldsymbol{A}^*)^{-1}$，$(\boldsymbol{A}^*)^*$ 的表达式.

证　若 $\boldsymbol{A}$ 可逆，则 $\boldsymbol{A}^{-1}=\dfrac{1}{|\boldsymbol{A}|}\boldsymbol{A}^*$，所以 $\boldsymbol{A}^*=|\boldsymbol{A}|\boldsymbol{A}^{-1}$；又因为 $\boldsymbol{AA}^{-1}=\boldsymbol{E}$，$|\boldsymbol{AA}^{-1}|=|\boldsymbol{E}|$，即 $|\boldsymbol{A}||\boldsymbol{A}^{-1}|=1$，所以 $|\boldsymbol{A}|\neq 0$，$|\boldsymbol{A}^{-1}|\neq 0$；$|\boldsymbol{A}^*|=||\boldsymbol{A}|\boldsymbol{A}^{-1}|=|\boldsymbol{A}|^n|\boldsymbol{A}^{-1}|=|\boldsymbol{A}|^{n-1}\neq 0$，所以 $\boldsymbol{A}^*$ 可逆．因为 $\boldsymbol{A}^*=\boldsymbol{A}^{-1}|\boldsymbol{A}|$，所以 $\boldsymbol{AA}^*=\boldsymbol{E}|\boldsymbol{A}|$，$\dfrac{\boldsymbol{AA}^*}{|\boldsymbol{A}|}=\boldsymbol{E}$，因此 $(\boldsymbol{A}^*)^{-1}=\dfrac{\boldsymbol{A}}{|\boldsymbol{A}|}$.

$$(A^*)^* = |A^*|(A^*)^{-1} = |A|^{n-1}\frac{A}{|A|} = |A|^{n-2}A.$$

三、自我测验题

(一) 基础层次

（时间：110 分钟，分数：100 分）

1. 填空题(每空 3 分,共 30 分)

(1) 设 $A=\begin{pmatrix}1&0&0\\0&1&0\\0&k&1\end{pmatrix}$ $B=\begin{pmatrix}a_{11}&a_{12}&a_{13}\\a_{21}&a_{22}&a_{23}\\a_{31}&a_{32}&a_{33}\end{pmatrix}$，则 $AB=$ ________.

(2) $\begin{vmatrix}2&3&0&1\\0&-3&4&7\\0&0&1&-5\\0&0&0&-4\end{vmatrix}=$ ________.

(3) $(1\quad -2\quad 1)\begin{pmatrix}0\\2\\4\end{pmatrix}=$ ________；$\begin{pmatrix}1\\2\\-3\end{pmatrix}(2\quad -1\quad 5)=$ ________.

(4) $\begin{vmatrix}k_1a_{11}&k_2a_{12}&k_3a_{13}&k_4a_{14}\\k_1a_{21}&k_2a_{22}&k_3a_{23}&k_4a_{24}\\k_1a_{31}&k_2a_{32}&k_3a_{33}&k_4a_{34}\\k_1a_{41}&k_2a_{42}&k_3a_{43}&k_4a_{44}\end{vmatrix}=$ ________ $\begin{vmatrix}a_{11}&a_{12}&a_{13}&a_{14}\\a_{21}&a_{22}&a_{23}&a_{24}\\a_{31}&a_{32}&a_{33}&a_{34}\\a_{41}&a_{42}&a_{43}&a_{44}\end{vmatrix}$.

(5) 齐次线性方程组 $\begin{cases}(m-2)x+y=0\\x+(m-2)y=0\\y+(m-2)z=0\end{cases}$ 有非零解，则 $m=$ ________.

(6) $A=\begin{pmatrix}1&0\\2&3\end{pmatrix}$，$B=\begin{pmatrix}2&-1\\3&0\end{pmatrix}$，则 $(AB)^{-1}=$ ________.

(7) 设 $\begin{pmatrix}2&0&1\\1&2&0\\1&2&k\end{pmatrix}\begin{pmatrix}1\\1\\1\end{pmatrix}=\begin{pmatrix}3\\3\\6\end{pmatrix}$，则 $k=$ ________.

(8) 设矩阵 $A=\begin{pmatrix}1&0&1&1\\1&1&0&1\\0&1&1&1\\1&1&-2&0\end{pmatrix}$，则 $r_A=$ ________.

(9) $\left|\lambda\begin{pmatrix}a_1 & a_2 & a_3\\ b_1 & b_2 & b_3\\ c_1 & c_2 & c_3\end{pmatrix}\right| = \_\_\_\_\_\_\left|\begin{matrix}a_1 & a_2 & a_3\\ b_1 & b_2 & b_3\\ c_1 & c_2 & c_3\end{matrix}\right|$.

2. 选择题(每小题3分,共15分)

(1) 用初等变换求矩阵的秩时，所做的变换是(　　).

A. 做初等行变换　　B. 做初等列变换

C. 既可做初等行变换也可做初等列变换　　D. 以上说法都不对

(2) 用高斯消元法解线性方程组时，对增广矩阵所做的变换只能是(　　).

A. 初等行变换　　B. 初等列变换

C. 既可做初等行变换也可做初等列变换　　D. 以上说法都不对

(3) 设 $\boldsymbol{A}$，$\boldsymbol{B}$ 为可逆方阵，其行列式分别为 $|\boldsymbol{A}|$，$|\boldsymbol{B}|$，则下列各式中正确的是(　　).

A. $|\boldsymbol{AB}| = |\boldsymbol{A}||\boldsymbol{B}|$　　B. $(3\boldsymbol{A})^{-1} = 3\boldsymbol{A}^{-1}$

C. $(\boldsymbol{AB})^{-1} = \boldsymbol{A}^{-1}\boldsymbol{B}^{-1}$　　D. $(\boldsymbol{AB})' = \boldsymbol{A}'\boldsymbol{B}'$

(4) 若矩阵 $\boldsymbol{A}$ 可逆，则下列表述中正确的是(　　).

A. $|\boldsymbol{A}| \neq 0$　　B. $\boldsymbol{AX} = \boldsymbol{0}$ 有非零解

C. $|\boldsymbol{A}^*| = 0$　　D. $\boldsymbol{A}$ 有两个不同的逆矩阵

(5) 用克莱姆法则求 n 元 m 个方程的线性方程组的前提条件是(　　).

A. 系数行列式不等于零　　B. $m = n$

C. 解唯一　　D. $m = n$ 且系数行列式不等于零

3. 计算题(共55分)

(1) 已知 $\boldsymbol{A} = \begin{pmatrix}1 & 3 & 0\\ 2 & 7 & -1\\ 0 & 2 & 3\end{pmatrix}$，$\boldsymbol{B} = \begin{pmatrix}1 & 0 & 2\\ 0 & 3 & 5\\ 2 & 5 & -2\end{pmatrix}$，求 $\boldsymbol{A}^{-1}\boldsymbol{B}$. (14分)

(2) 求下列线性方程组的通解. (28分)

1) $\begin{cases}x_1 + x_2 + 2x_3 + 3x_4 = 1\\ x_1 + 3x_2 + 6x_3 + x_4 = 3\\ 3x_1 - x_2 - 2x_3 + 15x_4 = 3\\ x_1 - 5x_2 - 10x_3 + 12x_4 = 1\end{cases}$；　2) $\begin{cases}x_1 + 2x_2 + 4x_3 - 3x_4 = 0\\ 3x_1 + 5x_2 + 6x_3 - 4x_4 = 0\\ 4x_1 + 5x_2 - 2x_3 + 3x_4 = 0\\ 3x_1 + 8x_2 + 24x_3 - 19x_4 = 0\end{cases}$.

(3) k，m 取何值时，方程组

$$\begin{cases}x_1 + 2x_2 + 3x_3 = 6\\ 2x_1 + 3x_2 + x_3 = -1\\ x_1 + x_2 + kx_3 = -7\\ 3x_1 + 5x_2 + 4x_3 = m\end{cases}$$

1）无解；2）有唯一解；3）有无穷多解. 当有无穷多解时，求出其解.（13分）

（二）提 高 层 次

（时间：110分钟，分数：100分）

注：题中打“ * ”的为往年专接本考试的真题.

1. 填空题(每小题3分,共30分)

（1）已知矩阵 $\boldsymbol{A}=\begin{pmatrix}2&0&0&0\\0&3&0&0\\0&0&2&-1\\0&0&4&1\end{pmatrix}$，则 $|\boldsymbol{A}|=$ ________.

（2）设 $\boldsymbol{A}=\begin{pmatrix}2&6&3\\3&0&5\\3&a&4\end{pmatrix}$，且矩阵 $\boldsymbol{A}$ 的秩 $r_A=2$，则 $a=$ ________.

（3）设 $\boldsymbol{A}=\begin{pmatrix}1&-1\\2&1\end{pmatrix}$，$\boldsymbol{B}=\begin{pmatrix}2&-3\\-1&2\end{pmatrix}$，则 $(\boldsymbol{AB})^{-1}=$ ________.

（4）设 $\boldsymbol{A}$，$\boldsymbol{B}$ 是 n 阶方阵，k 为常数，则 $|\boldsymbol{AB}|=$ ______，$|k\boldsymbol{A}|=$ ______ $|\boldsymbol{A}|$.

（5）当 $\lambda=$ ________时，方程组 $\begin{cases}(3-\lambda)x+4y=0\\5x+(2-\lambda)y=0\end{cases}$ 有非零解.

*（6）设 $\boldsymbol{A}=\begin{pmatrix}0&1&0\\0&0&1\\0&0&0\end{pmatrix}$，则矩阵 $\boldsymbol{A}^2$ 的秩是________.

*（7）已知三阶行列式 $\begin{vmatrix}1&-1&2\\0&1&-3\\2&-2&a\end{vmatrix}=0$，则 $a=$ ________.

*（8）设 $\boldsymbol{P}=\begin{pmatrix}1&0&0\\0&-1&0\\0&0&3\end{pmatrix}$，$\boldsymbol{A}=\begin{pmatrix}2&0&0\\0&1&0\\0&0&-1\end{pmatrix}$，则 $(\boldsymbol{P}^{-1}\boldsymbol{AP})^{100}=$ ________.

*（9）设 $\boldsymbol{A}$ 是 $n(n\geqslant2)$ 阶可逆矩阵，则 $(A^*)^{-1}=$ ________.

2. 选择题(每小题3分,共15分)

（1）若 $\boldsymbol{A}$，$\boldsymbol{B}$ 为方阵且 $\boldsymbol{AB}=\boldsymbol{O}$，则下列选项中正确的是(　　).

A. $\boldsymbol{A}=\boldsymbol{O}$ 或 $\boldsymbol{B}=\boldsymbol{O}$　　B. $\boldsymbol{A}\neq\boldsymbol{O}$ 且 $\boldsymbol{B}\neq\boldsymbol{O}$

C. $\boldsymbol{A}=\boldsymbol{O}$ 且 $\boldsymbol{B}=\boldsymbol{O}$　　D. $|\boldsymbol{A}|=0$ 或 $|\boldsymbol{B}|=0$

*(2) 设四阶矩阵 $\boldsymbol{A}=\begin{pmatrix}\alpha_1 & -\gamma_{21} & \gamma_{31} & -\gamma_{41}\\ \alpha_2 & -\gamma_{22} & \gamma_{32} & -\gamma_{42}\\ \alpha_3 & -\gamma_{23} & \gamma_{33} & -\gamma_{43}\\ \alpha_4 & -\gamma_{24} & \gamma_{34} & -\gamma_{44}\end{pmatrix}$，$\boldsymbol{B}=\begin{pmatrix}\beta_1 & \gamma_{21} & -\gamma_{31} & \gamma_{41}\\ \beta_2 & \gamma_{22} & -\gamma_{32} & \gamma_{42}\\ \beta_3 & \gamma_{23} & -\gamma_{33} & \gamma_{43}\\ \beta_4 & \gamma_{24} & -\gamma_{34} & \gamma_{44}\end{pmatrix}$，且已知行列式 $|\boldsymbol{A}|=4$，$|\boldsymbol{B}|=1$，则行列式 $|\boldsymbol{A}-\boldsymbol{B}|=$(　　).

A. 20　　B. 30　　C. 40　　D. 50

(3) 若在一个齐次线性方程组中，方程的个数 m 小于未知量的个数 n，则这个方程组解的情形是(　　).

A. 有唯一零解　　B. 一定有非零解

C. 无解　　D. 以上结论都不对

(4) 下列命题不正确的是(　　).

A. 初等矩阵的逆也是初等矩阵

B. 初等矩阵的和也是初等矩阵

C. 初等矩阵都是可逆的

D. 初等矩阵的转置仍是初等矩阵

(5) 矩阵 $\boldsymbol{A}$ 经过初等变换后变为矩阵 $\boldsymbol{B}$，则下列选项中正确的是(　　).

A. $|\boldsymbol{A}|=|\boldsymbol{B}|$　　B. $\boldsymbol{A}=\boldsymbol{B}$

C. $r_A=r_B$　　D. $\boldsymbol{B}=\boldsymbol{A}^{-1}$

3. 计算题(共55分)

(1) 若 $\boldsymbol{A}=\begin{pmatrix}1 & 1 & -2\\ 2 & 0 & -3\\ -2 & 1 & -1\end{pmatrix}$，$\boldsymbol{B}=\begin{pmatrix}2 & 1 & -1\\ 1 & -1 & 4\\ -1 & 4 & 3\end{pmatrix}$，求 $\boldsymbol{A}^{-1}\boldsymbol{B}$.（14分）

(2) 解下列线性方程组.（28分）

1) $\begin{cases}x_1+4x_2+2x_3-2x_4=0\\ 2x_1+5x_2+x_3+3x_4=0\\ 3x_1+6x_2+5x_4=0\end{cases}$；　　2) $\begin{pmatrix}2x_1-x_2+x_3-2x_4=1\\ -x_1+x_2+2x_3+x_4=0\\ x_1-x_2-2x_3+2x_4=-\dfrac{1}{2}\end{pmatrix}$.

(3) 已知线性方程组 $\begin{cases}x_1-x_2+3x_3=1\\ x_1-2x_2+4x_3=2\\ 2x_1-x_2+ax_3=b\end{cases}$，问 a，b 取何值时，线性方程组有唯一解、无解、有无穷多解？当方程组有无穷解时，求出其解.（13分）

参考答案

(一) 基础层次

1. (1) $\begin{pmatrix} a_{11} & a_{12} & a_{13} \\ a_{21} & a_{22} & a_{23} \\ ka_{21}+a_{31} & ka_{22}+a_{32} & ka_{23}+a_{33} \end{pmatrix}$；(2)24；(3)0，$\begin{pmatrix} 2 & -1 & 5 \\ 4 & -2 & 10 \\ -6 & 3 & -15 \end{pmatrix}$；

(4) $k_1k_2k_3k_4$；(5) 1，2 或 3；(6) $\frac{1}{9}\begin{pmatrix} -2 & 1 \\ -13 & 2 \end{pmatrix}$；(7) 3；(8) 3；(9) λ^3.

2. (1) C；(2) A；(3) A；(4) A；(5) D.

3. (1) $\frac{1}{5}\begin{pmatrix} 17 & -42 & 7 \\ -4 & 14 & 1 \\ 6 & -1 & -4 \end{pmatrix}$；(2) 1) $\begin{cases} x_1=-8 \\ x_2=3-2x_3 \\ x_4=2 \end{cases}$(其中 x_3 是自由未知量)，

2) $\begin{cases} x_1=8x_3-7x_4 \\ x_2=-6x_3+5x_4 \end{cases}$(其中 x_3,x_4 是自由未知量)；

(3) 1) $m\neq5$；2) $k\neq-2$，$m=5$；3) $k=-2$，$m=5$，解为 $\begin{cases} x_1=-20+7x_3 \\ x_2=13-5x_3 \end{cases}$(其中 x_3 是自由未知量).

(二) 提高层次

1. (1) 36；(2) 18；(3) $\frac{1}{3}\begin{pmatrix} -4 & 5 \\ -3 & 3 \end{pmatrix}$；(4) $|\boldsymbol{A}||\boldsymbol{B}|$，$k^n$；(5) −2 或 7；

(6) 1；(7) 4；(8) $\begin{pmatrix} 2^{100} & & \\ & 1 & \\ & & 1 \end{pmatrix}$；(9) $\frac{\boldsymbol{A}}{|\boldsymbol{A}|}$.

2. (1) D；(2) C；(3) B；(4) B；(5) C.

3. (1) $\frac{1}{7}\begin{pmatrix} 8 & -8 & -16 \\ 12 & 9 & -31 \\ 3 & -3 & -20 \end{pmatrix}$；

(2) 1) $\begin{cases} x_1=2x_3 \\ x_2=-x_3 \\ x_4=0 \end{cases}$(其中 x_3 是自由未知量)，2) $\begin{cases} x_1=\frac{5}{6}-3x_3 \\ x_2=1-5x_3 \\ x_4=-\frac{1}{6} \end{cases}$ (其中 x_3 是自由未知量)；

(3) 当 $a\neq5$ 时，方程有唯一解；当 $a=5$ 且 $b\neq1$ 时，方程组无解；当 $a=5$ 且 $b=1$ 时，方程组有无穷多解，其解为 $\begin{cases}x_1=-2x_3\\x_2=x_3-1\end{cases}$（其中 x_3 是自由未知量）.

第十二章　概率与数理统计

一、知识剖析

（一）知识网络

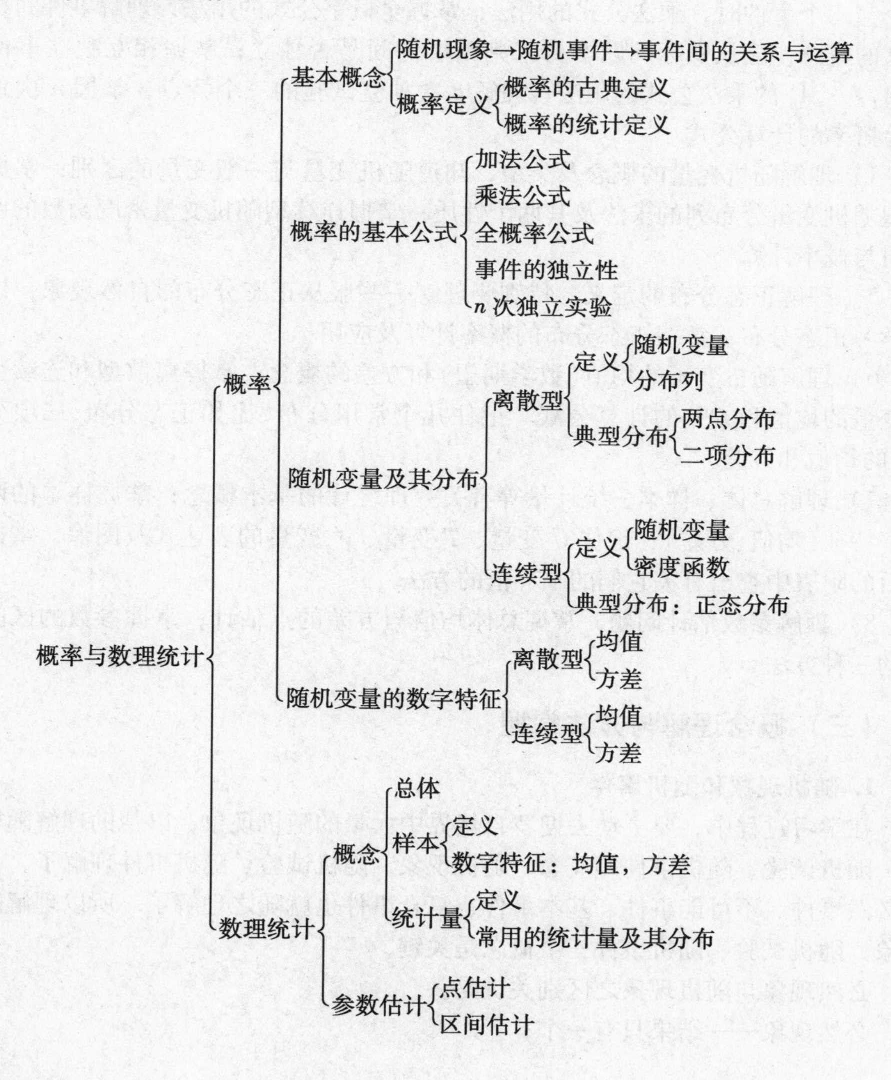

（二）知识重点与学习要求

1）理解随机现象、随机试验、随机事件、必然事件、不可能事件、基本事件、复合事件等概念. 理解并熟练掌握事件间的关系与运算，其中包括：事件的包含关系、事件的并、事件的交、事件的互不相容、事件的互逆.

2）理解古典概型的两个特点；熟练应用概率的古典定义公式；了解概率的统计定义.

3）掌握两个与三个事件时，加法公式的用法；理解条件概率的概念，掌握两个与三个事件时，乘法公式的用法；掌握全概率公式的用法；理解事件间相互独立的概念，能从实际问题本身来判断事件间是否独立；掌握相互独立事件组 $A_1, A_2, \cdots, A_n$ 的乘法公式的用法；理解 n 次独立试验的三个特点，掌握 n 次独立试验概率的计算公式.

4）理解随机变量的概念及类型，知道随机变量与一般变量的区别；掌握离散型随机变量分布列的求法及其两个性质；掌握连续型随机变量密度函数的两个性质与概率计算.

5）理解正态分布的定义，特别要理解一些服从正态分布的自然现象，以帮助学习正态分布；掌握正态分布的概率计算及应用.

6）理解随机变量的均值(数学期望)和方差的概念；掌握离散型和连续型随机变量的均值和方差的计算公式. 记住几个常用分布(比如正态分布、二项分布等)的均值和方差.

7）理解总体、样本、统计量等有关数理统计的基本概念；掌握样本的两个数字特征(均值、方差)；记住 U 变量、T 变量、χ^2 变量的表达式及图像，掌握从书后的附表中查出有关它们的临界值的方法.

8）理解参数估计问题，掌握总体均值与方差的点估计；掌握参数的区间估计的三种方法.

（三）概念理解与方法掌握

1. 随机现象和随机事件

在学习过程中，要主动去搜罗自然界中大量的随机现象，以帮助理解随机现象、随机试验、随机事件等概念. 随机现象、随机试验、随机事件理解了，下面的必然事件、不可能事件、基本事件、复合事件也就随之理解了. 所以理解随机现象、随机试验、随机事件三个概念是关键.

必然现象与随机现象之区别关键是：

必然现象——结果只有一个；

随机现象——结果多于一个，而且每次试验，发生哪种结果事先不能断定.

理解了上述概念之后，就要对事件间的包含关系、事件的并、事件的交、事件的互不相容、事件的互逆加以理解和掌握. 这些关系和运算对于后面计算事件的概念是至关重要的，一定要理解和掌握好. 在掌握这些概念的过程中，要多借助于表示集合之间关系的图形来帮助理解.

在学习中，要特别注意事件的互不相容与事件的互逆之间的异同，且不可混淆.

2. 概率的定义

概率的古典定义可以形象地用下式表示：

$$P(A)=\frac{A\text{ 中包含的基本事件个数}(m)}{\text{基本事件总数}(n)}=\frac{m}{n}.$$

这个公式很重要，在实际问题中经常用到，一定要理解好、掌握好. 另外，必须对排列组合和两个基本计数原理(加法原理和乘法原理)非常熟悉，这个公式用起来才能够得心应手.

由公式可知，要求出一个事件 A 的概率 $P(A)$，关键是求出该随机现象的基本事件总数 n 和 A 包含的基本事件个数 m，然后做 m 和 n 的比值即可.

概率的统计定义因为不具有可操作性，所以只具有理论价值，理解其定义就可以了.

3. 概率的基本公式

学习了本节中的各个公式后，相比于直接用概率的古典定义 $P(A)=\frac{m}{n}$来计算事件的概率，多数时候方法会更简便，思路会更清晰.

由加法公式本身可以看出，它主要在求并事件的概率时使用.

由乘法公式本身可以看出，它主要在求交事件的概率时使用. 要想用好乘法公式，首先要理解条件概率. 所谓条件概率 $P(B|A)$，就是在 A 已经发生的前提下，B 再发生的概率.

全概率公式是加法公式和乘法公式的联合运用，在学习过程中，不要死记硬背这个公式，即使能背下来，如果不理解公式的原理，也未必会应用. 在学习过程中，要结合教材中的图 12-10，再参考加法公式与乘法公式，就很自然地理解了全概率公式. 这样使用起来，也就得心应手了.

事件的独立性，大量地存在于随机现象中. 事件的独立性可以用理论上的方法来判断. 教材中第 198 ~ 199 页的定义和 3 个性质，就是用来判断事件的独立性的. 但是在实际应用中，往往是通过问题本身来判断事件是否独立. 例如，在上体育课时，两个同学练习投篮，各自投中投不中，就是相互独立的. 又如两台各自工作的机器，每台发生故障与否，也是相互独立的.

当知道了 $A_1, A_2, \cdots, A_n$ 是相互独立的事件时，就可以用公式

$$P(A_1A_2\cdots A_n) = P(A_1)P(A_2)\cdots P(A_n)$$

很方便地求 $A_1, A_2, \cdots, A_n$ 同时发生的概率了.

n 次独立试验概型，也是大量的存在于随机现象中. 在学习这个公式时，脑子里一定要建立起几个关于这个问题的具体模型，比如上面的投篮、机器发生故障等，这样对于理解公式是很有帮助的. n 次独立试验的概率计算公式，是加法公式和事件独立时的乘法公式的联合运用，通过剖析几个典型问题，就不难理解这个公式的原理了. 教材中只剖析了一个问题，读者不妨再剖析几个问题，以加深对这个公式的理解. 在理解的基础上应用，比生搬硬套公式要好得多.

4. 随机变量及其概率分布

在学习过程中，要通过大量的随机变量的实例，去帮助理解离散型和连续型随机变量的概念. 读者不妨自己去搜索一些现实中的实例，比如人的身高、体重，某个学生某门课程的考试成绩，彩票中奖等.

离散型随机变量的概率分布，是用它的分布列来描述的；连续型随机变量的概率分布，是用它的密度函数来描述的. 分布列和密度函数都具有非负性和归一性两个重要性质.

要知道随机变量与一般变量的区别. 一般变量所描述的是必然现象，随机变量所描述的是随机事件和随机现象.

5. 正态分布

在自然界中，服从正态分布的事物大量存在. 在学习过程中，要通过一些看得见摸得着的实例（如人的身高、体重等），用这些实例所具有的分布特点，去对照理解正态分布，这样，学习起来就不感觉抽象了.

正态分布曲线的形状所表示的概率意义，参数 μ 与 σ 的概率意义，都是学习正态分布需要理解的. 但是有关 μ 与 σ^2 的概率意义，要等到学习了随机变量的均值与方差后，才能完全理解. 大家不妨等到学完均值和方差后，再回过头来理解这里的 μ 与 σ^2，就会感觉清楚多了. 要学会通过查标准正态分布表的方法，熟练地进行正态分布的概率计算. 知道“3σ 原则”.

6. 随机变量的数字特征

学习随机变量的均值和方差两个数字特征，千万不能只满足于记住公式会计算，更要理解这两个数字特征所表达的概率意义，这样才能应用到实际问题中去.

其实，随机变量的均值和方差，就是加权平均思想在概率中的体现，只不过是原来加权平均中的权重，换成了现在的概率. 随机变量的均值，描述的是随机变量取值的平均状况；随机变量的方差，描述的是随机变量取值的集中（或分散）程度. 方差越大，随机变量取值越分散，即波动越大；方差越小，随机变量

取值越集中，即波动越小.

7. 总体、样本、统计量

本节和第八节属于数理统计的内容. 本节概念较多，要一一加以理解，不要囫囵吞枣式地机械记忆. 为了便于系统理解本节的概念，现把这些概念按照在教材中出现的先后顺序，一一列举如下，其含义参看教材.

※ 总体　※ 个体　※ 样本　※ 样本容量　※ 样本值　※ 随机抽样
※ 随机样本　※ 简单随机抽样　※ 独立性　※ 代表性　※ 简单随机样本
※ 样本均值　※ 样本方差与样本标准差　※ 统计量

在学习理解以上概念时，最好把总体具体化，以便于理解. 比如可把总体看作某厂某天生产的产品的使用寿命，或者看作某个学校全体学生某个科目的学习成绩等.

当总体 $\overline{X} \sim N(\mu,\sigma^2)$ 时，以下三个统计量的分布分别为：

$$U=\frac{\overline{X}-\mu}{\sigma/\sqrt{n}}\sim N(0,1),\ T=\frac{\overline{X}-\mu}{S/\sqrt{n}}\sim t(n-1),\ \chi^2=\frac{(n-1)S^2}{\sigma^2}\sim\chi^2(n-1).$$

要记住这三个分布及其密度函数的图像，并且会从书后的附表中查出相应的临界值，以便下节应用. 至于这三个分布的证明，不是我们所要掌握的内容.

初学数理统计时，往往给人一种“不准确”“不可靠”的感觉，这是由数理统计本身特点所决定的. 数理统计本身就是一种“由局部推断全局”的方法，因此准确率不会是100%. 在学习中要逐步理解和把握数理统计思想.

8. 参数估计

通过教材第221页的介绍，要知道什么是参数估计问题. 例如，在正常情况下，某学校学生的某个科目的学习成绩一般服从正态分布，但是这个正态分布的参数 μ 与 σ^2 均是未知的. 我们希望从该校学生中抽取一个样本，从这个样本出发，估计出 μ 与 σ^2 的值或所在的范围，这就是参数估计问题.

参数估计分为参数的点估计和参数的区间估计两个方法.

(1) 参数的点估计　参数的点估计，就是从样本出发，构造适当合理的统计量，估计出参数的值的方法. 注意，这个估计出的值，只能作为该参数的近似值.

这样，上节中给出的样本均值 $\overline{X}=\frac{1}{n}\sum\limits_{i=1}^{n}X_i$ 和样本方差 $S^2=\frac{1}{n-1}\sum\limits_{i=1}^{n}(X_i-\overline{X})^2$，分别可以作为总体均值 μ 和总体方差 σ^2 的点估计，把样本值代入，即可得到 μ 和 σ^2 的点估计值(参见第222页例1).

估计量有“好”“坏”之分，就是所谓的“有效性”和“无偏性”. 如果对均值与方差概念理解的比较透彻，则对无偏性和有效性的理解也就比较容易.

(2) 参数的区间估计　参数的点估计的缺陷在于，不知道参数的点估计值与其真值的误差到底有多大.

参数的区间估计就是，能找到一个区间，并且知道这个区间包含参数真值的概率为 $1-\alpha$，则这个区间称为该参数的置信水平为 $1-\alpha$ 的置信区间.

特别注意的是，置信区间包含被估计参数真值的概率并不是 1，而是 $1-\alpha$ $(0<\alpha<1)$.

掌握以下 3 个区间估计问题：

1） 正态总体 $N(\mu,\sigma^2)$，σ 已知时，求 μ 的置信区间.

$$\left(\overline{X}-\frac{\sigma}{\sqrt{n}}\cdot\lambda,\ \overline{X}+\frac{\sigma}{\sqrt{n}}\cdot\lambda\right)$$

置信水平为 $1-\alpha$，λ 是相应于置信水平 $1-\alpha$ 的临界值，可由标准正态分布表根据 $\Phi(\lambda)=1-\dfrac{\alpha}{2}$查出.

2） 正态总体 $N(\mu,\sigma^2)$，σ 未知时，求 μ 的置信区间.

$$\left(\overline{X}-\frac{S}{\sqrt{n}}\cdot\lambda,\ \overline{X}+\frac{S}{\sqrt{n}}\cdot\lambda\right)$$

置信水平为 $1-\alpha$，λ 是相应于置信水平 $1-\alpha$ 的临界值，可由书后的 t 分布临界值表查出.

3） 正态总体 $N(\mu,\sigma^2)$，求 σ^2 的置信区间.

$$\left(\frac{n-1}{\lambda_2}S^2,\ \frac{n-1}{\lambda_1}S^2\right)$$

置信水平为 $1-\alpha$，λ_1 与 λ_2 是相应于置信水平 $1-\alpha$ 的临界值，可由书后的 χ^2 分布临界值表查出.

二、例题解析

例 1 设 A，B，C 是三个事件，试用 A，B，C 的关系表示下列各事件：(1) A，B，C 都不发生；(2) A，B，C 至少有一个发生；(3) A，B，C 不多于一个发生；(4) A，B，C 恰有两个发生.

解 此例的目的是为了掌握事件间的并、交、逆以及互不相容等关系.

(1) A，B，C 都不发生，也就是 $\overline{A}$，$\overline{B}$，$\overline{C}$ 都发生，即 $\overline{A}\,\overline{B}\,\overline{C}$.

(2) A，B，C 至少有一个发生，根据事件的并的概念，即 $A\cup B\cup C$.

其实事件(2)是事件(1)的逆事件，根据事件间的运算规律，(2)也可以表示为

$$\overline{\overline{A}\,\overline{B}\,\overline{C}}=\overline{\overline{A}}\cup\overline{\overline{B}}\cup\overline{\overline{C}}=A\cup B\cup C.$$

(3) A，B，C 不多于一个发生，意味着 A，B，C 都不发生或者最多发生一

个，即

$$\overline{A}\,\overline{B}\,\overline{C}\cup A\,\overline{B}\,\overline{C}\cup \overline{A}B\,\overline{C}\cup \overline{A}\,\overline{B}C.$$

（4）A，B，C 恰有两个发生有以下三种情况：$AB\overline{C}$，$A\overline{B}C$，$\overline{A}BC$，所以，A，B，C 中恰有两个发生就是以上三种情况的并，即

$$AB\,\overline{C}\cup A\,\overline{B}C\cup\overline{A}BC.$$

例 2　一个工人加工了三个零件，设 A_i 表示第 i 个零件是合格品（$i=1,2,3$），试用 A_1，A_2，A_3 表示下列事件：

（1）三个零件都合格；（2）至少有一个零件不合格；（3）只有一个零件不合格

解　此例的目的在于锻炼事件的并、交、逆以及互不相容在具体问题中的应用.

（1）三个零件都合格就是事件 A_1，A_2，A_3 都发生，即 $A_1A_2A_3$.

（2）至少有一个零件不合格是三个零件都合格的逆事件，即 $\overline{A_1A_2A_3}$.

（3）只有一个零件不合格有以下三种情况：$\overline{A_1}A_2A_3$，$A_1\,\overline{A_2}A_3$，$A_1A_2\,\overline{A_3}$. 所以，只有一个零件不合格是以上三种情况的并，即

$$\overline{A_1}A_2A_3\cup A_1\,\overline{A_2}A_3\cup A_1A_2\,\overline{A_3}.$$

例 3　盒子中有 20 个电子元件，18 个正品，2 个次品. 从中随机地接连取出 3 个元件，取后不放回，求第三个元件是次品的概率.

解　由题意，这是一个古典概型问题，要用公式 $P(A)=\dfrac{m}{n}$ 来计算其概率.

设 $A=\{$第三个元件是次品$\}$.

第一步：求 n. 从 20 个元件中接连不放回地取 3 个元件，所以取出的三个元件有顺序之分，所以

$$n=\mathrm{A}_{20}^{3}=20\times19\times18=6840.$$

第二步：求 m. 要求第三个元件是次品，有 C_2^1 种取法，其余两个元件应在 19 个元件中取 2 个，即 A_{19}^{2}，根据乘法原理，所以

$$m=\mathrm{C}_2^1\ \mathrm{A}_{19}^{2}=684.$$

第三步：求 A 的概率 $P(A)$.

$$P(A)=\frac{m}{n}=\frac{684}{6840}=0.1.$$

例 4　从 $0,1,2,\cdots,9$ 这十个数码中任取一个，取后放回，连取 5 次，求下列事件的概率：

（1）$B_1=\{5$ 个数码全不相同$\}$；　　（2）$B_2=\{$不含 0 和 1$\}$；

（3）$B_3=\{0$ 恰好出现 2 次$\}$；　　（4）$B_4=\{0$ 至少出现 1 次$\}$.

解　此例也是一个古典概型问题. 先求基本事件个数 n. 根据题意，在 10

个数码中有放回地连取 5 次，是一个重复排列问题，所以 $n=10^5$.

（1）B_1 中包含的基本事件个数 m_1 为 A_{10}^5，所以

$$P(B_1)=\frac{m_1}{n}=\frac{A_{10}^5}{10^5}=0.3024.$$

（2）B_2 中包含的基本事件个数 $m_2=8^5$，所以

$$P(B_2)=\frac{m_2}{n}=\frac{8^5}{10^5}\approx 0.3277.$$

（3）B_3 中包含的基本事件个数 $m_3=C_5^2\cdot 9^3$，所以

$$P(B_3)=\frac{C_5^2\cdot 9^3}{10^5}=0.0729.$$

（4）B_4 的逆事件 $\overline{B_4}=\{$不出现 0$\}$，$\overline{B_4}$ 包含的基本事件个数为 9^5，所以

$$P(B_4)=1-P(\overline{B_4})=1-\frac{9^5}{10^5}\approx 0.4095.$$

例 5　甲、乙两架飞机同时去轰炸一个敌方目标，甲机命中目标的概率为 0.8，乙机命中目标的概率为 0.85，甲、乙同时命中目标的概率为 0.68，求目标被命中的概率.

解　这是一个加法公式的问题. 设 $A=\{$甲机命中目标$\}$，$B=\{$乙机命中目标$\}$，则 $AB=\{$甲、乙机同时命中目标$\}$，$A\cup B=\{$目标被命中$\}$，所以根据加法公式得

$$\begin{aligned}P(A\cup B)&=P(A)+P(B)-P(AB)\\&=0.8+0.85-0.68=0.97.\end{aligned}$$

例 6　在一个袋子里有 4 只红球和 6 只白球，从中接连地取两次，每次取一个，取后不放回. 问两次都取到白球的概率是多少？

解　此题当然可以用古典概型来解，但经过分析题意，用乘法公式来解，思路可以变得更简单. 设 $A=\{$第一次取到的是白球$\}$，$B=\{$第二次取到的是白球$\}$，则 $AB=\{$两次都取到白球$\}$. 由题意可得

$$P(A)=\frac{6}{10},\ P(B|A)=\frac{5}{9},$$

所以由乘法公式得

$$P(AB)=P(A)P(B|A)=\frac{6}{10}\times\frac{5}{9}=\frac{1}{3}.$$

例 7　设 $P(A)=a$，$P(B)=b$，试证明：$P(A|B)\geqslant\frac{a-b+1}{b}$.

证　$P(A|B)=\frac{P(AB)}{P(B)}=\frac{P(A)+P(B)-P(A\cup B)}{P(B)}=\frac{a+b-P(A\cup B)}{b}.$

因为$0 \leqslant P(A \cup B) \leqslant 1$，所以$\frac{a+b-P(A \cup B)}{b} \geqslant \frac{a+b-1}{b}$，即$P(A|B) \geqslant \frac{a-b+1}{b}$.

此例比较综合，读者可以总结一下，其中都用到了哪些知识点.

例8　某年级有三个班，每个班的人数占全年级人数的比例分别为25%、35%、40%，各班学习成绩的不及格率分别为5%、4%、2%. 从这个年级中任取一名同学，求这名同学不及格的概率(即这个年级的不及格率).

解　这是一个典型的全概率公式问题，大家要理解并记住它的分析思路，而不必死记公式.

如图12-1所示，设H_1，H_2，H_3分别表示任取的这名同学是属于1，2，3班的同学，A表示抽取的该同学不及格.

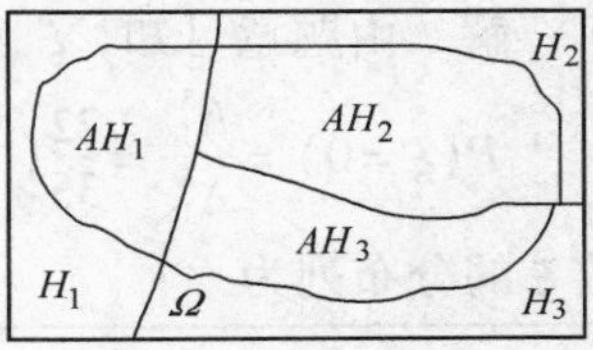

由于H_1，H_2，H_3是互不相容事件组，并且$H_1 \cup H_2 \cup H_3 = \Omega$，所以

$$A = A\Omega = A(H_1 \cup H_2 \cup H_3) = AH_1 \cup AH_2 \cup AH_3,$$

并且AH_1，AH_2，AH_3也是互不相容事件组.

图12-1

于是，由加法公式得

$$P(A) = P(AH_1) + P(AH_2) + P(AH_3),$$

又由乘法公式得

$$\begin{aligned} P(A) &= P(H_1)P(A|H_1) + P(H_2)P(A|H_2) + P(H_3)P(A|H_3) \\ &= \frac{25}{100} \times \frac{5}{100} + \frac{35}{100} \times \frac{4}{100} + \frac{40}{100} \times \frac{2}{100} = 3.45\%, \end{aligned}$$

即这个年级的不及格率为3.45%.

例9　某商品可能有A和B两类缺陷中的一个或两个，缺陷A与B的发生是独立的，$P(A)=0.05$，$P(B)=0.03$. 求商品有下述缺陷情况的概率：

(1) A与B都有；　(2) 只有A没有B；(3) A与B至少有一个.

解　这是一个事件的独立性问题. 由事件A与B独立时的乘法公式$P(AB)=P(A)P(B)$可得

(1) $P(AB)=P(A)P(B)=0.05 \times 0.03 = 0.0015$；

(2) $P(A\bar{B})=P(A)P(\bar{B})=0.05 \times 0.97 = 0.0485$；

(3) $P(A \cup B)=P(A)+P(B)-P(AB)=0.05+0.03-0.0015=0.0785$.

例10　在人寿保险中，被保险人的寿命直接影响着保险公司的盈利. 假如一个投保人能活到65岁的概率为0.6，试问：(1) 三个投保人全部活到65岁的概率；(2) 三个投保人有两个活到65岁的概率；(3) 三个投保人有一个活到65岁的概率；(4)三个投保人都活不到65岁的概率.

解　显然，每个人能活到65岁与否是相互独立的事件，这是一个n次独立试验问题，要用公式 $P_n(k)=C_n^k p^k q^{n-k}$，$k=0, 1, 2, \cdots, n$ 来求解. 此题中 $p=0.6$，$q=1-p=0.4$，所以

（1）$P_3(3)=C_3^3 p^3 q^0=0.6^3=0.216$；

（2）$P_3(2)=C_3^2 p^2 q^1=3\times 0.6^2\times 0.4=0.432$；

（3）$P_3(1)=C_3^1 p^1 q^2=3\times 0.6\times 0.4^2=0.288$；

（4）$P_3(0)=C_3^0 p^0 q^3=0.4^3=0.064$.

例11 袋中有2只红球，13只白球，每次从中任取1只，取后不放回，连取3次. 设 ξ 表示取出的红球个数，试写出 ξ 的分布列，并求 $E(\xi)$ 和 $D(\xi)$.

解 由题意可知，ξ 为一个离散型随机变量，它的取值为0，1，2.

$$P(\xi=0)=\frac{A_{13}^3}{A_{15}^3}=\frac{22}{35},\ P(\xi=1)=\frac{C_2^1 C_{13}^2 A_3^3}{A_{15}^3}=\frac{12}{35},\ P(\xi=2)=\frac{C_2^2 C_{13}^1 A_3^3}{A_{15}^3}=\frac{1}{35},$$

故 ξ 的分布列为

ξ	0	1	2
p_k	$\frac{22}{35}$	$\frac{12}{35}$	$\frac{1}{35}$

$$E(\xi)=\sum_{k=1}^{n} x_k p_k=0\times\frac{22}{35}+1\times\frac{12}{35}+2\times\frac{1}{35}=\frac{14}{35},$$

$$D(\xi)=\sum_{k=1}^{n}[x_k-E(\xi)]^2 p_k=\left[0-\frac{14}{35}\right]^2\times\frac{22}{35}+\left[1-\frac{14}{35}\right]^2\times\frac{12}{35}+\left[2-\frac{14}{35}\right]^2\times\frac{1}{35}$$

$$=\frac{14^2\times 22}{35^3}+\frac{21^2\times 12}{35^3}+\frac{56^2}{35^3}\approx 0.2971.$$

例12 设随机变量 ξ 的密度函数为 $f(x)=\begin{cases} ax^2 & -\frac{1}{2}\leqslant x\leqslant\frac{1}{2} \\ 0 & x<-\frac{1}{2}\text{或}x>\frac{1}{2}\end{cases}$，求：

（1）系数 a；（2）$P\left(-\frac{1}{4}\leqslant x<\frac{1}{2}\right)$；（3）$P\left(\frac{1}{2}\leqslant x\leqslant 2\right)$；（4）$E(\xi)$ 与 $D(\xi)$.

解 （1）由密度函数的归一性质，得

$$\int_{-\infty}^{\infty} f(x)\,\mathrm{d}x=\int_{-\frac{1}{2}}^{\frac{1}{2}} ax^2\,\mathrm{d}x=\frac{a}{3}x^3\Big|_{-\frac{1}{2}}^{\frac{1}{2}}=\frac{a}{12}=1,$$

所以 $a=12$；

（2）$P\left(-\frac{1}{4}\leqslant x<\frac{1}{2}\right)=\int_{-\frac{1}{4}}^{\frac{1}{2}} f(x)\,\mathrm{d}x=4x^3\Big|_{-\frac{1}{4}}^{\frac{1}{2}}=\frac{9}{16}$；

（3）$P\left(\frac{1}{2}\leqslant x\leqslant 2\right)=\int_{\frac{1}{2}}^{2} f(x)\,\mathrm{d}x=\int_{\frac{1}{2}}^{2} 0\,\mathrm{d}x=0$；

（4）根据 $E(\xi)$ 与 $D(\xi)$ 的计算公式得

$$E(\xi)=\int_{-\infty}^{\infty}xf(x)\,\mathrm{d}x=\int_{-\frac{1}{2}}^{\frac{1}{2}}x12x^2\,\mathrm{d}x=0,$$

$$D(\xi)=\int_{-\infty}^{\infty}[x-E(\xi)]^2f(x)\,\mathrm{d}x=\int_{-\frac{1}{2}}^{\frac{1}{2}}x^2 12x^2\,\mathrm{d}x=\frac{12}{5}x^5\Big|_{-\frac{1}{2}}^{\frac{1}{2}}=\frac{3}{20}.$$

例 13　已知某车间工人完成某道工序的时间 ξ（单位：min）服从正态分布，$\xi\sim N(10,3^2)$，求：（1）从该车间工人中任选一人，其完成该道工序的时间至少7min 的概率；（2）为了生产的连续进行，要求以 95% 的概率保证该道工序上工人完成工作时间不超过 15min，这一要求能否得到保证？

解　因为 $\xi\sim N(10,3^2)$，所以

（1）$P(\xi\geqslant 7)=1-\Phi\left(\frac{7-10}{3}\right)=1-\Phi(-1)=\Phi(1)\approx 0.8413$；

（2）$$P(0\leqslant\xi\leqslant 15)=\Phi\left(\frac{15-10}{3}\right)-\Phi\left(\frac{0-10}{3}\right)$$
$$=\Phi(1.67)-\Phi(-3.33)=\Phi(1.67)+\Phi(3.33)-1$$
$$\approx 0.9525>0.95.$$

此处用到 $\Phi(3.33)\approx 1$. 由以上计算知，能够以 95% 的概率保证该道工序上工人完成工作时间不超过 15min，也就是可以保证生产连续进行.

例 14　在某校高二年级期终数学成绩中随机抽取 9 人，分数为 78，75，85，71，89，65，55，63，94，试用点估计法估计该校高二年级数学成绩的平均分与方差.

解　这是一个参数的点估计问题，根据点估计公式得

$$\overline{X}=\frac{1}{n}\sum_{i=1}^{n}X_i=\frac{1}{9}\sum_{i=1}^{9}X_i=75,$$

$$S^2=\frac{1}{n-1}\sum_{i=1}^{n}[X_i-\overline{X}]^2=\frac{1}{8}\sum_{i=1}^{9}[X_i-75]^2=165.75.$$

三、自我测验题

（一）基 础 层 次

（时间：110 分钟，分数：100 分）

1. 填空题（每空 2 分，共 16 分）

（1）设 A，B 为两个随机事件，用 A 与 B 表示下列各事件：A 与 B 都发生__________；A 与 B 至少有一个发生__________；A 与 B 只有一个发生

__________；A 与 B 最多有一个发生__________；A 与 B 不都发生__________.

（2）设 A，B，C 为三个随机事件，则下列各表达式的含义是：$\overline{A}BC$__________；$A\cup(BC)$__________；$\overline{A}\,\overline{B}\,\overline{C}$__________.

2. 计算题（共84分）

（1）将12支球队分为两组，每组6支队伍，求：1）两支最强队被分在一个组内的概率；2）两支最强队被分在不同组内的概率.（10分）

（2）甲、乙两人独立地去参加某项考试，甲考试通过的概率为0.8，乙考试通过的概率为0.85，求甲、乙两人至少有一个人考试通过的概率.（8分）

（3）某班有40名同学，其中10名女同学. 每次从该班中仅选一名同学去完成某项任务，选后不放回. 求：1）第二次才选到女同学的概率；2）两次都选到男同学的概率.（10分）

（4）设有甲、乙、丙三厂生产的产品，其次品率分别为1.5%，3%，5%. 某人买了两盒甲厂、一盒乙厂、一盒丙厂的产品，现从中任取一盒产品，求这盒产品合格的概率.（10分）

（5）某射手每次射击命中目标的概率为0.6，现连续射击3次，求命中次数 ξ 的分布列，并求 $E(\xi)$ 和 $D(\xi)$.（12分）

（6）已知连续型随机变量 ξ 的密度函数为 $f(x)=\begin{cases} ax(1-x) & 0\leqslant x\leqslant 1 \\ 0 & 其他 \end{cases}$，求：1）常数 a；2）$P\left(-1\leqslant\xi<\dfrac{1}{2}\right)$；3）$E(\xi)$ 与 $D(\xi)$.（16分）

（7）某产品的某个使用指数 $\xi\sim N(65,10^2)$，若该指数 ξ 在85以上为优质产品，求该产品的优质品率.（8分）

（8）已知样本观测值为1.9，0.8，1.1，0.1，−0.1，4.4，5.5，1.6，4.6，3.4，试求总体均值与方差的点估计值.（10分）

（二）提 高 层 次

（时间：110分钟，分数：100分）

1. 在6张同样的卡片上分别写上1，2，3，4，5，6，从6张同样的卡片中先后抽取2张，求后抽出的数比先抽出的数小的概率.（11分）

2. 自前 n 个正整数中随意取出两个数，求这两个数之和是偶数的概率.（11分）

3. 甲、乙二人轮流射击，首先命中目标者获胜. 已知他们命中目标的概率分别为 p_1 和 p_2. 假设甲首先开始射击，试求每个射手获胜的概率 α 和 β，以及射击无休止地进行下去而不分胜负的概率 γ.（12分）

4. 一条街道上有6处设有红绿信号灯，红绿两种信号灯开放的时间比为1:2，有一辆汽车沿此街道驶过，ξ 表示它首次遇到红灯之前已通过的绿灯次数，求 ξ

的概率分布. (11 分)

5. 从 5 个人中选一个人去做某件事情，抽签决定. 试证明这 5 个人抽到这件事情的概率相等，都是$\frac{1}{5}$. 从而说明抽签决定事情是公平合理的. (11 分)

6. 一射手对同一个目标射击了 4 次，若至少命中 1 次的概率为$\frac{80}{81}$，求该射手每次射击命中的概率. (11 分)

7. 已知 ξ 的密度函数为$f(x)=\begin{cases}\frac{2}{\pi(1+x^2)} & a\leqslant x<+\infty \\ 0 & \text{其他}\end{cases}$，且 $P(a\leqslant\xi<b)=\frac{1}{2}$，求 a 与 b 的值. (11 分)

8. 已知某投资项目的回报率 R 是一个随机变量，R 的分布列为

R	1%	2%	3%	4%	5%	6%
p_k	0.1	0.1	0.2	0.3	0.2	0.1

求：1) 某人在该项目投资 10 万元，求他本息合计预期获得多少收入? 2) 回报率的方差是多少? (11 分)

9. 某商店新进甲厂产品 30 箱，乙厂产品 20 箱，甲厂产品每箱装 100 个，废品率为 6%，乙厂产品每箱装 120 个，废品率为 5%. 求：1) 仅取一箱，从中任取一个产品，求其废品率的概率；2) 若将所有产品混合，任取一个，其为废品的概率. (11 分)

参考答案

(一) 基础层次

1. (1) AB；$A\cup B$；$A\overline{B}\cup\overline{A}B$；$\overline{A}\,\overline{B}\cup A\overline{B}\cup\overline{A}B$；$\overline{AB}$或$\overline{A}\cup\overline{B}$.

(2) A 不发生而 B, C 都发生；A 发生或者 B, C 都发生；A, B, C 都不发生.

2. (1) 1) $\frac{5}{11}$；2) $\frac{6}{11}$.　(2) 0.97.　(3) 1) $\frac{5}{26}$；2) $\frac{29}{52}$. (4) 0.9725.

(5) ξ 的分布列为

ξ	0	1	2	3
p_k	0.064	0.288	0.432	0.216

$E(\xi)=1.8$，$D(\xi)=0.72$.

（6）1）$a=6$；2）$\frac{1}{2}$；3）$E(\xi)=\frac{1}{2}$，$D(\xi)=\frac{1}{20}$.

（7）2.28%.

（8）$\overline{X}=2.33$，$S^2\approx4.01$.

（二）提高层次

1. $\frac{1}{2}$.

2. n 为偶数时，$\frac{n-2}{2(n-1)}$；n 为奇数时，$\frac{n-1}{2n}$.

3. $\alpha=\frac{p_1}{1-(1-p_1)(1-p_2)}$，$\beta=\frac{(1-p_1)p_2}{1-(1-p_1)(1-p_2)}$，$\gamma=0$.

4. 分布列为

ξ	0	1	2	3	4	5	6
p_k	$\frac{1}{3}$	$\frac{2}{3^2}$	$\frac{2^2}{3^3}$	$\frac{2^3}{3^4}$	$\frac{2^4}{3^5}$	$\frac{2^5}{3^6}$	$\frac{2^6}{3^6}$

5. 提示：利用乘法公式.

6. $\frac{2}{3}$. 7. $a=0$；$b=1$. 8. 1）10.37 万元；2）0.000201.

9. 1）0.056；2）$\frac{1}{18}$.

参考文献

[1] 陶金瑞. 高等数学(上、下)[M]. 北京：机械工业出版社，2010.

[2] 方晓华. 高等数学学习指导书[M]. 北京：机械工业出版社，2006.

[3] 侯风波. 高等数学训练教程[M]. 北京：高等教育出版社，2003.

[4] 李心灿. 高等数学学习辅导书[M]. 北京：高等教育出版社，2003.

[5] Stewart J. Calculus[M]. 7th ed. Beluont：Cengage Learning，2010.

[6] Adams R，Essex C. Calculus：Single Variable[M]. 7th ed. Toronto：Pearson Canada，2010.

[7] Thomas G，Weir M，Hass J. Thomas's Calculus [M]. 12th ed. New Jersey：Addison-Wesley，2010.

[8] 费定晖. 吉米多维奇数学分析习题集题解(3)[M]. 2版. 济南：山东科学技术出版社，2001.

[9] 同济大学数学系. 高等数学习题全解指南(上)[M]. 6版. 北京：高等教育出版社，2007.

[10] 王庆云，秦克. 应用数学基础(上册)[M]. 北京：机械工业出版社，2005.